Pelas Trilhas do
Ecoturismo

NADJA MARIA CASTILHO DA COSTA
ZYSMAN NEIMAN
VIVIAN CASTILHO DA COSTA
(orgs.)

RiMa

2008

T729t	Pelas trilhas do ecoturismo / organizado por Nadja Maria Castilho da Costa, Zysman Neiman, Vivian Castilho da Costa. – São Carlos: RiMa, 2008. 320p. il. ISBN – 978-85-7656-139-2 1. Ecoturismo. 2. Unidade de conservação. 3. Educação ambiental. I. Título. CDD: 574.5

RiMa
Editora
www.rimaeditora.com.br

DIRLENE RIBEIRO MARTINS
PAULO DE TARSO MARTINS
Rua Virgílio Pozzi, 213 – Santa Paula
13564-040 – São Carlos, SP
Fone/Fax: (0xx16) 3372-3238

Sobre os Autores

ANAMARIA STRANZ Licenciada em Ciências Biológicas. Pesquisadora do Laboratório de História da Vida e da Terra (LaViGeæ), pertencente ao Programa de Pós-Graduação em Geologia da Universidade do Vale do Rio dos Sinos (UNISINOS). Mestranda do Programa de Pós-Graduação em Engenharia de Minas e Metalurgia na Universidade Federal do Rio Grande do Sul (UFRGS), com ênfase em Sistema de Informações Geográficas e Banco de Dados Geográficos. Foi guia de ecoturismo durante nove anos, atuando em diversas regiões do Rio Grande do Sul. Participa do Grupo de Educação Ambiental da UNISINOS desde 1995. E-mail: astranz@unisinos.br.

ANDRÉA RABINOVICI Bacharel em Ciências Sociais, com ênfase em Antropologia, pela UNICAMP. Mestre em Ciência Ambiental PROCAM USP. Especialista em Turismo Ambiental Senac, SP, e doutoranda do Programa de Pós-Graduação em Ambiente e Sociedade do Núcleo de Estudos e Pesquisas Ambientais (NEPAM-UNICAMP). Atualmente é professora da Universidade Federal de São Carlos (UFSCar). Possui experiência em pesquisa, elaboração de projetos, organização de eventos, cursos e palestras na área ambiental, entre outros. É diretora de Projetos no Instituto Physis Cultura & Ambiente desde 1997. E-mail: andrea@physis.org.br.

ANNA JÚLIA PASSOLD Engenheira florestal pela UFPR, com mestrado em Conservação de Ecossistemas Florestais pela ESALQ-USP. Atualmente é coordenadora de Projetos na ONG Instituto Ekos Brasil. Tem experiência em projetos de planejamento, implantação, manejo e monitoramento de unidades de conservação, com ênfase em uso público. Atua em ONGs, governo e empresas. E-mail: anna.julia@ekosbrasil.org.

BEATRIZ VERONEZE STIGLIANO Doutoranda em Ciência Ambiental pelo PROCAM/Universidade de São Paulo (USP). Possui graduação e mestrado em Turismo, pela USP, mestrado em Leisure and Environments pelo programa WICE – World Leisure and Recreation Association – Wageningen University. É professora da Universidade Federal de São Carlos e coordena o curso de Turismo. Tem atuado, principalmente, com os temas: planejamento turístico, comunidades, sustentabilidade, Unidades de Conservação (UC) e métodos de gerenciamento de visitação. Diretora do CICOP (Centro Internacional para a Conservação do Patrimônio), Brasil. Consultora do Ministério da Educação e do

Ministério do Turismo. Autora de diversas publicações científicas, com destaque para *Inventário Turístico*. E-mail: veroneze@ufscar.br.

FABIAN KÜRTEN   Especialista em Fotografia pelo Centro de Comunicação e Artes do SENAC, SP, e em Ecoturismo e Turismo Rural pelo Centro de Educação em Turismo do SENAC, SP, com graduação em Turismo pela Faculdade SENAC de Turismo e Hotelaria de São Paulo. Participa do Instituto Physis – Cultura & Ambiente como educador. Realiza projetos que visam à sustentabilidade com foco em Educação Ambiental e ecoturismo. Por meio de suas fotografias, busca retratar a beleza, simplicidade e poesia da realidade socioambiental. E-mail: fabiankurten@yahoo.com.

FLÁVIA REGINA DE QUEIROZ BATISTA   Bacharel em Ciências Biológicas e mestre em Biologia Vegetal, ambos pela UNICAMP. Analista ambiental do IBAMA, atuando na gestão de Unidades de Conservação na Amazônia e Cerrado desde 2002. Atualmente trabalha no Parque Nacional das Emas (PNE). E-mail: frqbatista@gmail.com.

FLÁVIO AUGUSTO PEREIRA MELLO   Médico veterinário com especialização em Homeopatia. Possui pós-graduação em Educação Ambiental (Senac/EaD). É guia de turismo EMBRATUR, com especialização em atrativos naturais, e consultor para Planejamento e Manejo de Trilhas, com aproximadamente 350 horas em diversos cursos na área e afins. Mestrando em Geografia pela Universidade do Estado do Rio de Janeiro. Idealizador do Infotrilhas; coordenou o I Congresso Nacional de Planejamento e Manejo de Trilhas em novembro de 2006. Atualmente coordena o Programa de Voluntariado Ambiental "Amigos do Parque" no Parque Natural Municipal de Nova Iguaçu, RJ. E-mail: suporte@infotrilhas.com.

GABRIELAS RIES   Formada em Comunicação Social pela Fundação Armando Álvares Penteado e pós-graduada em Ecoturismo pelo Senac, SP. Desenvolveu projetos de Educação Ambiental em diferentes instituições, abordando também as questões focadas em responsabilidade social e educação. Foi coordenadora de eventos e facilitadora na área de treinamento empresarial junto à natureza (*outdoor training*), além de assessora de marketing e comunicação da Ambiental Expedições, onde desenvolveu a área de responsabilidade social. Nesse período criou a parceria com a SOS Mata Atlântica, implementando o projeto "Florestas do Futuro". Atuou como docente nas Faculdades Associadas de Cotia e desenvolveu o curso livre "Organização e Planejamento para o Turismo Receptivo" pelo SENAC.

JAYME HENRIQUE PACHECO HENRIQUES   Turismólogo, especialista em ecoturismo, interpretação ambiental e administração e manejo de Unidades de Conservação (UCs). Dez anos de experiência na área de ecoturismo, gestão participativa, interpretação e implantação de trilhas e uso publico e manejo de UCs, além de artigos e capítulos em publicações técnicas e acadêmicas. Atualmente é analista ambiental do Instituto Estadual de Meio Ambiente – Projeto Corredores Ecológicos – MMA/IEMA-ES, e também consultor terceirizado da Fundação Pro-Tamar e Sebrae-ES. E-mail: aventur@uol.com.br.

LILIA SEABRA   Graduada em Geografia (UFRJ), mestra em Ciência Ambiental (UFF) e doutora em Geografia (UFRJ). Professora adjunta da Universidade do Estado do Rio de Janeiro – Faculdade de Educação da Baixada Fluminense. Desenvolve pesquisa na temática da história ambiental, turismo, meio ambiente e sustentabilidade. Tem publicações na área da educação, turismo, planejamento e gestão ambiental. E-mail: liliaseabra@terra.com.br.

MARINA MINARI   Sócia-fundadora e educadora da Associação Brasileira de Vivências com a Natureza – Instituto Romã. Cria e desenvolve projetos de Educação Ambiental e Ecoturismo pelo Instituto Physis Cultura & Ambiente. Pós-graduada em Ecoturismo e Turismo Rural com graduação em Turismo pela Faculdade SENAC de Turismo e Hotelaria de São Paulo. Pesquisa o ecoturismo, a relação Homem-Natureza e a sustentabilidade com comunidades e povos indígenas. Como *host*, é anfitriã de conversas significativas e construtivas pela *The Art of Hosting*. E-mail: maminari@gmail.com.

MARISTELA BENITES   Bióloga, educadora ambiental, especialista em Ornitologia e mestra em Ecologia e Conservação. Atua no Núcleo de Educação Ambiental do Parque Nacional das Emas, no Instituto Physis Cultura e Ambiente – Unidade Cerrado, e no Instituto Mamede para a Conservação da Biodiversidade. E-mail: mari.benites@physis.org.br.

MARTA DE AZEVEDO IRVING   Graduada em Biologia (Ecologia/Biologia Marinha) pela Universidade Federal do Rio de Janeiro e Psicologia pela Universidade Estadual do Rio de Janeiro. Mestrado em Oceanografia Biológica pela Universidade de Southampton (UK), na temática de gestão de ecossistemas costeiros. Doutorado em Oceanografia Biológica pela Universidade de São Paulo, ênfase em ecossistemas costeiros sob a ótica de planejamento e controle de poluição. Pós-doutorado na Escola de Altos Estudos em Ciências Sociais (EHESS) de Paris e no Departamento de Ecologia e Gestão da Biodiversidade do Museu de História Natural de Paris, sobre a temática da gestão da biodiversidade e inclusão social. Consultora sênior, durante vários anos, de instituições nacionais e internacionais em planejamento e gestão de projetos na temática de conservação ambiental e desenvolvimento. Professora e pesquisadora do Programa EICOS/Pós-Graduação em Psicossociologia de Comunidades e Ecologia Social da Universidade Federal do Rio de Janeiro. E-mail: marta.irving@mls.com.br.

MILTON DINES   Arquiteto especializado em planejamento ambiental e eco-turismo. Doutorando no Departamento de Geografia da USP. Especialista em manejo e gestão de Unidades de Conservação e áreas protegidas com ênfase em uso público. Consultor do Ministério do Meio Ambiente, Secretaria de Meio Ambiente do Estado de São Paulo, COPPE-UFRJ, FUNBIO, WWF Brasil e SOS Mata Atlântica. Professor do Curso de Gestão Avançada do Turismo Sustentável do Senac, SP. Diretor de Meio Ambiente da Confederação Brasileira de Montanhismo e Escalada e coordenador do Programa Pega Leve! – mínimo impacto em ambientes naturais. E-mail: mdines@uol.com.br.

NADJA CASTILHO DA COSTA   Professora adjunta do Departamento de Geografia da UERJ, onde coordena o Grupo de Estudos Ambientais (GEA/UERJ). É bolsista de produtividade em pesquisa do CNPq (Nível 2) e possui doutorado em Geografia pela UFRJ. Sua área é a Geociências, com ênfase em Geoecologia e Geomorfologia, atuando nos temas: manejo de Unidades de Conservação, educação ambiental, ecoturismo e geoprocessamento. Publicou artigos e livros: *Ecoturismo e Educação Ambiental* e *Geoprocessamento & Análise Ambiental*. Organizou o I Encontro de Ecoturismo em Unidades de Conservação (EcoUC) em 2005 e participou do Comitê Técnico-Científico no I Congresso Nacional de Planejamento e Manejo de Trilhas em 2006 e do II ECOUC em 2007. E-mail: nadjagea@bol.com.br.

PAULO FERNANDO DE ALMEIDA SAUL   Licenciado em História Natural com especialização em Ecologia Humana pela Universidade do Vale do Rio dos Sinos (UNISINOS) e mestrado em Educação pela mesma instituição, com ênfase em educação ambiental e ação institucional. Professor titular do curso de graduação em Ciências Biológicas da UNISINOS desde 1986. Coordenador do Grupo de Educação Ambiental da UNISINOS. E-mail: psaul@unisinos.br.

PEDRO DE ALCÂNTARA BITTENCOURT CÉSAR   Doutor em Geografia pela Universidade de São Paulo (DG-USP), arquiteto pela Universidade de Taubaté, especialista em Planejamento e Marketing Turístico pelo Senac, SP, e mestre em Turismo Ambiental e Cultural pelo Centro Universitário Ibero-Americano. Pesquisador do grupo de pesquisa Geografia, Cultura e Turismo da USP, professor de graduação e pós-graduação de diversos cursos de Turismo. Vice-presidente honorário do CICOP (Centro Internacional para a Conservação do Patrimônio), Brasil. Consultor do Senac, SP, Ministério do Turismo, Ministério da Educação, entre outras instituições. Autor de aproximadamente 50 publicações científicas, com destaque para *Inventário Turístico*. Tem atuado na área de Turismo, com ênfase em planejamento, patrimônio cultural, turismo cultural, ecoturismo e arquitetura sustentável. E-mail: bittencourt_tur@yahoo.com.br.

SIMONE MAMEDE   Bióloga, educadora ambiental, especialista em Ecoturismo e Mastozoologia, mestra em Meio Ambiente e Desenvolvimento Regional. Coordenadora do Núcleo de Educação Ambiental do Parque Nacional das Emas, gerente do Instituto Physis Cultura e Ambiente – Unidade Cerrado, e membro do Instituto Mamede para a Conservação da Biodiversidade. E-mail: mamede@physis.org.br.

SOLANGE TEREZINHA DE LIMA GUIMARÃES   Professora livre-docente em Interpretação e Valoração de Paisagens, do Departamento de Geografia, Instituto de Geociências e Ciências Exatas (IGCE), Universidade Estadual Paulista (UNESP), campus de Rio Claro. Docente dos cursos de graduação de Geografia e Engenharia Ambiental, dos cursos de pós-graduação, mestrado e doutorado em Geografia, do IGCE-UNESP, e do curso de especialização em Educação Ambiental e Recursos Hídricos, do Centro de Recursos Hídricos e Ecologia Aplicada (CRHEA), da Escola de Engenharia de São Carlos, Universidade de São Paulo (EESC-USP). Editora das revistas científicas *Olam – Ciência & Tecnologia* e *Climatologia e Estudos da Paisagem*. Desde 1987 desenvolve estudos e pesquisas sobre a temática de percepção, interpretação e valoração de paisagens e do meio ambiente, gestão de recursos paisagísticos naturais e construídos, ministrando cursos e conferências. E-mail: hadra@uol.com.br.

THEO VIEIRA LARRATEA   Formado em Biologia, bacharelado e licenciatura, pela Universidade do Vale dos Sinos (UNISINOS), mestrando em Diversidade e Manejo de Vida Silvestre (UNISINOS). Atua em Educação Ambiental com formação de multiplicadores no Laboratório de Prática de Ensino e Educação Ambiental (UNISINOS). E-mail: theo@larratea.net

VIVIAN CASTILHO DA COSTA Professora visitante do Instituto de Geografia da UERJ. Doutora em Geografia pela UFRJ, trabalhou no Núcleo de Estudos e Pesquisas em Geoprocessamento (NEPGEO), foi bolsista de Fixação de Pesquisador (recém-doutor) pela FAPERJ. É pesquisadora associada ao Grupo de Estudos Ambientais (GEA/UERJ), tendo publicado artigos sobre manejo de Unidades de Conservação, ecoturismo, planejamento de trilhas, uso de geotecnologias, gestão de recursos naturais e estudos de impacto ambiental. Participou da Comissão Técnico-Científica do I Congresso Nacional de Planejamento e Manejo de Trilhas (CNPMT) em 2006, do Comitê de Organização do I Encontro de Ecoturismo em Unidades de Conservação (EcoUC) em 2005 e do II EcoUC em 2007. E-mail: vivianuerj@gmail.com.

ZYSMAN NEIMAN Doutor em Psicologia, teve passagem pelo Programa de Doutorado em Ciência Ambiental, é mestre em Psicologia e bacharel em Ciências Biológicas (todos pela USP). Professor da Universidade Federal de São Carlos (Laboratório de Ecoturismo, Percepção e Educação Ambiental – LEPEA/UFSCar), é autor e organizador de vários livros sobre meio ambiente, entre os quais se destacam: *Ecoturismo no Brasil, Meio Ambiente, Educação Ambiental e Ecoturismo, À Sombra das Árvores: transdisciplinaridade, Educação Ambiental em Atividades Extraclasse, Educação Ambiental e Conservação da Biodiversidade* e *Era Verde? Ecossistemas Brasileiros Ameaçados.* Coordena, desde 1987, trabalhos de Educação Ambiental e é consultor em Ecoturismo, auxiliando órgãos públicos e conselhos municipais em projeto de implantação do turismo sustentável, além de ter sido o redator do Tema Transversal "Meio Ambiente" dos Parâmetros Curriculares Nacionais para o Ensino Fundamental do MEC. Ministrou inúmeros cursos e palestras sobre a temática ambiental em diversos Estados do Brasil. Coordenou o II Encontro de Ecoturismo em Unidades de Conservação (EcoUC) e o VI Congresso Nacional de Ecoturismo, ambos em 2007. Foi fundador de várias ONGs, entre elas o Instituto Physis – Cultura & Ambiente, do qual atualmente é diretor-presidente. E-mail: zysman@physis.org.br.

APRESENTAÇÃO

O ecoturismo, no contexto de um conjunto de práticas e conceitos variados, vem, cada vez mais, ganhando adeptos, não somente entre os leigos – aqueles que, de alguma forma, se identificam com a natureza, mesmo que não haja a preocupação com a conservação ambiental – mas principalmente entre os que atuam e se preocupam, efetivamente, com o planejamento e a gestão dessa modalidade de turismo e com a sua correta implementação.

Isso pôde ser constatado durante a realização do I Encontro Interdisciplinar de Ecoturismo em Unidades de Conservação (I ECOUC), em 2005, e o I Congresso Nacional de Planejamento e Manejo de Trilhas, em 2006, ambos organizados pelo Grupo de Estudos Ambientais (GEA) do Departamento de Geografia da Universidade do Estado do Rio de Janeiro. No transcorrer dos dois eventos ficou patente a demanda por ações que efetivamente ordenem o planejamento e a execução do ecoturismo nas diferentes esferas de atuação e a necessidade de sistematicamente reunir, em documentos especializados, as idéias e experiências dos mais renomados técnicos e pesquisadores brasileiros que têm se dedicado a essa temática.

Embora seja uma prática relativamente nova, tanto nacional quanto internacionalmente, a preocupação de técnicos, ambientalistas e pesquisadores com os efeitos do ecoturismo é grande, na medida em que a atividade vem sendo deturpada, tornando-se uma "febre", estimulada principalmente pela mídia, por conta de seu potencial para a fuga do estresse provocado pela vida agitada nas grandes cidades. Uma série de questionamentos têm surgido, dentre eles a necessidade de inclusão social e de incorporação de práticas educativas que permitam não somente levar conhecimento sobre a realidade ambiental das áreas exploradas, como também formas de combinar lazer e recreação na natureza de maneira conservacionista.

Este livro está dividido em quatro partes: "Reflexões sobre o Ecoturismo"; "A Experiência Humana nas Trilhas da Educação Ambiental"; "O Planejamento e o Manejo de Trilhas"; e "Pelas Trilhas dos Biomas Brasileiros".

O primeiro capítulo, escrito por Marta Irving, ressalta o ecoturismo como um fenômeno social, significando, muitas vezes, a transformação do cotidiano das pessoas, e que os processos de gestão participativa de áreas protegidas estão em construção. Faz ainda amplo apanhado do desenvolvimento do ecoturismo nessas áreas.

As perspectivas geográficas do ecoturismo são analisadas no segundo capítulo, pela geógrafa Nadja Costa. A autora ressalta a contribuição da ciência geográfica, principalmente da geografia física, na compreensão das transformações e organização do espaço natural pelas práticas ecoturísticas.

No contexto do ecoturismo envolvendo a participação da sociedade, Zysman Neiman, fechando a primeira parte do livro, correlaciona Educação Ambiental e as práticas ecoturísticas, mostrando a importância de atrelar o lazer à conservação do meio ambiente.

A segunda parte do livro é iniciada por Solange Guimarães, que, ao analisar vários conceitos de paisagem, mostra como ela pode ser percebida e transformada pelas sociedades. Destaca também a importância das trilhas interpretativas como veículo de percepção e compreensão da relação homem-meio ambiente.

Ainda dentro dessa abordagem, Zysman Neiman e Andréa Rabinovici, no quinto capítulo, discorrem sobre a importância do ecoturismo como uma atividade educativa, envolvendo ações participativas e integradoras da própria sociedade e, desta, com a natureza. Analisam como uma trilha e seus equipamentos podem incentivar a conservação ambiental.

No sexto capítulo, Anamaria Stranz, Paulo Fernando Saul e Theo Vieira Larratea analisam as trilhas interpretativas no contexto do desenvolvimento da Educação Ambiental nas escolas. Os três autores mostram, por meio de exemplos práticos, como as atividades devem ser preparadas pelos professores para tornar uma trilha um veículo de informação e conservação ambiental. Seguindo essa mesma linha, Nadja Costa e Vivian Costa relatam, no sétimo capítulo, as práticas de Educação Ambiental desenvolvidas nas trilhas do Parque Estadual da Pedra Branca (RJ) com alunos do ensino fundamental das escolas localizadas no entorno próximo da área legalmente protegida.

O planejamento e o manejo de trilhas, alguns dos principais temas deste livro, são tratados na terceira parte. O ecoturismo, grande parte das vezes, é desenvolvido em trilhas, muitas delas abertas sem nenhum planejamento e técnica, em remanescentes florestais, o que pode representar impactos aos seus componentes e riscos para os usuários. Preocupados com essa questão, seis autores apresentam metodologias de diagnóstico e avaliação de trilhas em diversos ambientes vegetacionais, bem como as principais técnicas de avaliação da capacidade de suporte e monitoramento de seu uso.

Abrindo a terceira parte, Beatriz Stigliano e Pedro de Alcântara César fazem várias considerações sobre a aplicação do método VAMP em uma Unidade de Conservação do Estado de S. Paulo, enquanto Lilia Seabra, no nono capítulo, apresenta novos métodos de inserção de comunidades receptoras do ecoturismo

(Monitoramento Participativo do Turismo Sustentável – MPTD) e instrumentos de monitoramento dos parâmetros do meio físico.

As técnicas de geoprocessamento têm se tornado ferramentas poderosas no diagnóstico e planejamento de trilhas em áreas protegidas. Vivian Costa, autora do décimo capítulo, mostra como softwares de SGI e sensoreamento remoto (geotecnologias) podem auxiliar no mapeamento e na avaliação detalhada dos aspectos físico-bióticos das trilhas, tomando como exemplo a rede de trilhas do Parque Estadual da Pedra Branca, localizado na cidade do Rio de Janeiro.

Paralelamente aos estudos específicos de manejo e monitoramento de trilhas, o livro apresenta, em seu décimo primeiro capítulo, os princípios básicos para o manejo da visitação. Milton Dines e Anna Júlia Passold apresentam o embasamento teórico e os aspectos da prática de gestão e de manejo da recreação em áreas naturais, além de um conjunto de procedimentos que configuram importante subsídio metodológico para ações que podem ser incorporadas ao cotidiano dessas localidades. Trata-se de um conjunto de ações e práticas que requerem sua consolidação em um sistema que propicie agilidade na gestão e no manejo da visitação.

Concluindo a Parte III, Flávio Mello destaca a importância das trilhas como elos de ligação entre lazer/recreação e conservação ambiental e analisa criticamente as metodologias de avaliação da capacidade de suporte à visitação. Procura ainda dar ênfase à trilha como um veículo de recuperação de áreas degradadas no seu entorno e mostra a necessidade de valorar os atributos e serviços ecoturísticos.

A última parte do livro (Parte IV) sintetiza cinco experiências de ecoturismo em vários biomas brasileiros, que vão desde o ambiente de caatinga, passam pelo Cerrado, Mata Atlântica e Pantanal e seguem até a Amazônia.

A relação entre as modalidades de turismo ecológico, arqueológico e cultural é exemplificada na Serra da Capivara (PI) por Gabriela Ries no décimo terceiro capítulo, derivado de sua monografia, menção honrosa no IIIª Prêmio EBAPE-FGV/EMBRATUR de monografias, estudos de caso e reportagens do setor de turismo e hotelaria em 2006, enquanto Simone Mamede e Maristela Benites abordam, no décimo quarto capítulo, de forma simultaneamente científica e descontraída, a fauna como ferramenta para a consecução do ecoturismo na região do Cerrado, sem levar o leitor a pensar exclusivamente como um profissional de ciências biológicas, mas estendendo a reflexão aos amantes desse bioma.

O ecoturismo como estratégia de preservação de Unidades de Conservação e corredores ecológicos é discutido por Jayme Pacheco Henriques, que, no décimo quinto capítulo, mostra suas experiências no desenvolvimento de um projeto de implantação de corredores ecológicos no Estado do Espírito Santo.

Fabian Kürten e Marina Minari abordam o universo das relações do homem com o ambiente pantaneiro através da Educação Ambiental (EA) baseada em atividades ecoturísticas. Buscam a (re)valorização e o respeito à diversidade cultural e biológica, as alternativas de envolvimento com atividades que se sustentem economicamente e garantam a reprodução e manutenção da vida sem sacrifício e esgotamento natural, e, ainda, a garantia de oportunidades igualitárias de bem-estar e qualidade de vida (respeitando-se as diferenças) com base na realidade humana, ambiental e econômica de um ecossistema tão sensível quanto o Pantanal. As bases metodológicas das autoras pautaram-se em revisão bibliográfica, pesquisa *in loco* com visitas aos órgãos públicos, privados e do terceiro setor, vivência e experiência empíricas com os pantaneiros e criação de um acervo fotográfico.

Fechando o livro, Simone Mamede, Flávia Batista e Maristela Benites, por meio de seus relatos de experiências, apresentam a riqueza da biodiversidade brasileira como potencial do ecoturismo, numa viagem da planície pantaneira às montanhas do Tumucumaque, explorando as belezas de três importantes biomas, o Pantanal, o Cerrado e a Amazônia, num convite a uma viagem de descobertas e de exploração sustentável da biodiversidade em seus diversos níveis (genética, de espécies, de ecossistemas e da pluralidade cultural), através do ecoturismo e contemplação de um elemento tão delicado, belo e por vezes efêmero que é a diversidade biológica.

Boa viagem a todos os leitores!

SUMÁRIO

PARTE III

O PLANEJAMENTO E O MANEJO DAS TRILHAS

CAPACIDADE DE CARGA, VAMP, LAC E OUTROS MÉTODOS DE GERENCIAMENTO DA VISITAÇÃO: REFLEXÕES E APLICAÇÃO DO VAMP NO TURISMO 123

Beatriz Veroneze Stigliano & Pedro de Alcântara Bittencourt César

ESTUDOS DE CAPACIDADE DE SUPORTE TURÍSTICO E MONITORAMENTO COMUNITÁRIO PARA O MEIO FÍSICO 135

Lilia Seabra

PLANEJAMENTO AMBIENTAL DE TRILHAS ECOTURÍSTICAS EM UNIDADES DE CONSERVAÇÃO NO BRASIL, UTILIZANDO GEOPROCESSAMENTO 147

Vivian Castilho da Costa

PARTE IV
PELAS TRILHAS DOS BIOMAS BRASILEIROS

Parte I

Reflexões sobre o Ecoturismo

Ecoturismo em Áreas Protegidas: Da Natureza ao Fenômeno Social

Marta de Azevedo Irving

Contextualizando o Tema

Interpretar ecoturismo em áreas protegidas exige, num primeiro momento, a desmistificação de uma leitura idealizada sobre o tema e a compreensão de que a busca pela natureza, especialmente para as áreas protegidas, que inspira deslocamentos da origem, representa também um fenômeno social.

O tema do ecoturismo em áreas protegidas se constitui, atualmente, em discussão central em políticas públicas, principalmente em um momento no qual o turismo ganha novo foco como veículo potencial de inclusão social e redução das desigualdades sociais, problema central no contexto de desenvolvimento do Brasil, reconhecidamente um dos países de maior diversidade biológica do planeta e um dos atores internacionais centrais na negociação e implementação da Convenção da Diversidade Biológica. No entanto, para que seja possível avançar nessa reflexão, o ponto de partida parece ser a desmistificação de mitos e preconceitos e a interpretação menos simplista do problema.

Na verdade, o ecoturismo resulta, no panorama turístico, em uma proposta de mercado em que a natureza se transfigura em *commodity* para atender aos sonhos dos imaginários urbanos, que ressignificam e transformam os recursos renováveis (e, portanto, imprimem novos significados ao valor de natureza) em sonhos de consumo contemporâneos. Assim, a representação social de natureza passa a estar vinculada à noção de patrimônio valorizado, que se expressa em hierarquias e status diferenciados. Nesta leitura, o ecoturismo emerge, em sua versão atual, como romance, ou veiculação de um tipo de banalização idealizada de consumo de natureza, em sua versão *fast food*, na lógica da espetacularização de Debord (DEBORD, 1967). Segundo esse enfoque, Trannin *et al.* (2006) demonstram que a natureza é transformada, pela mídia impressa no país, em tragédia ou em paraíso idealizado. E a imagem de paraíso idealizado está inevitavelmente vinculada ao ecoturismo.

Neste cenário, o ecoturismo propõe a realização de fantasias, apoiadas no *"mito moderno da natureza intocada"* (DIEGUES, 1996) ou, em casos extremos, numa natureza desfigurada mas "fantasiada" de verde para os desavisados. No "rótulo verde", disponível em excesso nas agências de viagem e nos produtos do mercado turístico, uma grife ou um ecoproduto, entre tantos outros, são freqüentemente lançados ao consumidor, ávido por novidades e inserção social.

Mas o que realmente pode significar o ecoturismo e como este se expressa numa leitura conceitual menos simplista? O que busca realmente o ecoturista como ser social que se dirige à natureza? Em que medida o ecoturismo representa escolha pelo contato real com a natureza? Em que nível o deslocamento à natureza é motivado por necessidade de inserção social, a partir da construção de novo estilo de vida?

O ecoturismo é fenômeno social. Para além das oportunidades *fast-food* de mercado, representa, freqüentemente, a busca de contraponto com a realidade cotidiana, a oportunidade de experiência integral, de valor afetivo, a partir da interação do sujeito que se desloca para o meio natural, mas também em direção aos códigos culturais de um destino, tendo a natureza em sua forma " protegida" como atrativo principal.

Esse tema de ruptura da transformação do cotidiano pela atividade turística é discutido por Graburn (1989), Dann (1999) e Urry (1999), apenas para citar alguns autores que avançam numa nova leitura social do turismo. Nesse caso, o deslocamento (mesmo tendo a natureza como desejo e motivação expressos) transcende o movimento físico para se expressar como simbologia, signos e significados.

Segundo Embratur/Ibama (1994), o conceito de ecoturismo transcende a perspectiva do mero contato com a natureza, para uma postura mais integral de valorização da cultura local e compromisso ético de divisão de benefícios, numa perspectiva de sustentabilidade (CÉRON E DUBOIS, 2002; IRVING E CAMPHORA, 2005), conforme claramente expresso na Agenda 21 do Turismo e no Código de Ética para o Turismo (IRVING, 2002a).

O planejamento turístico, de base sustentável, requer, por princípio, compromisso ético, de respeito e engajamento de "quem está" e de "quem vem" com o local (que representa sociedade e natureza), um intercâmbio real entre os sujeitos "que recebem" e os que "são recebidos" e, destes, com o ambiente no qual interagem. Sem essa interação harmoniosa, a troca de valores não se efetiva e o "espaço da interação" ganha contornos apenas circunstanciais.

Céron e Dubois (2002) mencionam ainda que a sustentabilidade do desenvolvimento (e do turismo, como conseqüência) implica ambiente de boa qualidade e responsabilidades comuns mas diferenciadas, governadas por um princípio de eqüidade na relação no interior dos Estados, e entre eles, mas, também, entre as gerações presentes e futuras. A questão central é, portanto, planejamento inclusivo e permanência de processo. O autor remete ainda essa análise ao panorama global, afirmando não poder haver hipocrisia de excesso de turismo em alguns países e controle nos países do sul. Assim, ele lança a idéia de um *"campo de experimentação para um turismo futuro"*, pensando o risco de homogeneização de modos de vida pela globalização e a necessidade de proteger as especificidades de cada destino. Essa provocação parece particularmente pertinente num cenário como o brasileiro, em que a diversidade de biomas se confunde com a sociodiversidade e a efervescência de culturas e que se inspira numa história de integração permanente entre nativos, colonizadores e imigrantes de diversas origens.

No caso das áreas protegidas, "quem está", cujo lócus atrai o imaginário coletivo, freqüentemente está excluído e distante de sua própria autonomia no processo de tomada de decisão, inclusive para escolher o turismo como alternativa. E "quem vem" não tem ainda um rosto e certamente conhece pouco o contexto social no qual se insere a natureza idealizada. Mas será que esse ecoturista realmente se diferencia dos "bandos" que invadem locais turísticos e que deles se apropriam e se afastam, com a mesma falta de cerimônia com que chegaram? Será que o contexto social de inserção de uma área protegida é atraente turisticamente?

Elouard (1998) lança interessante questão sobre esse tema quando questiona: há então uma "arte de viajar", que distinguiria o turista cultivado solitário ou em pequenos grupos, o aventureiro ávido de "bons planos", daquele bando, de umas 50 cabeças, que se beneficiou de uma "superpromoção"? E o autor complementa sua leitura ao afirmar que os " bandos" tendem a viajar muito mais para confortar e reafirmar a opinião que tem de seu próprio mundo do que para apreciar outro. Assim, estes "pemanecem" no lugar de origem, cultivam seus valores e querem reproduzir os mesmos hábitos, apesar do deslocamento que empreendem. Um tema essencial a ser investigado se dirige, portanto, ao perfil do ecoturista e à escala desejada para o ecoturismo em áreas protegidas, numa projeção consistente de cenários.

Pensando este "sujeito oculto", o *"flanneur"* contemporâneo, Camphora e Irving (2005) fazem a seguinte reflexão, aplicável do mesmo modo ao ecoturista quando o tema é planejamento de uso público em áreas protegidas:

> *"O olhar sobre o turista parece ser essencial para ampliar e diversificar ofertas para um público cada vez mais diferenciado e exigente, tornando-se necessidade prioritária para o setor, assim como o desenvolvimento de modelos interpretativos, capazes de identificar interesses, valores e motivações que possam influenciar as decisões e preferências do turista. Entretanto, as estatísticas disponíveis não parecem suficientes para auxiliar no planejamento dessas ações, e menos ainda como subsídios aplicáveis a ações dirigidas por uma perspectiva de sustentabilidade, que considere o turista como agente estratégico no desenvolvimento do turismo"* (CAMPHORA E IRVING, OP. CIT:312).

Nesse sentido, Ceron e Dubois (2002) mencionam que um dos desafios para o futuro é conhecer o turista, para que se possa buscar um perfil mais cultivado que possa operar como "agente de transformação". Esta talvez represente mudança essencial de conceito em planejamento ecoturístico. Entender o ecoturista não apenas como elemento passivo de um processo decidido por agências e operadoras, ou ainda pela pressão do mercado "ecologicamente correto", mas como agente de transformação social e conservação ambiental, capaz de decidir e impor mudanças de processo.

Na verdade, mais do que estatísticas, a interpretação dos desejos e motivações desse " sujeito oculto" implica a compreensão de suas subjetividades, de sua maneira de entender o mundo e de se relacionar com a natureza, e de suas aspirações como cidadão. Sem que se entenda com clareza essa dinâmica, o planejamento ecoturístico perde em realidade e qualidade.

Do outro lado da equação estão as populações do destino ecoturístico, freqüentemente marginalizadas no processo de criação das áreas protegidas e do desenvolvimento turístico, ávidas por melhorias de qualidade de vida e, freqüentemente, fascinadas ou incomodadas pelos "forasteiros" que usufruem, com maior intensidade e menor compromisso, de uma natureza que as excluem e que é sua, por princípio. Nesse sentido, Ceron e Dubois (*op. cit.*) mencionam a importância de estratégias que viabilizem a distribuição dos benefícios do turismo entre operadoras e populações locais, numa lógica de minimização de impactos sociais e ambientais.

Roullet-Caire e Caire (2003) mencionam que o turismo, seja qual for sua forma, modifica profundamente o futuro de uma população, mais do que todas as outras atividades econômicas. Segundo os autores, o desenvolvimento do turismo internacional (já que ele opera entre o Norte e o Sul) é, sem dúvida, um fator majoritário de mudanças na sociedade e, contrariamente à produção e exploração direta de bens e serviços, o turismo se sustenta no deslocamento do consumidor e, assim, implica o contato direto entre: a) turistas e trabalhadores engajados nas diversas atividades que compõem o produto turístico; b) turistas e populações locais (os "atores passivos" do turismo), mesmo que estes contatos sejam apenas visuais; e c) turistas e o "território de produção".

Neste balanço se formata uma dinâmica complexa de conflitos, divergências, pactos e jogos, de difícil apreensão pelas estatísticas oficiais, mas fundamentais para pensar o ecoturismo em áreas protegidas, numa perspectiva de médio e longo prazos.

Assim, segundo os autores, o ponto comum da maior parte dos projetos de turismo solidário é a vontade de gerenciar o próprio rumo, ou um "alterturismo", no qual gerenciar o próprio destino signifique três desafios centrais: a) refletir e definir o destino desejável; b) escolher os meios de realização, tendo-se em conta a realidade do mundo; e c) avaliar se os resultados estão de acordo com as expectativas.

Sob essa ótica, é essencial que se entenda as áreas protegidas conectadas também à leitura do exotismo tropical e da floresta virgem. Segundo Quella-Villéger (1998), o exotismo representa *"a relação orientada do Ocidente na direção do resto do globo, a tensão do indivíduo face à heterogeneidade do mundo"*. Assim, as áreas protegidas para o turismo tenderão a significar, num cenário ainda distante, o mito moderno da natureza intocada. Sendo assim, a insistência na pasteurização da natureza para uso ecoturístico de consumo imediato constitui equívoco central em planejamento.

Outra crítica se dirige à perspectiva elitizada do ecoturismo. Em geral, o que se percebe, na literatura internacional e na economia contemporânea, é que o turismo de natureza, em particular o ecoturismo, é privilégio das classes mais favorecidas da população mundial, dispostas e capitalizadas a pagar pelo encontro com a natureza, inflacionada pela lógica do mercado de sonhos. Assim, emerge na análise o ecoturista de elite, que polariza a distância entre incluídos e excluídos ou a perspectiva ainda mais grave, no plano global, de desequilíbrio entre países emissores e países receptivos, numa lógica de disputa desigual no âmbito do capitalismo mundial, conforme discutido por Céron e Dubois (*op. cit*).

Além dos altos custos envolvidos num deslocamento para uma área protegida, especialmente quando se consideram, no Brasil, as dificuldades evidentes de acesso, que restringem e selecionam o perfil do ecoturista, há alguma estratégia de planejamento que garanta que o turismo às áreas protegidas poderá se configurar como alternativa sustentável e que possa transcender a barreira social ou romper a hipocrisia internacional entre países desenvolvidos, que emitem turistas, e países em desenvolvimento, que os recebem?

Pensar o ecoturismo em áreas protegidas significa também romper precon-ceitos atrelados ao processo da proteção da natureza como restrição ao desenvolvi-mento. Nesse balanço, a contradição, o confronto e a polarização de leituras equivocadas sobre desenvolvimento como demanda e processo global que exigem a substituição das formas selvagens de natureza pela "natureza processada" precisam ser desmistificados. No meio rural (e também em áreas urbanas), uma área protegida, ainda que ressignificada pelos olhares urbanos distantes do convívio com a própria natureza, se constitui pela percepção local em obstáculo ao desen-volvimento e se expressa, portanto, como foco inspirador de estruturação de conflitos, de diversas origens e alcances.

Por um lado, a natureza como valor de mercado e, por outro, a leitura equivocada de natureza como obstáculo ao desenvolvimento. Especificamente no caso das áreas protegidas, o ecoturismo talvez represente oportunidade real para apoio aos processos de conservação da biodiversidade, uma vez que pode agregar valor aos ecossistemas em seu estado de equilíbrio ecológico. Uma natureza desfigurada não constitui atrativo. Sendo assim, a proteção dos recursos renováveis passa a ser condição essencial para a manutenção das áreas protegidas, nos casos ou categorias de manejo em que a atividade é permitida.

Do Abstrato à Realidade: Ecoturismo e Áreas Protegidas

Com esses elementos de reflexão, a questão seguinte é como interpretar o contexto e os desafios futuros no caso brasileiro.

Nesse contexto, é fundamental mencionar que o governo brasileiro recen-temente decretou o Plano Nacional Estratégico de Áreas Protegidas (BRASIL, 2006), no qual reconhece que os compromissos de conservação dessas áreas estão diretamente vinculados aos compromissos de inclusão social. Nessa leitura, o ecoturismo ganha dimensão ainda maior, em termos de importância de políticas públicas que integrem turismo e proteção da natureza, numa concepção de redução das desigualdades sociais.

Pensando a dimensão de patrimônio natural, apenas considerando as áreas protegidas de âmbito federal, o Quadro 1 apresenta uma síntese de sua dimensão, em termos de tipologias e categorias de manejo. Embora esse quadro seja dinâmico e novas áreas sejam permanentemente incorporadas ao sistema, para análise de contexto foram selecionadas as informações de áreas protegidas que pudessem ser interpretadas na mesma escala de tempo que os dados turísticos.

Quadro 1   Número e área total de Unidades de Conservação federais segundo a tipologia e categoria de manejo.[1]

CATEGORIA	NÚMERO	EXTENSÃO (ha)
Parque Nacional	62	22.757.006,00
Reserva Biológica	29	5.438.001,00
Estação Ecológica	32	8.812.084,00
Refúgio da Vida Silvestre	3	128.521,25
Área Relevante Interesse Ecológico	17	32.574,80
Área de Proteção Ambiental	30	7.408.660,00.
Reserva Extrativista	48	8.350.147,00
Floresta Nacional	73	19.190.136,00
Reserva de Desenvolvimento. Sustentável	1	64.735,00
Total	295	72.181.864,05

1. As sobreposições entre as UCs foram processadas incluindo-as na categoria de maior restrição
Fonte: Diretoria de Ecossistemas do IBAMA, em 27/08/2007.

Uma das categorias de manejo de maior importância para uso ecoturístico, os Parques Nacionais federais totalizam 62 áreas distribuídas nos diversos biomas brasileiros, envolvendo 22.757.006 hectares, em um total de 72.181.864,05 ha de unidades de conservação de proteção integral e uso sustentável. É importante também ressaltar que diante dos compromissos assumidos pela Convenção da Diversidade Biológica, novos processos de criação de áreas protegidas estão em curso, principalmente na Amazônia.

Segundo Brandon (1996), embora parques e demais áreas protegidas sejam essenciais para a conservação da biodiversidade, a maioria está sob forte pressão. Sendo assim, o ecoturismo pode representar alternativa essencial para o desenvolvimento do entorno, a partir da valorização da natureza, em seu estado equilibrado, e da divisão de benefícios da atividade ecoturística para as comunidades humanas em sua área de inserção. Como atividade econômica de baixo impacto, se bem planejada, o ecoturismo poderia funcionar, em tese, como veículo de conservação ambiental e inclusão social.

Vale lembrar ainda que nesse quadro não estão contabilizadas as Áreas Indígenas, que não compõem o Sistema Nacional de Unidades de Conservação (BRASIL, 2000, 2002), mas são parte integrante do Plano Nacional Estratégico de Áreas Protegidas (BRASIL, 2006) e, em alguns casos, já desenvolvem estratégias de visitação turística controlada.

Irving (2002b) discutiu os principais desafios para o ecoturismo em áreas protegidas e afirma ser equivocado o mito de que o ecoturismo possa se desenvolver em todas elas. Há categorias de manejo que não permitem o uso ecoturístico e, mesmo aquelas nas quais o turismo é possível, de domínio público, exigem como instrumentos norteadores o Plano de Manejo e o Plano de Uso Público. No entanto, apenas pensando os parques nacionais em seu contexto atual, menos da metade tem Planos de Manejo atualizado (IRVING ET AL., 2006). Da mesma maneira, após o Sistema Nacional de Unidades de Conservação (BRASIL, 2000), o governo instituiu a obrigatoriedade de formação de conselhos consultivos paritários para a gestão participativa de parques nacionais. Embora esta seja uma exigência legal, são ainda poucos os conselhos criados e operantes que possam efetivamente representar uma instância de governança democrática. Vale ainda lembrar que, até o momento, o setor turístico está praticamente ausente dessa discussão, embora seja uma instância-chave nos temas relacionados à conservação da biodiversidade e distribuição de benefícios pelo uso da natureza.

Esses processos de gestão participativa de áreas protegidas estão em construção, mas apenas recentemente esse tema foi internalizado em planejamento turístico. Segundo MMA/MTur (2004), no relatório preliminar de revisão das Diretrizes do Ecoturismo, as Unidades de Conservação da Natureza representam um dos focos centrais de planejamento, o que não acontecia na versão original do documento (EMBRATUR/IBAMA, 1994).

Pensando apenas as estatísticas turísticas de Unidades de Conservação da mesma época dos dados apresentados, é possível verificar que, no caso brasileiro, as áreas protegidas não constituem ainda atrativo central da visitação internacional.

De acordo com o Anuário Estatístico da Embratur de 2004 (EMBRATUR, 2004), o Brasil recebeu, em 2003, 4.090.590 turistas estrangeiros, o dobro do número de visitantes recebidos em 1995. Ainda assim, as estatísticas de 2003 foram inferiores aos anos de 1998 até 2001, nos quais se registraram, em média, cinco milhões de visitantes ao ano (dados resumidos segundo as regiões de residência permanente no Quadro 2). Ainda assim, as estatísticas mais recentes mostram aumento progressivo, ano a ano, no turismo internacional. No entanto, não há dados sistemáticos e consistentes sobre o ecoturismo no país nem se chegou ainda a um consenso sobre as bases de avaliação estatística desse segmento específico.

Ainda segundo a Embratur, a receita cambial gerada pelo turismo internacional no Brasil foi de US$ 3.385.967, no ano de 2003, demonstrando crescimento de 8% em relação ao ano anterior, com progressão positiva projetada para os anos seguintes.

Quanto à origem, em 2003, os turistas europeus (1.567.708 visitantes) foram o contingente mais representativo, principalmente os da Alemanha, Portugal, França e Itália. O segundo lugar foi ocupado por turistas sul-americanos (1.532.234 visitantes) e, em seguida, norte-americanos (790.652) e asiáticos (53.785), sendo 50% desse mercado proveniente do Japão.

No mesmo ano, as cidades mais visitadas foram: Rio de Janeiro (36,9%), São Paulo (18,5%), Salvador (15,8%), Fortaleza (8,5%), Recife (7,5%), Foz do Iguaçu (7,4%) e Búzios (6%). As cidades amazônicas não aparecem, ainda, com expressividade nas estatísticas turísticas. Pensando exclusivamente as áreas protegidas, os dados indicam claramente a importância do Parque Nacional de Iguaçu e do Parque Nacional da Tijuca (no qual está inserido o Corcovado, símbolo da cidade do Rio de Janeiro), mas, no contexto do país, considerando sua riqueza em patrimônio natural (neste incluído as áreas protegidas), o fluxo turístico é ainda insignificante.

Da mesma forma, é preciso considerar que, para o ecoturismo, o Brasil é um destino caro, considerando os mercados emissores tradicionais e as diferentes opções disponíveis, em escala global. No entanto, o país dispõe de algumas peculiaridades que podem representar um diferencial no imaginário coletivo, como a imagem da floresta tropical em escala continental, a marca "Amazônia" e os significados associados ao "exotismo tropical", característica compartilhada com outros destinos mas que tem seu diferencial no plano da hospitalidade e da identidade nacional. Sendo assim, o diferencial, em termos de competitividade e atratividade para o ecoturismo, se vincula muito mais à base cultural (e, portanto, ao fator humano) do que propriamente ao patrimônio natural, ainda que este tenha valor essencial no plano da Convenção da Diversidade Biológica. No entanto, não se pode desconsiderar em planejamento ecoturístico a emergência de um novo perfil de turista, "o turista cidadão global", para o qual a motivação não é apenas a natureza ou um destino qualquer, mas seu papel ético na construção de um planeta sustentável.

Este novo perfil de turista influencia sutilmente agências e operadoras e constrói novos significados em substituição ao turismo convencional, exigindo roteiros individualizados, democratização de oportunidades e destinos ambiental e socialmente sustentáveis, enquanto resgata seu papel cidadão diante dos desafios globais. Esse novo "personagem" age individual e silenciosamente, enquanto provoca transformações coletivas, ainda que imperceptíveis pelas estatísticas oficiais. Talvez tenha de se centrar nele o foco principal de planejamento ecoturístico para as próximas décadas.

Quadro 2   Entrada de turistas no Brasil, segundo regiões de residência permanente.

REGIÕES	1991	1992	1993	1994	1995	1996	1997	1998	1999	2000	2001	2002	2003
África	21.803	24.024	22.752	25.229	18.933	23.187	23.747	40.959	41.297	34.503	36.352	30.564	32.490
América Central	6.819	7.926	6.838	10.281	13.482	18.571	19.047	31.503	33.739	22.630	20.929	21.285	21.754
América do Norte	144.246	161.104	132.112	188.141	254.566	406.265	459.553	607.852	647.809	744.270	693.238	752.404	790.652
América do Sul	700.339	1.100.722	1.128.409	1.158.830	1.106.063	1.405.583	1.520.367	2.810.101	2.961.694	3.036.169	2.417.526	1.462.191	1.532.234
Ásia	27.352	32.730	26.148	42.862	58.879	98.771	83.906	95.590	104.701	99.847	103.908	80.864	83.785
Europa	314.331	349.971	311.863	407.972	509.153	671.152	701.684	1.144.599	1.227.835	1.305.674	1.430.724	1.373.256	1.567.708
Oceania	5.547	5.679	4.146	5.587	7.966	10.867	11.322	26.102	25.369	21.944	23.486	26.276	27.146
Oriente Médio	5.932	7.288	6.145	8.501	12.168	17.532	19.049	29.735	33.567	25.825	26.178	27.835	29.362
Não especificado	1.809	2.634	2.725	5.898	10.206	13.580	11.075	31.643	31.158	22.601	20.234	8.725	5.459
Total	1.228.178	1.692.078	1.641.138	1.853.301	1.991.416	2.665.508	2.849.750	4.818.084	5.107.169	5.313.463	4.772.575	3.783.400	4.090.590

Fonte: DPF e Embratur. Dados de 2002 foram revisados.

É importante também que se considere que o custo da conservação de patrimônio natural, nele consideradas as áreas protegidas, é extremamente elevado para o país, já fortemente pressionado em seu desenvolvimento pelas prioridades sociais, que constituem tema central na agenda governamental. Nessa equação, o país necessita colocar em prática estratégias inovadoras em planejamento turístico, que transcendam as práticas usuais apenas dirigidas a um mercado convencional e que associem patrimônio cultural e biodiversidade, numa perspectiva de cidadania global. Evidentemente, as práticas e mercados tradicionais continuarão a existir e a dominar as estatísticas oficiais, mas novo espaço vai sendo aberto para uma possibilidade de mudança de rumo e uma consolidação do destino Brasil, com nova cara e outro alcance, para além de "samba e carnaval".

Na perspectiva futura de planejamento do ecoturismo, não se pode negligenciar os esforços e avanços internacionais para apoiar, nas agendas governamentais, a internalização dos princípios de conservação da biodiversidade nas diretrizes turísticas. Em 2004, a Secretaria da Convenção da Diversidade Biológica lançou a publicação *Guidelines on Biodiversity and Tourism Development* (SECRETARIAT OF THE BIOLOGICAL DIVERSITY, 2004). O documento menciona que, para ser sustentável, o desenvolvimento turístico, em qualquer destino, exige elaboração coordenada de políticas, planejamento e gerenciamento, que compreendam os seguintes passos: levantamento de informação de base, definição de objetivos e metas, medidas legais e de controle, avaliação de impacto, gerenciamento e mitigação de impactos, tomada de decisão estratégica e monitoramento.

Ainda no plano internacional, o Acordo de Durban (IUCN, 2003) estabelece metas para a consolidação de uma rede mundial de áreas protegidas, incorporando o fator humano em estratégias de planejamento, considerando, portanto, os compromissos sociais nesse processo.

A integração progressiva das agendas internacionais de conservação da biodiversidade e planejamento e desenvolvimento turístico parece ser indicador evidente de que a banalização do ecoturismo tem seus dias contados e que agências, operadoras e o setor hoteleiro têm de estar mais atentos e sintonizados com as dinâmicas das relações internacionais que incidem sobre a regulação e com o controle de uso dos recursos naturais renováveis e os compromissos decorrentes dessa utilização. Caso contrário, certamente perderão clientela, elevando seus custos operacionais e minimizando oportunidades com relação a esses novos nichos de mercado que integram sociedade e natureza, numa lógica muito distante do "mito moderno da natureza intocada". Esse percurso depende evidentemente da compreensão do ecoturismo como fenômeno social.

REFERÊNCIAS

BRANDON, K. *Ecotourism and conservation*: a review of key issues. Washington D.C: The World Bank/Global Environment Division, 1996.

BRASIL. *Lei 9985*: regulamenta o art. 225, parágrafo 1º, incisos I, II, III e IV da Constituição Federal, institui o Sistema Nacional de Unidades de Conservação e dá outras providências. Brasília, 2000.

__________. *Decreto n. 4.340 de 23 de agosto de 2002*: regulamenta os artigos da Lei Nº 9.985, que institui o Sistema Nacional de Unidades de Conservação (SNUC). Brasília, 2002.

__________. *Decreto n. 5.758 de 13 de abril de 2006*: institui o Plano Nacional Estratégico de Áreas Protegidas. Brasília, 2006.

DANN, G. Writing out the tourists in space and time. *Annals of Tourism Research*, Pergamon Press, v. 26, n. 1, p. 159-187, 1999.

CÉRON, J. P.; DUBOIS, G. Les enjeux oubliés du tourisme durable. *Espaces*, n. 192, p. 16-20, 2002.

DEBORD, G. *A sociedade do espetáculo*. Rio de Janeiro: Contraponto, 1967.

DIEGUES, A. C. *O mito moderno da natureza intocada*. São Paulo: Hucitec, 1996.

ELOUARD, D. Culture en poche. In. MICHEL, F. (Ed.). *Tourismes, touristes, sociétés*. Paris: L´Harmattan, 1998.

EMBRATUR/IBAMA. *Diretrizes para uma política nacional de ecoturismo*. Brasília, 1994.

GRABURN, N. Tourism: the sacred journey. IN: SMITH, V. (Org.). *Hosts and guests*: the anthropology of tourism. 2. ed. Philadelphia: University of Pensylvania Press, 1989.

IBAMA (INSTITUTO BRASILEIRO DE MEIO AMBIENTE, DOS RECURSOS HÍDRICOS E DA AMAZÔNIA LEGAL). Disponível em: http//www.ibama.gov.org. Acesso em: 30 dez. 2003.

IRVING, M. A. Turismo, ética e educação ambiental. In: IRVING, M. A.; AZEVEDO, J. (Orgs.). *Turismo*: o desafio da sustentabilidade. São Paulo: Futura, 2002a.

IRVING, M. A. Refletindo sobre o ecoturismo em áreas protegidas: tendências no contexto brasileiro. In: IRVING, M. A.; AZEVEDO, J. (Orgs.). *Turismo*: o desafio da sustentabilidade. São Paulo: Futura, 2002b.

IRVING, M. A. Construção de governança democrática: interpretando a gestão de parques nacionais no Brasil . In: IRVING, M. A. (Org.). *Áreas protegidas e inclusão social*: construindo novos significados. No prelo.

IRVING, M.; PACHECO, A. L. C. A sustentabilidade como tendência no discurso turístico do Estado do Rio de Janeiro. In: BARTHOLO, R. *et al.* (Orgs.). *Turismo e sustentabilidade no Estado do Rio de Janeiro*. Rio de Janeiro: Garamond, 2005.

IUCN. *Acuerdo de Durban*. Durban: IUCN, 2003.

MMA/MTUR. *Relatório Final das oficinas "Diálogos para as diretrizes de Ecoturismo*. Brasília: MMA/MTUR. Mimeografado.

MINISTÉRIO DO TURISMO/INSTITUTO BRASILEIRO DE TURISMO/DIRETORIA DE ESTUDOS E PESQUISAS. *Anuário Estatístico da Embratur 2004*. Brasília: Ministério do Turismo/Instituto Brasileiro de Turismo/Diretoria de Estudos e Pesquisas, 2004. v. 31, 180 p. Dados de 2003.

PACHECO, A. L. C.; IRVING, M. Turista, o sujeito oculto da sustentabilidade. In: BARTHOLO, R. et al. (Orgs.). *Turismo e sustentabilidade no Estado do Rio de Janeiro*. Rio de Janeiro: Garamond, 2005.

QUELLA-VILLEGER, A. Du nil exotique au "nihil" touristique. In: MICHEL, F. (Ed.). *Tourismes, touristes, sociétés*. Paris: L´Harmattan, 1998. p. 25-35.

ROULLET-CAIRE, M.; CAIRE, G. *Tourisme du Nord et developpement durable du sud*: la contribuition de " l´alter-tourisme". Marseille: Forum International "Tourisme solidaire et developpement durable", 2003.

SECRETARIAT OF THE CONVENTION ON BIOLOGICAL DIVERSITY. *Guidelines on biodiversity and tourism development*. Montreal, 2004.

TRANNIN, M. C.; IRVING, M. A. ; PEDRO, R. M. Mídia, você é verde? In: IRVING, M. A. (Org.). *Áreas protegidas e inclusão social*: construindo novos significados. No prelo.

URRY, J. O *olhar do turista*: lazer e viagens nas sociedades contemporâneas. 2. ed. São Paulo: Studio Nobel/SESC, 1999.

Ecoturismo: Abordagens e Perspectivas Geográficas

2

Nadja Maria Castilho da Costa

Nos países tropicais, a exemplo do Brasil, os recursos naturais ainda são bastante expressivos e sua preservação é importante, e há demanda crescente por atividades ligadas ao uso desses recursos para fins recreativos e de lazer, representadas pelo ecoturismo.

Entretanto, o que se tem observado é o contrário do que preceitua o conceito de ecoturismo, definido pela Embratur[1] (1994): as diversas ações desenvolvidas, principalmente nas áreas legalmente protegidas, vêm apresentando "desvios de objetivos", na medida em que estão sendo implementadas de forma caótica e desordenada por seus administradores, sem se calcarem nos princípios da educação voltada para a conservação ambiental.

Outro aspecto importante de certa forma negligenciado é o efetivo conhecimento das potencialidades e limitações das áreas que estão sendo (ou serão) utilizadas pelo ecoturismo. Isso significa entender não somente quais são os recursos naturais nelas disponíveis passíveis de aproveitamento pelo visitante, mas, principalmente, quais transformações espaciais as atividades ecoturísticas promoverão em nível local e regional.

Nesse contexto, a Geografia tem papel relevante, na medida em que seu objeto de estudo está diretamente relacionado com a organização espacial das atividades. Cruz (2002:5) destaca que o turismo *"é a única prática social que consome elementarmente **espaço**"*. O espaço passa a ser, conforme destaca a autora, objeto de consumo. Sandeville Jr. (2002:156) comunga da mesma opinião, ressaltando que a natureza, nas áreas tropicais, possui duas características importantes: a biodiversidade e ser "cenário e objeto de consumo".

Permanecem, então, as seguintes indagações: Como consumir algo que não se conhece? Como comprar uma "mercadoria" cuja qualidade e eficiência é

---

1. Ecoturismo *é um segmento da atividade turística que utiliza, de forma sustentável, o patrimônio natural e cultural, incentiva sua conservação e busca a formação de consciência ambientalista, através da interpretação do ambiente, promovendo o bem-estar das populações.*

questionável? A natureza é um "produto" cada vez mais explorado, sob a ótica do lazer e da recreação, sem que os recursos nela contidos (do meio biótico e abiótico) sejam devidamente diagnosticados. Daí muitos programas ditos ecoturísticos não alcançarem o êxito desejado, principalmente no que se refere à satisfação do usuário e à conservação ambiental.

O ecoturismo brasileiro tem sido desenvolvido, em sua grande maioria, nas Unidades de Conservação (UCs), onde os problemas de planejamento, manejo e gestão são evidentes e crescentes. Os recursos naturais nelas existentes são, em geral, pouco conhecidos. Raras são as áreas protegidas que "usam" seus recursos ecoturísticos em sua total potencialidade, ao mesmo tempo em que não se conhecem ou se conhece pouco o perfil e a expectativa daqueles que as visitam. Só mais recentemente o Ministério do Meio Ambiente (MMA/DAP, 2004) realizou pesquisa em que procurou, nos Parques Nacionais e Estaduais do Brasil, dignosticar o perfil dos visitantes, seus anseios e suas impressões sobre a infra-estrutura ecoturística e a real situação de seus equipamentos de lazer e recreação, como trilhas, locais de visitação, entre outros. O diagnóstico considerou, além das opiniões, algumas sugestões dos visitantes, demonstrando preocupação com a falta de preparo de seus gestores e a capacitação técnica para o planejamento e ordenamento da visitação, além do manejo adequado de seus atrativos ecoturísticos.

Por sua vez, as agências/operadoras de turismo e os guias autônomos que conduzem grupos de visitantes aos atrativos não consubstanciam as informações que a eles transferem. Decoram um conjunto de dados – muitas vezes extraídos de fontes desconhecidas – cujo conteúdo, em alguns casos, é equivocado e superficial. Os cursos de formadores de guias (credenciados pela Embratur) são, muitas vezes, falhos e omissos no compromisso de efetuar o treinamento adequado na condução de visitantes em ambientes naturais voltados ao ecoturismo. Além disso, não apresentam matérias consideradas relevantes em sua grade curricular, a exemplo de fundamentos de Geografia, Geologia, Ecologia, Biologia e Engenharia Ambiental.

Outro problema muito comum é que a presença dos guias em UCs e o acompanhamento dos visitantes, muitas vezes, vêm sendo impostos pela administração da área protegida. Os visitantes são forçados a usar os guias como forma de coibir a degradação, em vez de os gestores planejarem o modo pelo qual os visitantes podem usar as áreas protegidas. Dourojeane (2005) diz que:

> *"A falta de trilhas bem feitas e de guarda-parques se resolve, em grande medida, com os guias. Devido ao abandono das Unidades de Conservação pelo poder público, seus vizinhos estão em geral muito descontentes. Em vez de desenvolver*

a Unidade de Conservação para que seja, como em outros países, um pólo de desenvolvimento econômico, se opta pela simplista solução de dar emprego indireto a pessoas da localidade, aceitando que os guias tenham direitos exclusivos sobre a visitação nas áreas protegidas".

O mesmo autor ainda ressalta que:

"De outra parte, não existe dúvida de que seu trabalho pode contribuir muito para preservar melhor o patrimônio natural. Para isso devem ser mais bem formados e treinados do que agora. Na atualidade, a maioria é de autodidatas ou gente capacitada em cursos de baixo nível. O próprio Ibama ou responsáveis estaduais dos parques devem assumir um papel bem mais relevante na formação de guias ou condutores".

Ao mesmo tempo, as funções de monitores ambientais de ecoturismo são desconhecidas ou até mesmo pouco empregadas em muitas Unidades de Conservação do Brasil (Franco et al., 2003). Dessa forma, suas reais potencialidades de uso se perdem, entrando inclusive em conflito com as verdadeiras atribuições dos guias e condutores locais (os conceitos e a legislação não são bem empregados e/ou satisfatórios para reger os reais objetivos de ambos dentro das UCs).

Fennell (2002) ressalta outra questão relacionada à ética no ecoturismo, que é a falta de dados empíricos que sustente os "apelos" feitos para que esta modalidade de turismo se destaque das demais. Na realidade, a ânsia por "vender a natureza" a qualquer custo faz com que toda e qualquer atividade nela desenvolvida seja rotulada como tal. Como diz Fennell (*op. cit.*:175), o *"ecoturismo foi reembalado e produzido em massa"*, na expectativa de aumentar sua participação no mercado turístico.

O turismo como um todo e, particularmente, o ecoturismo envolve forte relação entre paisagem e lugar, que são, por natureza, objetos de estudo da Geografia. Castro (2002:121) destaca que a paisagem é um recurso para a economia do turismo, sendo a imagem que dela criam a mercadoria vendida para o visitante.

O ecoturismo reorganiza o espaço geográfico, tanto o espaço local, onde as práticas serão efetivamente desenvolvidas, quanto o periférico, na medida em que introduz transformações advindas da criação de infra-estrutura logística que atenda satisfatoriamente ou não aos anseios dos visitantes.

Muitas vezes, a natureza é "recriada" em determinados espaços geográficos visando atender a uma demanda que, em certos momentos, é superdimensionada pela mídia, que explora a imagem criada na mente do visitante sobre determinado recurso do meio ambiente. Castro (*op. cit.*:129) ressalta que a paisagem, no contexto do turismo, é uma imagem tratada como atrativo publicitário, mostrando que há uma estética da paisagem socialmente estabelecida. A região do pantanal matogros-sense é um dos exemplos brasileiros que retrata essa situação. Parcela significativa do ecoturismo é praticada em grandes fazendas, onde os espaços (habitat) das espécies da fauna são reproduzidos de modo a tornar viável para o visitante a observação (contemplação) da natureza com conforto, atendendo às expectativas criadas pela publicidade, que estabelece uma imagem de lugar perfeito para a fuga do estresse e do cotidiano das cidades, sem abrir mão do conforto dos grandes hotéis. O próprio ecoturismo passa a ser artificializado, em função de demanda crescente pelo contato com a natureza, natureza esta que é vendida pela mídia como em franca extinção.

Retornando à questão inicial, a "artificialização da natureza" muitas vezes é criada pelo desconhecimento das potencialidades do local e, principalmente, porque a ênfase quase sempre é dada ao meio biótico (fauna e flora), quando na realidade outros recursos ambientais são passíveis de ser "explorados" pelo ecoturismo, a exemplo de feições geomorfológicas e recursos hídricos.

GEOECOTURISMO: A GEOMORFOLOGIA COMO BASE NO DESENVOLVIMENTO DO ECOTURISMO

Na evolução das diversas modalidades de turismo, principalmente do turismo alternativo[2] que marcou a década de 1970, o ecoturismo passou a ter força, inclusive sendo rotulado por várias designações, que aparentemente têm o mesmo significado: turismo na natureza, turismo ambiental, turismo ecológico, turismo aventura, turismo verde, dentre as várias denominações. Independentemente do que possa significar cada um desses conceitos, o importante é que três elementos façam parte do alicerce das práticas ecoturísticas: a paisagem, a educação para a conservação da natureza e a inclusão social.

No contexto da paisagem estão os seus vários componentes, que se constituem no objeto de consumo do ecoturismo, traduzidos em: componentes do meio físico, do meio biótico e do meio cultural (antrópico). Como componentes do meio físico, destacam-se: as feições e os processos geomorfológicos.

Várias investigações (antigas e recentes) têm mostrado as múltiplas aplicações da geomorfologia. Guerra *et al.* (2006) e Soares e Silva (2007) mostram em estudos atuais que o turismo, como um todo, está fortemente relacionado com o meio

---

2. É considerado por Pires (2002) como experiências turísticas diferenciadas em relação ao turismo convencional massificado.

físico, em especial aquela modalidade que explora as belezas naturais de uma região, ou seja, o ecoturismo. O conhecimento detalhado, não somente das principais feições de relevo existentes em determinada área, mas também dos processos geomorfológicos atuantes em determinada região – a exemplo da erosão de encostas e assoreamento de rios e baixadas –, podem ter mais uma finalidade importante nos estudos ambientais: as práticas ecoturísticas que envolvem atividades de lazer, recreação e Educação Ambiental.

Como mencionado anteriormente, o ecoturismo vem sendo desenvolvido sem planejamento e conhecimento prévio dos atributos da natureza que possam ser utilizados como atrativos. Nesse contexto estão os componentes físicos e bióticos. Mesmo sem prévio diagnóstico das áreas, a ênfase quase sempre é para os componentes do meio biótico: a fauna e flora locais. Os programas das operadoras de turismo, bem como dos guias particulares que levam grupos às Unidades de Conservação, procuram destacar aos visitantes as espécies da cobertura vegetal e da fauna mais freqüentes e peculiares.

Porém, os atributos físicos, representados pelas feições geomorfológicas, devem ser melhor conhecidos e utilizados no planejamento e manejo do ecoturismo, principalmente em ambientes montanhosos, recobertos por florestas, a exemplo dos maciços litorâneos da cidade do Rio de Janeiro: Tijuca, Pedra Branca e Gericinó-Mendanha. Alguns dos atributos são: vales, com encostas escarpadas, algumas com paredões rochosos, passíveis de práticas de *rappel* e arborismo; área com rupturas de declives acentuados (trechos encachoeirados dos rios), que permitam a prática de canoagem (*rafting*); lagoas e áreas represadas, que além do banho servem de contemplação da natureza; furnas (cavernas), formadas pela sobreposição de matacões, bastante comuns em áreas graníticas, a exemplo do maciço da Pedra Branca;[3] pontões/picos, que servem como mirantes (locais de contemplação da paisagem como um todo e de aves para os observadores de pássaros); pontes naturais esculpidas pelos rios, etc.

Tanto as áreas legalmente protegidas quanto as propriedades particulares, de alguma forma, exploram alguns desses atributos, entretanto o fazem, na maioria

---

3. O Maciço da Tijuca (PNT) apresenta um conjunto de atrativos ecoturísticos que se constitui em: 43 cachoeiras, 43 rios e riachos, 2 lagos e 61 cavernas/grutas, onde a maior confluência está no chamado "Circuito das Grutas", um dos mais importantes circuitos de trilhas da Floresta da Tijuca, que percorre 8 grutas do sistema espeleológico do Morro do Archer, destacando-se a Gruta Luiz Fernandes e a Caverna do Morcego (2ª maior caverna de gnaisse do Brasil). No maciço da Pedra Branca vários locais são passíveis de terem atrativos semelhantes, cuja avaliação se encontra em andamento.

das vezes, sem conhecimento da real potencialidade do local e sem a preocupação com a conservação do próprio patrimônio.

Outra questão importante está relacionada aos processos que, de alguma forma, podem limitar as práticas ecoturísticas: (a) os processos de encosta – que ocorrem em áreas de encostas de declividade muito acentuada, traduzindo-se em erosão e movimentos de massa, e (b) os processos deposicionais – que ocorrem nas planícies de inundação dos rios e baixadas. De acordo com Costa (2002), vários pontos do maciço da Pedra Branca foram atingidos durante as chuvas de verão de 1996, comprometendo a visitação de vários locais destinados ao ecoturismo, dentre eles, a trilha que leva ao Açude do Camorim, que foi interrompida em vários de seus segmentos pela ocorrência de deslizamentos, cujos efeitos são percebidos em alguns trechos, considerados de alta vulnerabilidade erosiva. Outros processos erosivo-deposicionais têm ocorrido freqüentemente em determinados pontos do maciço da Pedra Branca durante o período de verão, com a destruição do leito marginal de alguns rios, a exemplo da planície de inundação do Rio Grande, nas proximidades da sede do Parque Estadual de Pedra Branca (PEPB), que sempre é atingida, comprometendo sobremaneira a visitação (COSTA, 2006).

Todas essas situações devem fazer parte do processo de planejamento e manejo das atividades ecoturísticas: as potencialidades e limitações que o quadro geomorfológico pode gerar.

Pela importância que as características físicas de uma região, particularmente as de natureza geomorfológica, podem representar, fica patente a importância da inserção do prefixo "geo" ao termo ecoturismo, vindo se somar às diversas terminologias aqui elencadas sem, no entanto, descaracterizar os princípios básicos do ecoturismo. Ao contrário, reforça a idéia da importância de outros aspectos que não sejam somente aqueles ligados ao meio biótico, mas também à implementação de atividades de lazer, recreação e educação, voltados à conservação ambiental.

PARQUE ESTADUAL DE IBITIPOCA (PEIB): UM EXEMPLO DE GEOECOTURISMO

O Parque Estadual de Ibitipoca está localizado entre os municípios de Lima Duarte, Bias Fortes e Santa Rita de Ibitipoca, na Microrregião de Juiz de Fora, no estado de Minas Gerais (ZAIDAN, 2002). Foi criado em 1973 e sua área é de 1.488 ha, fazendo parte do domínio fisiográfico da serra da Mantiqueira. É uma das

Unidades de Conservação mais visitadas do Brasil (dentre os parques estaduais, é o 7º mais visitado, com 35.000 visitantes/ano – MMA/DPA, 2004:28) e, segundo Botelho (2005), apresentou, nos últimos 10 anos, crescimento desordenado do turismo, acarretando conflitos sociais e ambientais preocupantes.

Nele, a riqueza das formações geológicas e geomorfológicas, associada às características do meio biótico, respondem por uma paisagem peculiar e exuberante que, segundo Castro (*op. cit.*), vem atraindo um número crescente de turistas. São encostas elevadas (pontões com altitudes médias de 1.700 m), de forte declividade, esculpidas em formações quartizíticas, recobertas por campos rupestres e mata estacional semidecidual nos vales úmidos (ZAIDAN, *OP. CIT.*).

A presença de quartzitos em condições de clima tropical úmido favorece a ocorrência de processos erosivos intensos que, ao mesmo tempo, gera feições geomorfológicas exuberantes e cria ambientes de alta fragilidade e risco para os visitantes, conforme poderá ser visto a seguir.

Castro (*op. cit.*) sintetiza em uma tabela os principais atrativos existentes no interior do Parque de Ibitipoca e aqueles mais visitados. Todos eles têm forte relação com a geomorfologia, e o circuito das águas é o mais visitado (Quadro 1), seguido pelas áreas cujas formações de relevo se destacam pela beleza geomorfológica e elevada altitude (Pico do Pião, Grutas e Janela do Céu). A erosão fluvial atuando sobre os quartzitos criou essas feições de relevo que respondem pela alta visitação do local, conforme pode ser visto nas Figuras 1, 2, 3 e 4.

O alto índice de visitação do circuito das águas, por sua vez, aumenta ainda mais a criticidade das trilhas de acesso aos atrativos, que pela natureza das rochas são de alta vulnerabilidade à erosão: são sulcos de erosão e vários fragmentos rochosos, acumulados em vários pontos da trilha, colocando em risco de acidentes os visitantes do circuito.

Nos locais em que o traçado da trilha acompanha o mergulho das camadas dos quartzitos (Figura 5) , a ocorrência de processos erosivos é menor. Muitas vezes a rocha serve para a formação natural de "degraus", facilitando o deslocamento do usuário pela trilha. Entretanto, em muitos de seus segmentos, onde o mergulho das camadas é perpendicular ao traçado, a quantidade de blocos rochosos e rochas fragmentadas no solo, que são fáceis de quebrar com o pisoteio constante dos visitantes, é muito grande, dificultando, sobremaneira, o próprio caminhar (Figuras 6 e 7).

Quadro 1   Atrativos visitados.

ATRATIVOS	% DE VISITAÇÃO
Prainha	11,7
Lago dos Espelhos	18,8
Lago das Miragens	6,1
Piscinão/Cachoeira	16,2
Ponte de Pedra	8,7
Circuito das Águas	**64,5**
Monjolinho	9,1
Pico do Pião	**33,0**
Janela do Céu	**37,1**
Grutas	**34,5**
Lagoa Seca	0,5
Nenhum	2,5

Figura 1   A presença de lagos e belas cachoeiras são os mais importantes atrativos do Circuito das Águas. *Foto:* Vivian Castilho da Costa (2006).

Figura 2   Erosão diferencial sobre os quartizitos formando lagos, sumidouros, "marmitas" e várias rupturas de declive, originando múltiplos pontos encachoeirados ao longo dos rios. *Foto:* Vivian Castilho da Costa (2006).

Figura 3   Entrada da "Ponte de Pedra", importante atrativo ecoturístico, formado pela erosão fluvial sobre os quartizitos. *Foto:* Vivian Castilho da Costa (2006).

Figura 4 Paredão rochoso, parte da estrutura da "Ponte de Pedra". Observa-se, no primeiro plano, uma das trilhas de acesso à base da ponte. *Foto:* Vivian Castilho da Costa (2006).

Figura 5 Degraus naturalmente formados na trilha, a partir dos planos de xistosidade do quartizito. *Foto:* Flávio "Zen" (2006).

Figura 6   "Mar de matacões" que recobre a trilha, dificultando o caminhar dos visitantes. *Foto:* Flávio "Zen" (2006).

Figura 7   Topografia do terreno acompanhando o mergulho das camadas de quartizito. Neste caso, a trilha corta perpendicularmente o terreno, tornando-a mais vulnerável à ocorrência de erosão. *Foto:* Vivian Castilho da Costa (2006).

Planejando o Ecoturismo: Educar para Contemplar e Conservar a Natureza

O princípio básico do ecoturismo é a realização de atividades de lazer e contemplação da natureza, atrelada à conservação e à Educação Ambiental (Costa et al., 2005; Botelho, op. cit.). Muitas vezes os atributos são apreciados sem que o visitante tenha conhecimento dos processos que lhe deram origem, bem como sem saber o que fazer para conservá-lo.

As placas de sinalização no PEIB, por sua vez, são quase sempre indicativas dos acessos aos atrativos, de alerta sobre as áreas de perigo e de áreas fechadas/proibidas ao acesso, não destacando, no entanto, informações sobre a vegetação, tampouco sobre a formação (origem) das feições de relevo que estão sendo utilizadas e/ou apreciadas pelo visitante (Figuras 8 e 9).

Outra questão importante é a participação comunitária na implementação das ações de Educação Ambiental e de práticas conservacionistas. Botelho (*op. cit.*), Irving & Azevedo (2002) e Costa (*op. cit.*) ressaltam a importância do envolvimento comunitário na tomada de decisões, atribuindo aos atores envolvidos o senso de co-responsabilidade e cidadania, aspectos essenciais para a sustentabilidade das práticas conservacionistas.

Essa premissa é essencial no desenvolvimento de ecoturismo em qualquer região: a implementação do manejo e o monitoramento das ações e dos impactos devem ter a participação das comunidades locais, que muitas vezes se sentem alijadas do processo, inclusive, do próprio uso dos atrativos ecoturísticos, em função do valor de acesso ao local.[4] São pessoas que, graças à vivência da realidade da área, têm muito a contribuir, sem contar que sua atuação – seja como guias especializados, seja como condutores e monitores (mão-de-obra e/ou voluntariado) na recuperação das áreas degradadas – permitirá sua inserção no mercado de trabalho relacionado ao turismo. Botelho (*op. cit.*:9), em seu trabalho sobre a participação comunitária na Educação Ambiental, destaca que *"os moradores nascidos e criados no local e produtores rurais não foram introduzidos no processo de desenvolvimento turístico quando o Parque de Ibitipoca foi criado"*. Depoimentos de representantes da sociedade local, apresentados no referido trabalho, ratificam essa afirmativa.

---

4. A administração do Parque Estadual de Ibitipoca cobra um valor relativamente elevado dos visitantes para acesso ao local, restringindo o uso e a visitação da população residente.

Figuras 8 e 9   Placas indicativas de localização e opções de trilhas. *Foto:* Vivian Castilho da Costa (2006).

Figura 10   Placa de alerta sobre interdição de trilha por necessidade de conservação do local. *Foto:* Vivian Castilho da Costa (2006).

Na prática, a participação comunitária não é tão fácil, pois envolve atitudes conjuntas de todos os atores interessados no processo. Isso representa investimento de tempo e vontade política para que a participação efetivamente aconteça de maneira continuada (como deve ser a Educação Ambiental) e não apenas de forma imediatista. Representa exaustivas reuniões de integração e interação de ações, em que o planejamento e o estímulo às práticas turísticas ocorram sem pressões e ameaças, e, sim, de maneira espontânea, pela consciência apreendida da necessidade de exercer uma atividade econômica, sustentável e conservacionista, garantindo, paralelamente, a melhoria de sua qualidade de vida.

O ecoturismo não resolverá todos os problemas das Unidades de Conservação, tampouco equacionará os problemas sócio-econômicos das comunidades locais, conforme destaca Lima (2003), mas poderá ser mais uma poderosa ferramenta na mitigação de tais problemas e no exercício da cidadania.

Considerações Finais

O planejamento e o desenvolvimento do ecoturismo e lazer controlado pressupõem a integração de conhecimentos de várias ciências, tanto das chamadas geociências quanto das ciências da vida e da sociedade. Nesse contexto, a Geografia vem, cada vez mais, exercendo seu papel de ciência da integração, efetuando a ponte necessária à realização de práticas efetivas de educação, conservação ambiental e integração social.

Isso mostra a demanda crescente de trabalhos interdisciplinares e transdisciplinares que possibilitem, não somente diagnósticos mais completos das potencialidades e limitações que as áreas podem apresentar, como também controle mais eficaz (monitoramento) das ações, beneficiando todos os atores sociais e o meio ambiente local.

A Geomorfologia, sendo uma especialidade da Geografia Física, tem muito a contribuir, no sentido de evidenciar, através de seus pressupostos e ferramentas, aquelas feições de relevo que se constituam em atributos ecoturísticos e de lazer/recreação, passíveis de ser utilizados de forma ambientalmente correta, de maneira a satisfazer as expectativas de seus usuários.

Referências

BOTELHO, E. S. A educação ambiental em Ibitipoca: uma possibilidade através da participação comunitária?. In: ENCONTRO INTERDISCIPLINAR DE ECOTURISMO EM UNIDADES DE CONSERVAÇÃO, 1., 2005, Rio de Janeiro. *Anais...* Rio de Janeiro: UERJ, 2005. 15 p. CD.

CASTRO, R. C. L. de. A importância do perfil dos visitantes para a gestão do uso público em unidade de Conservação: um estudo de caso do Parque Estadual de Ibitipoca - MG. In: ENCONTRO INTERDISCIPLINAR DE ECOTURISMO EM UNIDADES DE CONSERVAÇÃO, 1., 2005, Rio de Janeiro. *Anais...* Rio de Janeiro: UERJ, 2005. 15 p. CD.

COSTA, N. M. C. da. *Análise ambiental do Parque Estadual da Pedra Branca, por geoprocessamento:* uma contribuição ao seu plano de manejo. 2002. 317 f. Tese (Doutorado) - Programa de Pós-Graduação em Geografia (PPGG), Universidade Federal do Rio de Janeiro, Rio de Janeiro.

COSTA, N. M. C. da; COSTA, V. C. da. Educação ambiental pelo ecoturismo em unidades de conservação: uma proposta efetiva para o Parque Estadual da Pedra Branca (PEPB) - RJ. In: PEDRINI, A. de G. (Org.). *Ecoturismo e educação ambiental.* Rio de Janeiro: Papel Virtual, 2005. p. 39-65.

COSTA, V. C. da. *Propostas de manejo e planejamento ambiental de trilhas ecoturísticas:* um estudo no Maciço da Pedra Branca - Município do Rio de Janeiro (RJ). 2006. v. 1, 325 f. Tese (Doutorado) - Programa de Pós-Graduação em Geografia (PPGG), Universidade Federal do Rio de Janeiro, Rio de Janeiro.

CRUZ, R. de C. A. da. *Introdução à geografia do turismo.* S. Paulo: Roca, 2002. p. 3-25.

DOUROJEANNI, M. Guias? *Revista Eletrônica Nitvista.* Disponível em: <http://www.oeco.com.br>. Acesso em: 30 ago. 2006.

EMBRATUR/IBAMA *Diretrizes para uma política nacional de ecoturismo.* Sílvio M. de Barros II e Denise T. M. de la Penha (Coords.). Brasília: EMBRATUR/IBAMA/MICT, 1994. Disponível em: <http://www.embratur.com.br>. Acesso em 10 de ago. 2006.

FENNELL, D. A. *Ecoturismo:* uma introdução. São Paulo: Contexto, 2002. 281 p.

FRANCO et al. O monitor e o guia de ecoturismo: um conflito ou uma parceria? *Revista Eletrônica Unibero de Produção Científica.* Disponível em: <http://www.unibero.edu.br/nucleosuni_cadpcientur_mar03.asp>. Acesso em: 30 ago. 2006.

GUERRA, A. J. T.; MARÇAL, M. dos S. *Geomorfologia ambiental.* Rio de Janeiro: Bertrand Brasil, 2006. 192 p.

IRVING, M de A.; AZEVEDO, J. Construindo um modelo de planejamento turístico de base comunitária: um estudo de caso. In: *Turismo:* o desafio da sustentabilidade. S. Paulo: Futura, 2002. Cap. 5, p. 93-112.

LIMA, M. L. C. (Eco)turismo em unidades de conservação. In: RODRIGUES, A. B. (Org.). *Ecoturismo no Brasil:* possibilidades e limites. São Paulo: Contexto, 2003. p. 71-87.

MMA/DAP. *Diagnóstico da visitação em Parques Nacionais e Estaduais.* Disponível em: <http://www.mma.gov.br/estruturas/sbs_dap/_arquivos/diretrizes_para_ visitacao_em_uc.pdf>. Acesso em: 17 ago. 2006.

PIRES, P. dos S. *Dimensões do ecoturismo.* São Paulo: SENAC, 2002. 272 p.

SANDEVILLE Jr., E. A paisagem natural tropical e sua apropriação para o turismo. In: *Introdução à Geografia do Turismo.* S. Paulo: Roca, 2002. p. 141-159.

SOARES, E. L. S. F.; SILVA, T. M. da. O turismo no Estado do Rio de Janeiro: aproveitamento e conservação dos recursos naturais. In: ENCONTRO INTERDISCIPLINAR DE ECOTURISMO EM UNIDADES DE CONSERVAÇÃO (ECOUC), 2., 2007; CONGRESSO NACIONAL DE ECOTURISMO (CONECOTUR), 6., 2007, Itatiaia. *Anais...* Itatiaia: Instituto Physis, 2007. Disponível em: <http://www.physis.org.br/ecouc/Artigos/Artigo43.pdf>. Acesso em: 11 de jan. 2008.

ZAIDAN, R. T. *Zoneamento de áreas com necessidade de proteção ambiental no Parque Estadual do Ibitipoca - MG.* 2002. 204 p. Dissertação (Mestrado em Ciências Ambientais e Florestais) - Instituto de Florestas, UFRRJ, Seropédica.

3

Ecoturismo e Educação Ambiental em Unidades de Conservação: A Importância da Experiência Dirigida

ZYSMAN NEIMAN

> *"É claro que é inútil guiar nossos passos para as florestas, se não é para lá que eles nos levam. Fico bastante preocupado quando empenho o corpo dois quilômetros na mata sem ter chegado lá espiritualmente."*
>
> THOREAU, 1984

O ecoturismo é, no Brasil, uma atividade controversa. Entendido pelos especialistas como a melhor alternativa para conciliar conservação, Educação Ambiental e benefícios às comunidades receptivas, ainda é um segmento que funciona à mercê da lógica do mercado. Ou seja, raros são os exemplos em que esse tripé é realmente o sustentáculo dos roteiros praticados no Brasil, predominando a lógica do "quanto mais, melhor". Seria, então, o ecoturismo o melhor instrumento de viabilização das Unidades de Conservação no Brasil? Trata-se de segmento aliado ou vilão da preservação dos recursos naturais? Como essa atividade pode contribuir para real mudança de valores dos profissionais e praticantes (ecoturistas) em relação ao ambiente? Uma possível resposta a essas questões está na oportunidade que o contato com o mundo natural oferece para a elaboração de novas percepções que, se bem trabalhadas, podem se converter em mudanças de atitudes. É sobre esse tema que versaremos a seguir.

A Educação Ambiental e o Paradigma Cartesiano

Já se tornou desnecessária a afirmação de que a problemática ambiental tem se mostrado um dos grandes dilemas que as sociedades terão de enfrentar neste milênio. É praticamente unânime, também, a opinião de que apenas um processo de educação voltado para a transformação dos valores e atitudes individuais poderá conduzi-los ao encontro de alternativas sustentáveis.

A partir de Estocolmo-72 muito se falou sobre Educação Ambiental (EA) em todo o mundo, sendo que no Brasil essa discussão só ganhou força a partir dos anos 80. Com a realização da Conferência das Nações Unidas para o Meio Ambiente e Desenvolvimento (a Rio-92) e a publicação do Tratado de Educação Ambiental para Sociedades Sustentáveis e Responsabilidade Local, pelas ONGs reunidas no Fórum Global (GRUPO DE TRABALHO DE EDUCAÇÃO AMBIENTAL DAS ORGANIZAÇÕES NÃO-GOVERNAMENTAIS NO FÓRUM GLOBAL, 1992) foram estabelecidas as bases para a implantação de políticas e programas voltados a uma nova consciência da sociedade em relação a sua interação com o meio. Desde então, muito se escreveu sobre Educação Ambiental, mas pouco se avançou no sentido de elaboração de atividades eficazes e inovadoras que pudessem ser aplicadas nos setores formais e informais da educação.

Esse efeito de repetição confere aos documentos internacionais certo caráter de mito de origem. Dessa forma, eles "*passam a ser os fiadores da legitimidade pretendida pela EA, tanto para o público interno quanto para efeito de reconhecimento externo, operando como um corpus discursivo unificador de uma memória comum*" (CARVALHO, 2001:152).

Para Matsushima (1997), educação significa propiciar o florescimento de algo que já está dentro da pessoa em estado nascente, e não encher de conhecimentos um recipiente vazio, estando intimamente relacionada com a valorização e a plenificação das potencialidades inerentes a cada indivíduo, que tornam este um ser único, diferente dos demais e, por isso, importante no todo.

Essa valorização ocorre em uma educação que vê o ser humano de forma integral, estimulando o desenvolvimento harmonioso das dimensões da sua totalidade pessoal (física, mental, emocional e espiritual), preparando-o para participar dos outros planos da totalidade: o comunitário, o social, o planetário e o cósmico (CARDOSO, 1998).

Marchand (1985) ressalta a educação para a vida e não para o mero acúmulo de informações, a qual vê o educando em sua inteireza, valorizando afetividade, percepções, expressão, sentidos, crítica, criatividade e intuição.

Somos seres de relação: o ser humano surge para o encontro consigo mesmo, com o outro e com a natureza (BOFF, 1995). Um dos objetivos da Educação Ambiental é formar cidadãos conscientes de sua relação com a natureza e com seu habitat. Diante disso se conclui que a EA, independente da metodologia, deve primar pela formação de pessoas conscientes de seu papel e de sua relação com o meio ambiente, de modo que almejem a sustentabilidade, ajam na busca de soluções para o uso racional dos recursos naturais e as futuras gerações possam também usufruí-los.

Os valores ligados à conservação do meio ambiente provêm de algo muito profundo no ser humano. Assim, uma educação que se pretenda "ambiental" deve ser desenvolvida de forma cuidadosa, seguindo uma série de etapas e numa direção bem definida, pois assim produzirá melhores resultados. Apesar dessa premissa óbvia, tem sido muito difícil definir com clareza quais são essas etapas, o que tem tornado a Educação Ambiental um campo difuso de experiências e resultados incipientes. O que significa exatamente ecologizar a educação? Será possível aos educandos alcançar facilmente uma "visão holística" sobre a temática ambiental? O voluntarismo e a retórica vazia vêm transformando a Educação Ambiental em uma prática quase "religiosa", dando a falsa impressão de serem as coisas mais fáceis do que de fato elas o são.

Reigota (1998) aponta que a educação e áreas afins das ciências relacionadas com a ecologia elaboraram os fundamentos básicos da proposta pedagógica que se convencionou chamar de Educação Ambiental, que são: conscientização, mudança de atitude, desenvolvimento de competências, capacidade de avaliação e participação dos educandos.

No entanto, quando se fala em educação, da forma como ela se institucionalizou na sociedade, normalmente se atrelam as ações pedagógicas à concepção cartesiana ou bidimensional da natureza, um legado atribuído a Descartes, que fomenta distanciamento do meio ambiente natural, enfatizando a divisão entre o espírito e a matéria, o que o levou a uma concepção do universo como um sistema simplesmente mecânico (CAPRA, 1995).

Tal concepção mecanicista do mundo ainda perdura na base da maioria das nossas ciências e continua a exercer enorme influência em muitos aspectos de nossa vida, principalmente na fragmentação de nossas disciplinas acadêmicas (CAPRA, OP. CIT.).

Para Marin et al. (2004:2)

> *"Num modelo de construção do conhecimento que privilegia os conceitos científicos e sua reprodução, voltado para o adestramento de sujeitos sociais, os processos imaginativos devem ser, necessariamente, reprimidos. Não haveria espaço na mente das pessoas em formação, que vivenciaram a era cartesiana, para a liberação do poder das imagens, dos mitos e dos mistérios que, apesar disso, continuavam a turbilhar no consciente coletivo da humanidade. Também não seria admissível qualquer associação dos elementos da natureza com modelos sacralizados e rituais de devoção. Ao contrário, eles se ofereciam ao domínio do poder científico humano e à sua sagacidade para transformá-los visando ao atendimento de suas necessidades".*

Mais recentemente, no entanto, visões não cartesianas têm se estabelecido nas ciências, a maioria apontando para uma análise que considere os múltiplos aspectos da complexa realidade do mundo. Desde que foi definido por Edgar Morin, o termo "complexidade" tem assustado os pesquisadores, criando a necessidade de argumentação a partir da premissa de que os fenômenos é que são complexos, quando, de fato, a dificuldade em compreender a complexidade está nos limites de capacidade de abordagem do pesquisador. Pensá-la implica a busca das diversas variáveis correlacionadas ao fenômeno que se observa, e isto é especialmente difícil quando falamos de comportamentos humanos.

Afinal, se a educação é um meio para a busca de uma nova relação ser humano–natureza, como convencer a sociedade de que há crise ambiental se o tema é tão complexo que não pode ser entendido?

Diante desse dilema, parece razoável que se coloque a questão ambiental como um saber reintegrador, multiplicado nas suas possibilidades pelos muitos saberes existentes na sociedade, associados a um mundo em busca de soluções para a crise ambiental, passando por um projeto de desconstrução de uma lógica dominante e a criação de nova racionalidade ambiental.

Quais as condições necessárias para apreender as diferentes compreensões do real (biológico, físico, simbólico, etc.)? Quanto há de risco na sociedade em transformar a lógica de apreensão unitária do real? Até onde é possível ecologizar a sociedade, uma vez que a mesma passa pela inércia conceitual de que há uma razão mecânica para a crise, sem levar em conta que há uma barreira provocada pela falta de conhecimento? O real, em si, tem se complexificado, quando se percebe que a ciência o simplificava.

Observa-se que há muito tempo o ser humano já se distanciou da Natureza. Torna-se necessário e premente um reencontro, no sentido de informá-lo da dinâmica dos processos ecológicos, bem como conscientizá-lo para que use sua inteligência na guarda dos recursos não renováveis, pois deles depende sua vida. Deve haver simbiose do ser humano com a natureza, convivência em comum, que permitiria a ele desenvolver suas aptidões materiais, e, mormente, as espirituais, ao máximo de suas capacidades (DORST, 1973).

Nos diversos congressos sobre EA que vêm ocorrendo desde a década de 1970, ficou clara a necessidade de respeitar os valores que tornem a sociedade humana mais justa, como o estudo da sociedade em si, a ética, a responsabilidade, a honestidade, a amizade, o respeito à vida e, entre outros, a democracia. Todos esses princípios são apontados como a base que define a prática da EA. Portanto, o resgate desses valores deve ser realizado pela EA. A educação clássica formal não tem cumprido seu papel, pois parece estar se preocupando apenas com um ensino centrado nos conteúdos conceituais. A EA veio aliar a teoria à prática, na tentativa de resgatar os valores já mencionados.

PERCEPÇÃO SOCIAL DA NATUREZA, REPRESENTAÇÕES E VALORES SIMBÓLICOS

A relação entre sociedade e meio ambiente é construída a partir de várias determinações, sejam em nível cultural, social, psicológico, físico, espacial ou histórico. Portanto, o ambiente não é simplesmente uma fonte onde suprimos nossas necessidades. Sendo físico e social é rico em significações por intermédio do qual a humanidade pode expandir-se, desabrochar. Suas qualidades, permeadas de valores simbólicos e de afetividade, vão muito além de sua eficácia (KUHNEN, 2002).

O conceito de "natural" é, além da concepção biocentrista, também uma construção social. No entanto, deve-se destacar que o "social" encontra no natural e no simbólico os próprios elementos de sua efetivação conceitual. Assim, o termo "meio ambiente", por ser difuso e muito variado, e a modificação de valores alicerçados na sociedade de consumo, no posicionamento em face de crescentes riscos ambientais, e que constituem a base da chamada atitude pró-ambiente, devem ser considerados como "representações sociais".

Freqüentemente encontram-se confusões entre os conceitos de percepção e representação, que são tidos como processos psicológicos similares nos estudos sobre a relação ser humano–natureza. Para Ramadier (1999:29) "(...) *o espaço não é unicamente estruturado segundo um sistema de significações socialmente determinados que será independente de uma realidade espacial. Ao contrário, as significações elaboradas contribuem para ajustar o espaço representado ao espaço objeto*".

No seu cotidiano os indivíduos convivem de forma imediata com as representações e significados que são construídos no imaginário social. Em "*cada imagem ou representação simbólica, os vínculos com a localização e com as outras pessoas estão a todo momento, consciente ou inconscientemente, orientando as ações humanas*" (BRASIL, 1998:23). A compreensão da maneira pela qual o ambiente é percebido e representado é tão ou mais crucial do que a compreensão da maneira pela qual o ambiente está organizado pelo ser humano (RAPOPORT, 1977). As construções do imaginário humano sobre o mundo "real" obrigam-nos a repensar constantemente o caráter atribuído à relação entre mundo material e simbólico, entre o objetivo e o subjetivo, entre os fatos e a respectiva percepção. "Ambiente" seria então um mundo estruturado ou "construído" pelas pessoas nas transações que elas instauram com o mundo circundante (BONNES-DOBROWOLNY E SECCHIAROLI, 1983). A consciência coletiva de uma suposta atitude pró-ambiente estaria, assim, além da realidade social. A relevância psicossociológica dos problemas ambientais é uma *"síntese das inter-relações entre 'possibilidade' (em termos físicos) e 'significado' e 'norma' (em termos sócio-culturais), não podendo ser concebido univocamente nem como produto nem como determinante das ações humanas, como contexto, no qual está embutida uma miríade de fenômenos psicológicos, sociais e culturais"* (CASTELLO, 1996:24-25).

Em relação ao meio ambiente, Reigota (1995) afirma que a representação social reflete uma forma diferenciada de percepção do mesmo. Esse autor propõe que o meio ambiente, mesmo como uma representação social, se contextua como *"o lugar determinado ou perdido, onde os elementos naturais e sociais estão em relação dinâmica e em interação. Essas relações implicam processos de criação cultural e tecnológica e processos históricos e sociais de transformação do meio natural e construído"* (p. 14). Segundo Besse (1997, APUD KUHNEN, 2002), três direções de sentidos convivem atualmente nas representações de natureza. Ou seja, a natureza encarada do ponto de vista metafísico (natureza como paisagem, enquadrada como categoria estética), técnico-científico (natureza como recurso a ser utilizado como matéria-prima) e ligada ao horizonte de responsabilidade e demanda ética (natureza frágil que precisa ser protegida).

Irwin (1997) toca de forma peculiar na relação entre cultura e natureza, discutindo sobre o natural, o social e o científico como categorias interligadas e próximas umas das outras. A autora nos indica um caminho para a compreensão de uma racionalidade ambiental que supostamente nos levaria às bases de formação dessa atitude pró-ambiente contemporânea.

No que se refere à relação entre o meio ambiente e a forma pela qual os vários atores sociais o representam, o importante é que o meio ambiente é percebido pelos indivíduos de forma múltipla e diferenciada, uma vez que a compreensão se dá sob perspectiva subjetiva apoiada em realidade concreta.

Sendo o mundo que nos envolve mediado por representações sociais que se constituem em modalidade de conhecimento e revelam coisas sobre o real e os objetos que o constituem, essas representações permitem esclarecer as concepções dos sujeitos sobre o meio.

"Dessa forma possibilita avaliar, em nível simbólico e cultural, a dimensão espacial, natural ou construída do modo de vida. A análise dessas representações indicará as formas de expressão da apropriação do lugar pelos indivíduos. As características morfológicas de um lugar são captadas pela percepção em função de particu-

laridades de determinadas operações fisiológicas humanas, assim como das condições ambientais e da estrutura configurativa do espaço. Entretanto, a comunicação desse ato perceptivo vai depender também de componentes psicossociais, não tão facilmente detectáveis como os anteriores. Esses irão possibilitar a decodificação das informações que, finalmente, transformam o que se vê em significados" (KUHNEN, 2002:27-28).

A percepção ambiental, que torna o meio ambiente produto material e simbólico da ação humana, poderá ser definida como um processo a partir do qual se organiza e interpreta a informação sensorial em unidades significativas para configurar um quadro coerente do entorno ou de parte dele.

Todos os ecossistemas sofreram alterações substanciais, benéficas ou não, através da interferência humana. Mesmo os ambientes menos afetados por nossa presença são projetados como intactos, somente pela imaginação humana. De fato, são como produtos elaborados por nossa cultura que o ambientalismo moderno identifica os ambientes que devem ser preservados e sacralizados. Tais ambientes, nossos parques, frutos da necessidade e imaginação humanas, foram transformados em santuários, mas protegidos da nossa presença destrutiva. Todos eles, sem exceção, são produtos da cultura humana. É nossa percepção transformadora que estabelece a diferença entre matéria bruta e paisagem (SCHAMA, 1995).

Nossos velhos mitos de natureza não foram abandonados. Todos continuamos depositários de mitos, lembranças e obsessões que devem ser buscados, recuperados. Schama (*op. cit.*) nos propõe um modo de olhar, de redescobrir o que já possuímos, mas que, de alguma forma, escapa-nos ao reconhecimento e à apreciação. Seu objetivo é apresentar não mais uma explicação do que perdemos e, sim, uma exploração do que ainda podemos encontrar.

A qualidade do belo, ou é dependente de referenciais pessoais, culturais e sociais, ou, em oposição, é algo apreendido imediatamente sem que se necessite de reflexão. Para Lynch (1998), os atributos do meio ambiente, seja ele natural ou construído, influenciam a percepção visual do indivíduo, formando imagens compartilhadas pela população.

O ecoturismo, com suas caminhadas "arriscadas" no meio da mata, e o romantismo provocado pela aproximação com a natureza (quase como um ato religioso) são muito valorizados atualmente. O campo é mitificado e serve de escape, compensação à vida complicada da cidade. Seria, portanto, o ecoturismo um instrumento para a mudança de percepções e, conseqüentemente, de Educação Ambiental através da sensibilização?

Ecoturismo, Mudança de Valores e Conservação Ambiental

O lazer, como instrumento pedagógico, deveria ser melhor considerado pelos meios formais de educação. Segundo Requixa (1980), a educação deve incluir a demonstração da importância do lazer e o aprendizado como estímulo para a diversificação de atividades praticadas. Enfatiza, também, que precisamos valorizar o lazer, conhecer as diferentes atividades, para variarmos aquelas de que participaremos no nosso tempo liberado das obrigações. Assim, para atingir as finalidades da Educação Ambiental, é necessária a consciência de que esse é um trabalho educacional completo e que, portanto, devem-se cumprir todas as fases do processo, no qual o lazer tem caráter primordial.

Dessa forma, uma prática instrumental da Educação Ambiental que inclui o lazer e que precisa ser mais bem estudada e compreendida é o ecoturismo, que, apesar de já ser praticado há mais de cem anos (desde a criação dos primeiros parques nacionais no mundo: Yellowstone e Yosemite), só nos últimos anos do século XX se configurou como fenômeno crescente e economicamente significativo (Neiman, 2007).

Definido pela Embratur como um segmento da atividade turística que utiliza, de forma sustentável, o patrimônio natural e cultural, incentiva sua conservação e busca a formação de consciência ambientalista, através da interpretação do ambiente, promovendo o bem-estar das populações, o ecoturismo têm se mostrado um promissor campo de atuação para os educadores ambientais. As diretrizes para uma Política Nacional de Ecoturismo, inclusive, já prevêem, entre seus objetivos, a promoção e "o aproveitamento do ecoturismo como veículo de Educação Ambiental para turistas, comunidades locais e empreendedores do setor".

No entanto, o ecoturismo é um fenômeno complexo e multidisciplinar, em que muitos aspectos devem ser levados em conta a fim de que ele seja um empreendimento bem-sucedido para todos os envolvidos (Ceballos-Lascuráin, 1995). Em diversos encontros nacionais e internacionais sobre o tema tem se evidenciado o grau de distorção do conceito de ecoturismo, mas não há como pensar em outro que não envolva, como já foi dito, três pontos básicos: planejamento sustentável, Educação Ambiental e inclusão social (Rasteiro, 2002).

No que se refere à sua ligação direta com a Educação Ambiental, muitas ponderações se fazem necessárias. Basta colocar o indivíduo em contato com a natureza para estar educando-o? "Ensinar" a ciência Ecologia numa trilha em um ambiente natural é fazer "Educação Ambiental"? A "ponte" de ligação entre os ambientes natural e urbanizado se faz automaticamente durante as atividades de ecoturismo? Onde se encontra a fronteira entre um negócio lucrativo e uma preocupação realmente transformadora?

Embora os princípios e diretrizes estejam claramente estabelecidos e pareçam conceitualmente compreendidos pelos profissionais da área, na prática, o trabalho de Educação Ambiental carece ainda de visão estratégica que promova seu desenvolvimento em nível nacional. Essa afirmação é especialmente verdadeira quando são analisados os projetos de desenvolvimento em implementação no Brasil e as dificuldades no planejamento e obtenção de resultados referentes aos compromissos de Educação Ambiental (NEIMAN, 2007). Esse problema se torna ainda mais relevante quando o desenvolvimento da atividade turística, discussão emergencial em um país com o potencial do Brasil, exige novo conceito em ação pragmática em Educação Ambiental (IRVING, 1997). As divergências filosóficas, ideológicas e conceituais sobre o ecoturismo talvez representem o tópico central a ser equacionado e trabalhado metodologicamente como ponto de partida para o desenho estratégico de programas efetivos de Educação Ambiental.

Nos dias atuais, a necessidade de viajar é, sobretudo, criada pela sociedade marcada pelo cotidiano. As pessoas viajam porque já não se sentem à vontade onde se encontram, seja nos locais de trabalho, seja onde moram. Sentem necessidade urgente de se desfazerem temporariamente do fardo das condições normais de trabalho, de moradia e de lazer, a fim de estarem em condições de retomá-las quando regressarem (KRIPPENDORF, 1989).

Mendonça (1996) propõe a "Ecologia do Turismo" e lança uma reflexão sobre o tema. Segundo a autora,

> *"para haver relação mais intensa com um lugar é preciso vivenciá-lo. É preciso ter outra relação com o tempo. É preciso que o turismo possibilite alguma relação mais direta, em que a vivência represente relação de troca, de aprendizado e de respeito (...). Só a vivência pode levar ao afeto, que formalmente levará ao respeito e à solidariedade com as populações atuais e futuras"* (p. 21).

Ribeiro e Barros (1997) acreditam que tanto o ambientalismo, como resgatador da singularidade do natural, quanto o turismo, como resgatador da experiência do "eu estava lá" (uma singularidade do sujeito na sociedade de massas), *"vieram para se estabelecer como dois grandes fatores de diferenciação social do presente"* (p. 36).

Cascino (1998:276) acredita que:

> *"somente com a integração do homem com o seu meio, do ponto de vista plural e singular, que estruturas vivas redimensionarão o ser homem. Aqui cabe o discurso, a preocupação, a proposta do Ecoturismo. (...) Hoje, estar em contato com a natureza, para além dos modismos, é necessidade prioritária, exigência consciente da condição humana. Lá no espaço selvagem eu posso reencontrar meu território de gênese. Vim de lá. Redescubro-me ser humano, analisando minha condição de ser alienado das coisas da natureza. No enfrentamento das adversidades típicas, faço desvelar sensações instintivas, sensibilidades oprimidas, encantamentos e pavores próprios de uma condição primitiva agora desaparecida".*

Sem precisar enfatizar o mito do "bom selvagem", pode-se imaginar que o autor faz referência ao fato inegável de que as pessoas têm encontrado no ecoturismo uma oportunidade de experienciar situações que as aproximam dos chamados comportamentos inatos aos quais se refere Lorenz (1965) e dos chamados ecólogos-comportamentais (além das demais correntes da psicologia ambiental). Por acionar canais inconscientes pouco explorados pelo cotidiano das sociedades contemporâneas, essas situações acabam por provocar sensações de prazer e bem-estar. Do ponto de vista psicológico, defende-se aqui que essa relação, bem como sua contribuição para a Educação Ambiental, tem forte componente instintivo, herança dos comportamentos adaptativos. Tal componente independe dos fatores culturais, surgidos da imensa visibilidade de que goza o tema ambiental na atualidade e/ou da influência que outras pessoas exercem sobre os indivíduos através do seu exemplo de vida.

Essa hipótese é sempre reforçada quando se recolhem depoimentos entre praticantes de ecoturismo, revelando-se neles fortes indícios de ligação ancestral do ser humano com o espaço natural, reativado pelo contato direto (e aqui o ecoturismo pode ter importante papel) e pela cultura (o que aponta para a importância da interferência do educador no processo de sensibilização, ou de re-ligação, como aqui é preferido).

Carvalho (2001) realizou minucioso estudo sobre o que chamou de "invenção ecológica". Analisou as trajetórias de vida de importantes nomes do ambientalismo brasileiro, encontrando nos depoimentos alguns indícios da conversão de cada um, ou como se tornaram "sujeitos ecológicos". Para a autora, estão evidenciadas em algumas das trajetórias analisadas:

> *"o quanto o imaginário se faz presente, tendo papel importante em certo enquadramento da idéia de natureza que imantiza o campo ambiental, conferindo-lhe uma aura transcendental. A experiência, que sem exagero poderia ser chamada de numinosa, do maravilhamento com a exuberância e a pungência da natureza faz parte das vivências de conversão e/ou reafirmação do ideário ecológico e pertencimento ao campo"* (p. 67).

Propõe-se, aqui, uma análise complementar à proposta de Carvalho (*op. cit.*). A capacidade de aprendizado do ser humano está ligada à sua emoção; isto significa que, quando se emociona, quando consegue sentir algo mais forte, supera sua tendência à racionalização das situações e abre sua mente para novas informações. Mais do que uma "invenção", a atitude do sujeito ecológico (pró-ambiente) pode ser eliciada pelo contato com a natureza, porque esse desejo sempre esteve presente, embora latente, nos instintos naturais do ser humano. Por essa razão, o ecoturismo constitui-se num dos melhores meios de promoção da Educação Ambiental, pois provoca o que se pode chamar de "descoberta ecológica".

A questão ambiental é tema recorrente do debate social atual. É uma construção social relevante de uma modernidade que se tornou reflexiva sobre seus próprios rumos, que busca nova racionalidade, que almeja a sustentabilidade. Nesse contexto, a cooperação volta a ter dimensão relevante e a busca de novo paradigma alternativo para o futuro da civilização se torna anseio de todos. Os indivíduos e as instituições participam de várias ações que têm por objetivo detectar os problemas e encontrar as soluções (NEIMAN, 2007). Ou, como aponta Carvalho (2001), surge a invenção ecológica e seu correlato, o sujeito ecológico.

Como possibilidade de manifestação dos comportamentos adaptativos e re-elaboração do imaginário simbólico sobre a paisagem e a territorialidade, o ecoturismo pode proporcionar a chamada "descoberta ecológica", desde que seja conduzido de modo profissional e os agentes eliciadores das atitudes pró-ambiente possam estar presentes (NEIMAN, 2007).

Ecologizar a sociedade é introduzir a variável ecológica onde antes só havia a preocupação com o desenvolvimento econômico. Envolver os atores sociais que participam da discussão sobre a questão ambiental não tem sido suficiente para a conquista de novos valores. Ao se reprimir o imaginário do processo educativo, muito se perdeu da capacidade criativa e do desenvolvimento do pensamento relacional (MARIN ET AL., 2005). Mais do que conscientizar (campo da "razão") é preciso sensibilizar (universo restrito das "emoções"), questionar o paradigma central do capitalismo, e não apenas adaptá-lo a suposta "nova" racionalidade ecológica.

O ecoturismo, por levar pessoas de vida urbana, que determina certo tipo de cotidiano, para uma viagem, não para um lugar de fantasia, mas para lugares que (ainda!) existem em sua pujança natural, pode constituir-se numa boa oportunidade de transformá-las em defensoras da causa ambiental, desde que a experiência do visitante seja direcionada à mudança de percepções (NEIMAN, 2007).

A IMPORTÂNCIA DO DIRECIONAMENTO DO CONTATO COM O NATURAL

O ecoturismo, entendido como instrumento de Educação Ambiental, pode contribuir para a construção de representações e significados no imaginário social e transformar a relação do ser humano com o ambiente. A percepção edênica dos destinos ecoturísticos, carregada de simbolismo, remete seus adeptos à busca de um ideal de paisagem onde a ética e a estética têm papel de destaque. Os vínculos com a localidade e com as outras pessoas, renovados sobre outra perspectiva, passam a orientar as ações dos sujeitos.

O contato intensificado com a natureza promove o sentimento de pertencimento ao território. Dessa forma, os destinos ecoturísticos passam a significar lugares presentes na vida dos indivíduos, e não mais aqueles longínquos e misteriosos "paraísos" inacessíveis, Ou seja, cria-se nova identidade, um vínculo afetivo entre sujeito e lugar (NEIMAN, 2007). A territorialidade *"não provém do simples fato de viver num lugar, mas da comunhão que com ele mantemos"* (SANTOS, 1993:62).

Neiman (2007) demonstrou que o ecoturismo, caso se proponha a atrelar o contato do pensamento simbólico com a natureza, restaurar equilíbrios através do afloramento de comportamentos adaptativos, e não fugir da responsabilidade de construir novos paradigmas a partir de nova perspectiva de pensamento, menos linear e mais sistêmico, poderá, enfim, conquistar o sucesso tão almejado pelos educadores ambientais. Para o autor, o sentimento de gostar da natureza pode ser afetado por representações sociais, o que reforça a importância de como será conduzido, dirigido, o contato com a natureza em atividades de ecoturismo. Em seus experimentos demonstrou também que alguns elementos do ecoturismo que favorecem a Educação Ambiental são fundamentais: o contato deve ser intenso, deve haver apoio de um grupo (essas atividades devem ser feitas coletivamente) e barreiras devem ser superadas.

"O lugar é a dimensão na qual as pessoas estabelecem a identidade e apropriam-se afetivamente do espaço para vivê-lo, defendê-lo e transformá-lo" (FURLAN, 2000:7). Não se pode conceber mudança das práticas impactantes da sociedade sobre a natureza se a mesma se apresenta como algo desconhecido. Só o contato direto acoplado

ao trabalho de construção social de novo ideário preservacionista pode garantir a eficácia das estratégias educativas. Caso contrário ficaremos relegados à eterna retórica que domina o tema. Não basta colocar as pessoas diante de um animal, ou de um fenômeno natural. O importante é a atitude que se constrói a partir das conversas sobre o tema, as informações que fazem o olhar se modificar, se tornar mais simpático ao que se observa, fazer a decodificação do que está ocorrendo (NEIMAN, 2007).

Por suas características (contato com áreas naturais, colaboração entre membros de pequenos grupos no sentido de superarem adversidades comuns, contato físico, companheirismo, etc.), o chamado ecoturismo tem potencial para ser um poderoso instrumento de resgate de certos vínculos ancestrais humanos. Além disso, oferece possibilidades de discussão sobre os comportamentos cultural-mente arraigados e a necessidade de sua transformação sob uma ótica de sustenta-bilidade. Neiman (2007) demonstrou, através de experimento controlado, que o desenvolvimento de atividades especiais, que intensifiquem o contato entre ser humano e natureza, pode contribuir para o afloramento desses vínculos e mudança dos hábitos culturais que, corretamente canalizados, podem se tornar úteis para os educadores ambientais que trabalham em instâncias formais ou informais.

Nas atividades de ecoturismo pode-se:

> *"vivenciar a natureza tanto a partir do paradigma que supõe que o homem faz parte dela (respirar, alimentar-se e deslocar-se pelo mundo nos confirma essa afirmação) como o que considera todas as diferenças existentes entre os seres humanos e os não humanos (reconhecemos em nós diversas características que nos distinguem dos outros animais). Vivenciar ao mesmo tempo dois paradigmas supostamente opostos pode ser uma instigante experiência de aprofundamento da compreensão da realidade"* (MENDONÇA & NEIMAN, 2003:82).

Para que se alcance com mais eficiência um reflexão que leve à mudanças de valores e atitudes em relação ao ambiente, deve-se apostar no potencial trans-formador das vivências das pessoas entre si e com o meio, através do contato dirigido e intensificado com a natureza. Devem ser criadas estratégias que promovam experiências pessoais e coletivas através da exposição a limites pessoais, medos, inseguranças, sucessos e a da atuação em equipe (pressupondo confiança, solidarie-dade e afeto), cuidando-se para que as atividades não percam o caráter lúdico, normalmente associado ao ecoturismo. É desejável a valorização de um olhar menos analítico e mais subjetivo sobre a realidade, *"limitar o olhar científico, desobjetivar os objetos naturais, de modo a permitir ver a matéria sob o objeto, o mundo se dispersando em coisas díspares, em sólidos imóveis e inertes, em objetos estranhos a cada indivíduo observador"* (BACHELARD, 1997:12).

Sabe-se que o próprio sentimento preservacionista é um conceito antropocêntrico, uma vez que é o ser humano quem decide o que preservar ou não. Mas, além desse antropocentrismo, há uma percepção mais genuína de que existe uma ordem, e que a mesma é bonita, uma fonte estética. A flor e os animais não sabem que são bonitos. A vantagem do ser humano é que ele tem um olhar capaz de abstrair-se dele mesmo, de ter empatia com a natureza. E na hora que se entra em empatia é que se compreende como ela funciona. Esta é a grande conquista do ser humano.

É um erro imaginar que os problemas ambientais podem ser resolvidos em separado. Se as estratégias conservacionistas, principalmente aquelas desenvolvidas por instituições governamentais e não governamentais, se detiverem apenas nas questões pontuais e técnicas, dificilmente atingirão os problemas que pretendem resolver. Para tanto é preciso um trabalho paralelo de Educação Ambiental que se direcione a modificar as bases culturais nas quais nossa sociedade foi moldada. Qualquer proposta de conservação que não esteja atenta a esse pressuposto está fadada ao insucesso no médio ou longo prazo (MENDONÇA, 2005).

A percepção da paisagem é derivada de fatores educacionais e culturais e fatores emotivos, afetivos e sensitivos, sendo estes últimos oriundos das relações que o observador mantém com o ambiente. A interpretação da paisagem está sob controle direto da maneira pela qual cada um enxerga o mundo a partir de sua história pessoal, experiências prévias e expectativas, mas a experiência vivida pode ajudar a construir novo conhecimento (FERREIRA & COUTINHO, 2000)

Assim, os participantes de atividades de ecoturismo em Unidades de Conservação devem ser levados a trabalhar a sensibilização, a emotividade e a intuição. As atividades não podem estar ligadas exclusivamente ao raciocínio, mas sim a aspectos emocionais. A educação, a percepção e o lúdico são utilizados para possibilitar a expansão de uma consciência conservacionista através, sempre, do envolvimento afetivo das pessoas com a natureza e as culturas locais, numa tentativa de apropriação desse novo território como sendo o seu.

Quanto maiores são as diferenças existentes entre o ambiente visitado e o do cotidiano do indivíduo, maiores são os contrastes encontrados e, portanto, mais instigantes os questionamentos. A retirada do cotidiano propicia ao cidadão a possibilidade de, no contato direto com novas realidades, repensar o seu próprio modo de vida, analisando sua qualidade e re-elaborando seus valores e conceitos.

Quando estão em contato com a natureza,

"os diferentes caminhantes enfrentam diferentes níveis de dificuldade, surpreendem-se com diferentes fenômenos, compartilham sentimentos semelhantes. Confirmam sua própria existência pela percepção simultânea e comunicação com o outro. Os sentimentos de complementaridade, as posturas de solidariedade costumam brotar espontaneamente nessas excursões. Há enorme prazer em poder ajudar o outro, (...) ajudar a carregar, expressar o que sabe e o que sente, dar a mão para ajudar a subir ou a descer, compartilhar as mesmas emoções, reconhecer o prazer de estar junto àquela companhia" (MENDONÇA E NEIMAN, 2003:98).

É preciso reconhecer que, quanto mais humanos desejamos ser, menos "racionais" nos devemos tornar. Buscar o lado sensível, paulatinamente abandonado desde o iluminismo, parecer ser o caminho único possível para nossa re-humanização, por mais paradoxo que isso possa parecer. Podemos, ao reativar nosso lado instintivo, manifestar nossa natureza (NEIMAN, 2007).

Quando o termo Educação Ambiental surgiu, foi consenso entre todos os profissionais envolvidos que um de seus principais objetivos é a conscientização.

"Mas o que pode significar esta palavra senão um processo permanente de ampliação da percepção e compreensão do mundo? Se concordarmos que é esse seu objetivo principal, então precisaremos ampliar o repertório de maneiras de pensar, para que possam ser incluídos os elementos resultantes das interações entre os diferentes aspectos da realidade e, o que é muito importante, reconhecer que são essas formas de pensar que modelam nossas ações sobre o mundo. (...) Por outro lado, a nossa maneira de pensar e compreender o mundo está em nossa mente, em nosso cérebro. Depende de nossa estrutura tanto física como psicológica, tanto social como cultural. Assim, trabalhar a nossa subjetividade é condição essencial da Educação Ambiental" (MENDONÇA & NEIMAN, 2003:16).

A promoção do contato dirigido de pessoas com o ambiente natural nas Unidades de Conservação favorece muito uma nova percepção ambiental. Isso porque, além da existência na sociedade de um imaginário sobre o ideário de "natureza como um bem", recentemente construído na sociedade (construção social dessa imagem), há, principalmente, forte vínculo natural que liga o ser humano ao espaço preservado, oriundo provavelmente do processo evolutivo de nossa espécie no planeta. Marcos afetivos, gerados pelo contato sensorial e emocional com a natureza, introduzem grande diferença do ponto de vista motivacional e são mais significativos na vida dos indivíduos que a construção racional de uma "ideologia ambientalista" superficial e atrelada ao "senso comum" vigente. Um trabalho educativo que consiga congregar esses dois aspectos – o imaginário (que vem de uma construção social) com um possível vínculo instintivo ancestral (encoberto pela cultura) numa situação planejada (e aí o ecoturismo surge como poderoso instrumento)– pode favorecer uma efetiva Educação Ambiental e contribuir para a manutenção dos recursos naturais das Unidades de Conservação.

REFERÊNCIAS

BACHELARD, G. *A água e os sonhos*: ensaio sobre a imaginação da matéria. São Paulo: Martins Fontes, 1997.

BOFF, L. *Ecologia*: grito da terra, grito dos oprimidos. Rio de Janeiro: Ática, 1995.

BONNES-DOBROWOLNY; SECCHIAROLLI, Space and meaning of the city-center cognition: an interactional-transactional approach. *Human Relations (HR)*, London, v. 36, p. 23-35, 1983.

BRASIL. Secretaria de Educação Fundamental. *Parâmetros curriculares nacionais*. Brasília: MEC/ SEF, 1998.

CAPRA, F. O *ponto de mutação*. São Paulo: Editora Cultrix, 1982.

CARDOSO, C. M. *A canção da inteireza*: uma visão holística da educação. São Paulo: Summus Editorial, 1998.

CARVALHO, I. C. M. *A invenção ecológica*: narrativas e trajetórias da educação ambiental no Brasil. Porto Alegre: Editora da UFRGS, 2001.

CASCINO, F. Pensando a relação entre educação ambiental e ecoturismo. In: VASCONCELOS, F. P. (Org.). *Turismo e meio ambiente*. Fortaleza: Ed. FUNECE, 1998. v. 3, p. 265-279.

CASTELLO, L. A percepção em análises ambientais: o projeto MAB/UNESCO em Porto Alegre. In: DEL RIO, V. ; OLIVEIRA, L. (Org). *Percepção ambiental*: a experiência brasileira. São Paulo: Studio Nobel/Editora da UFSCAr, 1996. p. 23-37.

CEBALLOS-LASCURÁIN, H. O ecoturismo como um fenômeno mundial. In: LINDBERG, K.; HAWKINS, D. E. *Ecoturismo*: um guia para planejamento e gestão. São Paulo: Editora SENAC, 1995. p. 23-29.

DORST, J. *Antes que a natureza morra*. São Paulo: Editora Edgard Blücher, 1973.

FERREIRA, L. F.; COUTINHO, M. C. B. Educação ambiental em estudos do meio: a experiência da Bioma. In: SERRANO, C. *A educação pelas pedras*: ecoturismo e educação ambiental. São Paulo: Chronos, 2000.

FURLAN, S. A. *Lugar e cidadania*: implicações socioambientais das políticas de conservação ambiental (situação do Parque Estadual de Ilhabela na Ilha de São Sebastião - SP. 2000. Tese (Doutorado) - FFLCH, Depto. de Geografia, USP, São Paulo.

GRUPO DE TRABALHO DE EDUCAÇÃO AMBIENTAL DAS ORGANIZAÇÕES NÃO-GOVERNAMENTAIS NO FÓRUM GLOBAL. *Tratado de educação ambiental para sociedades sustentáveis e responsabilidade local.* Rio de Janeiro, 1992.

IRVING, M. A. Educação ambiental como premissa ao desenvolvimento do ecoturismo. In: VASCONCELOS, F. B. (Org.). *Turismo e meio ambiente.* Fortaleza: UECE, 1997. v. 3, p. 13-21.

KRIPPENDORF, J. *Sociologia do turismo:* para uma nova compreensão do lazer e das viagens. São Paulo: Civilização Brasileira, 1989.

KUHNEN, A. *Representações sociais e meio ambiente:* estudo das transformações, apropriações e modos de vida na Lagoa da Conceição – Florianópolis/SC. 2002. Tese (Doutorado) – Centro de Filosofia e Ciências Humanas da Universidade Federal de Santa Catarina.

LYNCH, K. *A imagem da cidade.* Tradução de Jefferson Luiz Camargo. São Paulo: Martins Fontes, 1998.

MARCHAND, M. *A afetividade do educador.* São Paulo, Summus Editorial, 1985.

MARIN, A. A.; OLIVEIRA, H. T. ; COMAR, M. V. Percepção ambiental, imaginário e práticas educativas. In: ENCONTRO DE PESQUISA EM EDUCAÇÃO AMBIENTAL, 3., 2005, Ribeirão Preto. *Anais...* Ribeirão Preto, 2005. p. 72. Xerox.

MATSUSHIMA, K. Dilema contemporâneo e educação ambiental: uma abordagem arquetípica e holística. *Aberto,* Brasilia, v. 10, 1997.

MENDONÇA, R. Turismo ou meio ambiente: uma falsa oposição?" In: LEMOS, M. (Org). *Turismo:* impactos sócio-ambientais. São Paulo: Hucitec, 1996. p. 19-25.

MENDONÇA, R. Educação ambiental e ecoturismo. In: NEIMAN, Z.; MENDONÇA, R. (Org). *Ecoturismo no Brasil.* Barueri: Manole, 2005. p. 19-25.

MENDONÇA, R.; NEIMAN. Z. À *sombra das árvores:* transdisciplinaridade e educação ambiental em atividades extraclasse. São Paulo: Chronos, 2003.

NEIMAN, Z. *A educação ambiental através do contato dirigido com a natureza.* 2007. Tese (Doutorado) – Depto. Psicologia Experimental, Instituto de Psicologia da Universidade de São Paulo.

RAPOPORT, A. *Aspectos humanos de la forma urbana.* Barcelona: Editorial Gustavo Gili, 1977.

RASTEIRO, M. A. Espeleoturismo: conceitos básicos. *Informativo SBE,* Campinas: Sociedade Brasileira de Espeleologia, p. 5, 2002.

REIGOTA, M. *Meio ambiente e representação social.* São Paulo: Cortez Editora, 1995. (Coleção Questões da Nossa Época, v. 41).

REQUIXA, R. *Sugestões de diretrizes para uma política nacional de lazer.* São Paulo: SESC, 1980.

RIBEIRO, G. L.; BARROS, F. L. A corrida por paisagens autênticas: turismo, meio ambiente e subjetividade no mundo contemporâneo. In: SERRANO, C. M. T.; BRUHNS, H. T. *Viagens à natureza:* turismo, cultura e ambiente. Campinas: Papirus, 1997. p. 27-42.

SANTOS, M. *O espaço do cidadão.* São Paulo: Nobel, 1993.

SCHAMA, S. *Paisagem e memória.* São Paulo: Companhia das Letras, 1995.

THOREAU, H. D. *Desobedecendo:* a desobediência civil & outros escritos. São Paulo: Rocco, 1984.

Parte II

A Experiência Humana nas Trilhas da Educação Ambiental

Nas Trilhas das Paisagens: Heranças, Recursos, Valores

Solange T. de Lima Guimarães

"A mais fascinante terrae incognitae, entre todas, é aquela que se encontra no interior da alma e do coração dos homens."

John K. Wright

Os estudos sobre a proteção dos recursos paisagísticos naturais e culturais envolvem essencialmente a inter-relação entre a Sociedade e o Meio Ambiente, fundamentados em aspectos concernentes às experiências ambientais, às atitudes, condutas e valorações respectivas às dimensões objetivas e subjetivas, concretas ou não, mas intrínsecas à dinâmica de vida. Desse modo, consideramos as diferentes populações e culturas, suas formas de percepção e interpretação do meio ambiente, de construção do sentido de lugar, de organização do espaço vivido, de consciência do sentimento de pertinência, de enraizamento, de *ser* parte.

Para Meining (1979:3), as paisagens *não são* sinônimo de meio ambiente. Elas são, na verdade, menos inclusivas, porém, mais percebidas em seus níveis de detalhamentos (relação com o *vivido*), tendo em vista que compreendem nossos lugares, em suas características de visibilidade e ambigüidades, definindo-se através do nosso campo visual e sendo interpretadas por nossas mentes. Sob a perspectiva do autor, o meio ambiente envolve as paisagens, e elas são parte da dimensão ambiental.

As paisagens compreendem dimensões espaço-temporais, porque os ciclos dos movimentos inerentes a elas trazem em si a dinâmica e a força das essências da Vida, fato que para Dardel (1952:42) representa *"une fenetre sur des possibilites illimittées: un horizon. Non une ligne fixe, mais un mouvement, un elan"*. Ainda, de acordo com esse autor, a paisagem não se restringe apenas a substrato e meio, mas expande-se em significados, ao incorporar o sentido de fonte de vida, estabelecendo relações existenciais entre o Homem e a Terra, o sentido da geograficidade e de seus liames (Guimarães, 2002; Lima, 1997).

À medida que as pessoas identificam as paisagens como prolongamento de sua própria identidade individual e coletiva, essas relações são intensificadas, gerando uma combinação de processos simultâneos de construção, destruição e recuperação do meio ambiente. Assim, paisagem *é sempre uma herança* manifesta em testemunhos de uma objetividade que vai emergindo da própria subjetividade, tendo em vista que as realidades geográficas e sócio-culturais nos conduzem às múltiplas dimensões do *mundo* e do *espaço vivido*, extrapolando os limites territoriais muito além de suas imbricadas interações relativas à matéria, às concretudes tangíveis de suas espacialidades físicas. Nessa ótica, todas as paisagens são heranças em vários sentidos, seja como patrimônio natural ou cultural, transformadas a todo instante, de maneira contínua, ao longo dos tempos (DARDEL, 1952; FRÉMONT, 1980; WAGSTAFF, 1987; ROUGERIE E BEROUTCHACHVILI, 1991; GUIMARÃES, 2003; 2004; 2005).

Além desses processos interativos, estruturadores e transformadores, e, portanto, de construção de territorialidades, identidades e alteridades, os povos ainda desenvolvem leituras particulares de suas paisagens, reconhecidas e interpretadas a cada novo experienciar. Por sua vez, as imagens decorrentes dessas experiências desvendam a simultaneidade de paisagens vivenciadas paralelamente, em intersecções e contextos completamente distintos, em conformidade com as diversas percepções e interpretações da realidade ambiental, pois em concordância com Dardel (1952:47), *"un même pays est autre pour le nomade, autre pour le sedentaire"*, se harmonizando ou estabelecendo conflitos mediante as interpretações valorativas.

Desse modo, as formas de decifrar e compreender os símbolos interjacentes em uma paisagem tornam um mesmo lugar tão diferente para uma pessoa e outra, individualmente ou em conjunto, pois revelam traçados imbricados relacionados à atribuição de valores, às demarcações de fronteiras de natureza material ou imaterial, tênues, sutis, existentes na percepção e na interpretação de uma paisagem externa e interiorizada, em significativos inter-relacionamentos dos elementos naturais e culturais. Seibert (1978:7), caracterizando a paisagem não apenas como um conceito de unidade espacial, mas de sistemas de referências qualitativos, afirma que a inter-relação e a transposição de vários planos (físico, vital, espiritual) criam sua identidade, sua imagem própria.

Fundamentados em Dardel (1952), Tuan (1977; 1974); Rougerie e Beroutchachvili (1991), Naveh e Lieberman (1994), entre outros autores, consideramos a paisagem como o legado de um jogo de forças, testemunhando não somente a ação dos elementos e processos naturais, mas também as interferências da presença humana. De acordo com as circunstâncias experienciadas, o ser humano atribui valores e significados às suas paisagens, que passam, então, a envolver sua própria história de vida, numa territorialidade demarcada e determinada pela afeição, originando o espírito de um povo e de um lugar – *genius loci*.

Ao constituir uma herança, segundo os autores citados, a paisagem é o legado de remotas e intensivas modificações, construções e representações espaciais, resultado da combinação de processos naturais e antrópicos, transformadores da biosfera, tecnosfera e psicosfera, em permanente geração de processos interativos, com profundas influências nas relações entre o fenossistema e o criptossistema. (GONZÁLEZ BERNÁLDEZ, 1981). De acordo com essas visões, a paisagem é suporte de uma identidade, exprimindo, através da organização dos seus espaços e elementos componentes, as idéias, intenções e concepções respectivas ao modo de vida, à estruturação e estratificação de *mundo vivido* e *espaço vivido*, à construção de seus próprios espaços e lugares.

Rougerie e Beroutchachvili (1991:115), ao analisarem a paisagem compreendida como uma herança, recordam-nos que, para Sanguin, as paisagens podem ser percebidas como *"l'heritage intellectuel et spirituel d'un peuple"*, transcendendo os geossímbolos individuais, alcançando dimensão simbólica coletiva, envolvendo indivíduos, grupos étnicos, seja através de suas experiências originadas nos domínios das territorialidades seculares e sagradas ou de suas diferentes formas de organização espacial.

A construção, recuperação e revitalização, bem como a destruição, deterioração e poluição das paisagens que integram o patrimônio natural e cultural de uma comunidade, abarcam processos e diferentes conflitos refletidos na multiplicidade das realidades espácio-temporais, cristalizando formas, reordenando traçados e funções, imprimindo marcas nos seus espaços, gerando lugares duradouros ou efêmeros, seja sob a perspectiva temporal cronológica ou simbólica.

Ao manipular a heterogeneidade das paisagens da Terra e interferir nos processos e ciclos naturais, o ser humano nem sempre conseguiu atingir seus alvos, consideradas as oportunidades de convergências de processos criadores e de gestão territorial e ambiental bem-sucedidos. Todavia, os valores associados a esses processos revelam níveis experienciais diretos e indiretos, influenciando vivências individuais e coletivas, em seus aspectos objetivos e subjetivos, positivos ou negativos, em concordâncias ou discordâncias atitudinais e condutuais, tenham ocorrido em sociedades antigas ou na contemporaneidade (LIMA, 1997; GUIMARÃES, 2001; 2002; 2004).

Mediante a transgressão e o desconhecimento das leis naturais, da ausência de ética pertinente à justiça social e ambiental, às idéias de eqüidade e iniqüidade sociais, imbuídos de ideais e motivações nem sempre lícitos, porém, convenientes, provocamos o declínio de civilizações e a conseqüente destruição, degradação e extinção de todo um patrimônio natural e cultural. Em especial, se tomarmos em conta os aspectos referentes à topofilia, topofobia, topocídio, toporreabilitação, entre outros, como também relacionados à convivência, ou seja, considerarmos os aspectos associados à experiência ambiental de cada comunidade humana, ao desenvolvimento de suas atitudes e condutas, a sua capacidade de integração e adaptação relacionadas ao meio ambiente e às paisagens.

Ao referir-se ao termo "*paisagem*", sob uma visão de sistemas dinâmicos, Burle-Marx (1977:39-40) tece várias considerações, em que os elementos que são responsáveis pela sua definição e diferenciação entre todas as outras paisagens encontram-se em transformações próprias e contínuas, extrapolando conceituações restritas apenas a espaços limitados, ganhando, então, concepção mais ampla no sentido de "*todo e qualquer ambiente de nosso território*". Ao tomá-la como um *recurso*, o autor passa a qualificar essa mesma paisagem, mediante a atribuição de valores de natureza cultural, implicando categorias distintas. Desta forma, Burle-Marx (1977:40) define **recursos paisagísticos** como "*aquelas paisagens que, devido a características específicas, de ordem estética, científica ou histórica, constituem bens culturais de uma comunidade*".

Um recurso paisagístico é único dentre todos os outros, jamais é igual, distinguindo-se das outras unidades circunvizinhas ou não, em função de suas particularidades visíveis e não-visíveis. Todavia, a vocação de uma área que comporta um ou mais recursos paisagísticos deve ser cuidadosamente avaliada em razão dos critérios utilizados para zoneamentos de paisagem locais e regionais, sob uma perspectiva inter e multidisciplinar, levando em consideração as condições atuais e futuras dos ecossistemas naturais e construídos, bem como o estado em que se encontram e as projeções de ocorrências de riscos e impactos ambientais (SEIBERT, 1978; ROUGERIE E BEROUTCHACHVILI, 1991).

Desse modo, o planejamento ambiental referente à implantação de trilhas recreativas, em suas várias modalidades, deve propiciar a utilização do patrimônio natural e cultural de acordo com medidas protecionistas, assegurando, assim, a conservação e preservação das estruturas, qualidades e atributos dos recursos paisagísticos, diante das interferências antropogênicas correlacionadas às formas efetivas ou potenciais de utilização dos mesmos. Ao analisarmos o recurso paisagístico sob a luz de uma abordagem integrada em relação aos aspectos referentes à gestão ambiental, torna-se necessário considerarmos a capacidade de suporte e de resiliência dos ecossistemas e a capacidade de carga de população humana das diferentes áreas, tendo em vista a interação das condições externas e internas da paisagem. (UNESCO, 1971).

A proteção dos recursos paisagísticos naturais e culturais, considerada a relevância dos interesses e valores associados às questões de relevância da herança patrimonial, deveria estar em consonância com programas de uso racional, promovendo ações com amplitude de variação segundo suas dimensões, contextos e riscos, incluindo os recursos naturais e construídos e seus espaços de entorno e de ambientação. Tais medidas protecionistas abarcariam ações de caráter preventivo, mitigador e corretivo de acordo com a situação e as exigências técnicas e legais relacionadas à gestão, gerenciamento e manejo de recursos, prevenindo ou minimizando determinados efeitos e atividades responsáveis pela deterioração paisagística e cultural, imediatos ou não, diretos e indiretos, tomando em consideração a natureza, intensidade, freqüência, extensão e temporalidade das transformações e interferências na área (SEIBERT, 1978; SIMMONS, 1982; 1993; LIMA, 1998; 1997; GUIMARÃES, 2002; 2004; 2005a).

A propósito desses aspectos, Seibert (1978:123) considera aqueles relativos ao planejamento da paisagem, que têm por finalidade encontrar um equilíbrio entre o potencial natural da paisagem, limitado quantitativa e qualitativamente, e a sociedade, visto que para esse autor as exigências das sociedades variam conforme as dimensões de território e as formas das unidades paisagísticas. O planejamento paisagístico, atrelado ou não a programas e projetos de maiores dimensões (regionais, por exemplo), deve considerar os inventários e a análise da paisagem como recurso natural ou construído, em função de suas estruturas geográficas, sócio-econômicas e culturais, diagnosticando o plano-base, sob uma visão de conservação da paisagem necessária à avaliação de seu uso futuro (SEIBERT, 1978:125).

Para Seibert (1978) e Simmons (1982), os programas voltados à proteção da paisagem deveriam coordenar medidas, diretrizes, sugestões de caráter conservacionista, entre outras, em referência ao atendimento das demandas sócio-econômicas do planejamento. Desse modo, na diagnose das paisagens, traçados os objetivos, restaria a liberdade de criação de planos destinados às várias áreas, dependendo de sua natureza, considerando-se suas possibilidades, limitações funcionais e restrições geográficas, ecológicas e legais de uso, no sentido dos processos e projetos ambientais idealizados e que abarcam elementos e etapas pertinentes à recuperação, reabilitação, adaptação, adequação e revitalização.

A intensificação, freqüência e magnitude dos riscos e impactos naturais e antropogênicos têm gerado desequilíbrios e ameaças aos recursos paisagísticos, com interferências em diversos setores das atividades humanas, apresentando vários graus de estados de deterioração em contínua interatividade, com marcas visíveis ou não no conjunto paisagístico. Sob esse prisma, a proteção dos recursos paisagísticos, fundamentada em bases racionais e técnico-científicas, compreende inúmeros níveis de análises e avaliações concernentes ao planejamento e gestão ambiental, em suas várias dimensões, assim como as imbricadas inter-relações entre diferentes instâncias: econômica, geográfica, ecológica, cultural, social, jurídica, educacional, política, a exemplo de muitas outras.

Tratando-se da gestão dos recursos paisagísticos naturais, construídos e ecléticos, encontramos no inventário paisagístico e na análise desses recursos significativa contribuição para as estratégias de conservação e preservação do meio ambiente. Para inventariarmos os componentes de uma unidade paisagística, em micro ou macroescala territorial, temos de desenvolver vários tópicos de estudos, abarcando desde a descrição das variáveis biofísicas, sócio-econômicas e culturais até a análise e avaliação interdisciplinares da qualidade ambiental das paisagens e da qualidade de vida dos diferentes segmentos de população que integram as comunidades e habitam essas mesmas paisagens.

Nesse contexto, o inventário dos recursos paisagísticos apresenta-se como instrumento do planejamento ambiental, sendo a variedade visual um dos fatores mais significativos na avaliação e valoração dos mesmos em relação às qualidades paisagísticas, aos pontos específicos de interesse visual, principalmente no que tange àqueles que apresentam qualidades estéticas, expressas pela relevância cênica ou harmonia de seu conjunto, destacando-se pelos valores atribuídos ao significado de seus cenários, aspectos fundamentais na exploração efetiva e potencial das paisagens como recursos e atrativos, em especial, tendo em vista o traçado de trilhas cênicas.

Também, em relação às situações vinculadas à tutela dos recursos paisagísticos, ou seja, do que significam como patrimônios naturais e culturais, vários juristas têm trabalhado no sentido da proteção das paisagens naturais e construídas, em termos de salvaguardá-las, mediante a aplicação de conhecimentos específicos e de disposições legais e obrigações (CUSTÓDIO, 2002). Esse contexto envolve os planos diretores das áreas, planos de manejo, diretrizes e convenções nacionais e internacionais, sendo estes devidamente aprovados pelas instâncias competentes. Libório (1998:64), ao discorrer sobre a proteção legal da paisagem, apresenta-nos breve histórico dos textos legais dedicados ao direito ambiental e de paisagens, afirmando em relação à paisagem que *"trata-se, portanto, de um bem de valor constitucional que é legalmente assegurado e protegido no interesse de toda a coletividade"*, complementando ainda que *"não se deve propugnar pelo esteticismo gratuito, mas sim pretender a integração do elemento estético com as diretrizes de desenvolvimento e com a preservação do patrimônio ambiental e cultural da nação"*.

Da análise e avaliação dos recursos paisagísticos, sob uma perspectiva de uso conservacionista racional, emergem aspectos que revelam acentuadas fragilidades e contradições, considerados os níveis perceptivos e interpretativos e os diversos graus de apreensão das realidades ambientais pelos diferentes grupos envolvidos nas ações necessárias à implantação e implementação dos projetos de utilização e salvaguarda do patrimônio representado por esses recursos: políticos, empresários, profissionais liberais, acadêmicos, ambientalistas, lideranças locais e de entorno, representantes de comunidades tradicionais, organizações não-governamentais, turistas e excursionistas...

A realidade geográfica encontrada nas áreas relacionadas a muitos desses projetos e a realidade ambiental vivenciada e interpretada pelos diversos segmentos de população interessados apresentam campos de visão, de significação e de ação muitas vezes divorciados e conflitantes, refletindo dissonâncias e divergências focais, colocando em risco a própria integridade dos recursos paisagísticos e das comunidades do entorno. A previsão de possíveis cenários relativos à dinâmica e à manutenção dos processos e meios de adaptação às transformações e alterações que venham a ocorrer apresentam, muitas vezes, comprometimento da relação custo/benefício, bem como de todo o processo de valoração ambiental a médio e longo prazos, geralmente de maneira intensa e acelerada, no que concerne à ocorrência, principalmente, dos riscos e impactos ambientais adversos, se considerados a heterogeneidade, o dimensionamento e o gradiente de interação dos fatores presentes.

Nas últimas décadas, verificamos tanto intensa e acelerada evolução quanto difusão de muitas práticas de exploração dos recursos paisagísticos naturais, construídos e ecléticos, em muitos casos realizadas sem nenhum critério técnico ou de controle e fiscalização exercidos por instituição competente. Assim, temos presenciado gravíssimos problemas ambientais referentes à proteção das paisagens diante de cenários impactados negativamente, exibindo uma trilha de negligências e danos ambientais expressivos, que geram desafios para as comunidades e demais profissionais envolvidos com a conservação, preservação e salvaguarda de seu patrimônio natural e cultural.

Diante desses quadros é emergencial refletirmos e questionarmos sobre os diversos aspectos que estão em risco, referentes ao caráter de renovabilidade ou não dos recursos paisagísticos, consideradas as intervenções antrópicas que propiciam situações de exposição a riscos e impactos ambientais, causando a gênese de processos de degradação e deterioração visíveis ou não visíveis nas paisagens. Essas inferências tendem a se concretizar, caso não sejam desenvolvidas gestão e política públicas e adequadas para manter a viabilidade, visibilidade, acessibilidade que, decorrente valoração desses recursos, estejam fundamentadas tanto em princípios técnico-científicos, jurídico-administrativos, quanto nos saberes tradicionais e da ciência (GUIMARÃES, 1998; 2003; 2004).

As idéias equivocadas da inesgotabilidade, eternidade, permanência, durabilidade dos recursos paisagísticos deveriam ser reavaliadas mediante a análise das percepções, interpretações e valores individuais e coletivos, constatando-se os principais pontos de problemas e conflitos, convergências e divergências, sobre a paisagem *de fato* e a paisagem percebida e interpretada, pois ambas se constituem em *"realidades ambientais"*. A análise dessas constatações desvenda-nos o significado e a valoração dos diferenciados contextos paisagísticos para os vários conjuntos de populações vinculados às áreas onde estejam localizados, distinguidos os vários focos de interesse em jogo e em risco.

Em relação às preferências e motivações paisagísticas decorrentes, estas envolveriam elementos pertinentes à experiência ambiental inata ou cultural, de familiaridade ou não, de enraizamento (questões ligadas ao sentido da construção e desconstrução do sentido de lugar), de códigos exclusivos à funcionalidade, até aqueles que resguardam em si universos simbólicos, dimensões não-visíveis, sensíveis, não tangenciadas, através de profundos significados, em que, mais uma vez, a experiência ambiental é observada em interações sucessivas, provocando novas formas de hierarquização e construção da paisagem vivida. (RELPH, 1976; SIMMONS, 1982; 1993; LIMA, 1997; GUIMARÃES, 2001; 2002; 2003; 2004; 2005a; 2005b; 2006).

O conhecimento e a identificação dos níveis e tipos de riscos e impactos ambientais nas paisagens levam-nos à definição de diretrizes no que concerne às ações de intervenção, medidas remediadoras, planos e programas de conservação e de manejo integrados, visando garantir as condições de renovabilidade, recuperação, revitalização, reabilitação, específicas a cada categoria e necessidades particulares de recursos paisagísticos, em função da diversidade de regiões geográficas, considerados como legados relevantes para a valorização do cenário local, regional, estadual, nacional e até mesmo global, no caso dos patrimônios da humanidade.

Sob essas perspectivas, a percepção, interpretação e valorização dos atributos e imagens ambientais que reforçam a visibilidade, a significância e a qualidade cênica dos recursos paisagísticos, e ainda cooperam com a construção do sentido de lugar, de espaço vivido, precisam ser mais estudadas e pesquisadas sob uma visão sistêmica. Essa recomendação se torna imperativa no caso da implantação de programas de desenvolvimento sócio-econômico em seus diversos âmbitos e decorrências, destacadas as faces e ações integrantes da experiência ambiental das distintas comunidades, refletidas através de múltiplas formas e olhares, estreitando ou não os vínculos afetivos que construímos em relação ao meio ambiente e que nos torna sensíveis a sua proteção.

Nas Trilhas dos Homens: Experiências, Percepções e Interpretações...

Marcel Proust afirmava que "*a verdadeira viagem de descoberta não consiste em buscar novas paisagens, mas em ter novos olhos*", novos olhares... Esta afirmação é muito significativa para os estudos sobre percepção e interpretação ambiental, pois nos permite vislumbrar, mediante cada sucessiva experiência pessoal, nova e diferente forma de perceber e interpretar o mundo que nos envolve, possibilitando reconhecer e ressignificar contextos e significados plenos de sensibilidades, intencionalidades e possibilidades de vida.

Essas experiências ambientais nos legaram uma diversidade e riqueza de universos imagéticos pertinentes a cada cosmovisão, integrando um conhecimento de geografias concretas e imaginárias, individuais e coletivas, de lugares sagrados e profanos, de configurações paisagísicas tangíveis ou não, porém, percebidas e interpretadas a partir do "*namoro*" do ser humano com a Terra (TAGORE APUD DUBOS, 1981). Esse namoro com as paisagens exige estarmos atentos e em sintonia, em conexões – e talvez estas sejam as chaves para induzir as pessoas a olharem a variação de oportunidades que elas oferecem a cada dia, ainda que diante de limitações de ordem biológica, física, psicológica, social e econômica, incitando-nos a prosseguir, a demarcar novas trilhas em paisagens que seguramente nos conduzirão a uma viagem ao encontro de nós próprios e do outro. Desse modo, perceber e interpretar a paisagem torna-se um exercício que requer a conjugação desses verbos em todos os seus tempos, modos e pessoas: *caleidoscópios de paisagens*.

Ao analisarmos algumas visões sobre os vários ângulos e modos de experienciar o meio ambiente, lembramos que, de todas as experiências com a paisagem, "*talvez a do inscape seja a mais importante para nós, por ser ela que dá profundidade e significado às paisagens, e que nos liga a elas, por reforçar nossa individualidade*" (RELPH, 1979:13). Em sua obra *Place and Placelessness*, Relph (1976) tece uma reflexão sobre o significado existencial dos lugares, partindo da relevância dos mesmos como "*centros de significados e intenções*", sob aspectos relacionados à dimensão cultural ou individual, associados aos significados das experiências pessoais, impregnadas de significação e valores emocionais.

Também Godkin (1985:243), ao analisar contextos paisagísticos integrando aspectos de natureza geográfica e psicológica, seleciona os estudos referentes à experiência humana de lugar, segundo a abrangência dos seguintes níveis:

1. *Lugares de significados ou símbolos*, comuns e compartilhados por um determinado grupo de pessoas, evocando um sentido de pertinência a um grupo social, e, assim, outorgam ao lugar um signo de identidade, existindo em diferentes escalas.

2. *Lugares de significados locais*, evocando sentimento de vizinhança e identidade comunitária.

3. *Lugares de significados universais* que são compartilhados, transcendendo a identidade política ou social de um grupo.

A partir dessas reflexões, o autor observa que os estudos sobre a importância do significado de lugar são muito relevantes no desenvolvimento da identidade pessoal e de sua integridade, todavia, lembra-nos de que os estudos sobre os processos de formação das imagens relacionados à concepção pessoal de lugar ainda são insuficientes, enfatizando, principalmente, as faces da problemática direcionadas ao estresse físico e psicológico – sensações de bem-estar, de medo, de familiaridade, de pertencer ou não ao lugar, lugares refúgios, lugares recreativos, lugares de contemplação –, associadas à geração de auto-imagens positivas ou negativas e, como decorrência, a padrões atitudinais e condutuais que refletem justamente esses valores, considerando-se a complexidade das situações vivenciadas (DANSEREAU, 1975; APPLETON, 1975).

Em termos dessa complexidade experiencial, González-Bernáldez (1981) considera a interpretação da paisagem como um processo no qual deciframos dimensões de informações visuais e ocultas, respectivamente, associadas ao fenossistema e ao criptossistema. Para tanto, podemos escolher entre dois caminhos: (1) uma forma de interpretação fundamentada na percepção global e integrada da paisagem, em que o observador desenvolve suas conclusões de *"visu"* mediante sua experiência, intuição ou olho clínico, sem que seja necessário um processo reflexivo; (2) uma descrição analítica por meio do isolamento dos diversos componentes paisagísticos. Para o autor, ambos os procedimentos metodológicos têm suas possibilidades, de acordo com a aplicação que estamos dando à interpretação da paisagem, tendo em vista que entende a paisagem como a *"percepção plurissensorial de um sistema de relações ecológicas"* (GONZÁLEZ-BERNÁLDEZ, 1981).

Na leitura das paisagens, encontramos um complexo universo em integração, onde alguns aspectos, processos ou elementos são percebidos e interpretados em razão de nossos interesses, expectativas, necessidades, valores e estilos de vida, entre tantos outros fatores circunstanciais de ordens objetiva e subjetiva. A realidade paisagística é construída mediante a conjunção e a interação das dimensões do concreto e do imaginário, do visível e do não visível, do sensível, sendo traduzida por intermédio de percepções e interpretações sucessivas, do passado e presente, complementares ou não, congruentes ou incongruentes, mas refletidas nas transformações de atitudes e condutas concernentes ao meio ambiente (LIMA, 1998; GUIMARÃES, 2004).

Quando consideramos os níveis de percepção e interpretação ambiental, verificamos que diferentes grupos humanos trazem bagagens experienciais distintas, em razão de sua cultura, faixa etária, gênero, nível sócio-econômico, entre outras variáveis, revelando modos de perceber, interpretar, valorizar a paisagem sob diversas formas a partir de seus sistemas representacionais (isto é, modalidades, maneiras de vivenciar o mundo) e submodalidades (blocos de construção dos sentidos), traduzindo elaboradas construções, evocações e formas de representação (mapas e territórios).

As imagens e associações sensoriais, cognitivas e afetivas relativas à paisagem percebida e interpretada são elaboradas, formadas e estruturadas a partir dos filtros perceptivos (biológicos e culturais), que influenciam, selecionam e distinguem os elementos, as preferências e os indicadores paisagísticos que valorizamos, presentes na paisagem natural ou construída, na construção da identidade paisagística e na visibilidade desses territórios.

Dessa forma, percebemos o meio ambiente, de modo qualitativo, efetivo e valorativo, dotado de símbolos e significados individuais e coletivos, utilizando nossas referências experienciais e conhecimentos para exploração e mapeamento de seus espaços e lugares. Nas atividades exploratórias da paisagem, observamos que ocorre intrincada multiplicidade de processos cognitivos e afetivos, porém, nosso campo perceptivo é parcial, filtrando e influenciando nossas interpretações. Vivenciamos nossas realidades, construídas e ancoradas naquilo que somos capazes de perceber como nosso mundo vivido em meio a uma infinitude de experiências sensoriais, culturais, psicológicas, sociais, econômicas, por exemplo. Assim, do mundo externo percebemos e interpretamos aspectos e elementos que nos interessam, ignorando outros tantos.

A respeito dos mundos e imagens que se apresentam diante dos nossos olhos, Meining (1979) considera que podem ser muito diferentes daquilo que está no interior de nossa mente. O autor, em seu estudo *The Interpretation of Ordinary*

Landscapes, ao analisar as várias percepções de uma mesma paisagem, identifica algumas categorias de enfoques, classificando-as de acordo com os elementos e atributos associados ou formas de interpretação.

Em relação à percepção e interpretação ambiental, essas mesmas categorias apresentam a paisagem em seus aspectos geográficos, ecológicos, sociológicos, históricos, antropológicos, estéticos, ideológicos e psicológicos, em permanentes e complexas transformações e inter-relações, especialmente aquelas relacionadas à construção de nossos campos de visibilidade, de significâncias, ao envolver aspectos tangíveis e não-tangíveis da experiência humana no conjunto de sua totalidade, influenciando nossos valores, juízos, reflexões e representações, quer objetiva, quer subjetivamente, sendo então a percepção e interpretação do meio ambiente e de suas paisagens culturalmente condicionadas, levados em conta os significados e as configurações das imagens de mundo vivido (KLUCKHOHN, 1958).

Ao analisar as variações pessoais de visão de mundo, as diferenças perceptivas – tanto as inatas quanto as aprendidas – e as habilidades interpretativas e de orientação (mapas mentais), respectivas a situações perceptuais diferenciadas, Lowenthal (1985:135-139) tece a seguinte afirmativa: "*cada um de nós desvia o mundo a seu próprio modo e contempla as paisagens com suas imagens particulares*", fundamentando-se na própria história pessoal e na íntima familiaridade com a *terrae cognitae* de cada um. A partir daí, imagens, impressões, idéias, intenções e significados respectivos ao meio ambiente são construídos tendo seus fundamentos na experiência pessoal, no aprendizado, na imaginação e na memória nos quais "*a paisagem em geral serve como um vasto sistema mnemônico para a retenção da história e ideais de um grupo*" (LYNCH *APUD* LOWENTHAL, 1985:140).

A percepção e a interpretação ambiental envolvem, portanto, visões particulares e únicas, em que toda informação é inspirada, editada e distorcida pelos sentimentos, sendo que todo o conhecimento é formado por objetividades e subjetividades delineadoras do mundo não somente com traços materiais e factuais impregnados de aridez, mas incorporando, simultaneamente, o colorido dos sentimentos que conduzem à verossimilhança, visto que esses níveis de conhecimento se encontram conectados de maneira inextrincável, seqüencial e interativa. Para Lowenthal (1985:137), "*as geografias memoráveis não são textos de compêndios, mas estudos interpretativos incorporando um acentuado ponto de vista pessoal. (...)*".

Em contexto mais amplo e profundo, o conceito de interpretação ambiental não deve se restringir a um dimensionamento de estudos do meio e à experiência direta de paisagem, mas abarcar também as várias dimensões da paisagem e os modos indiretos das experiências e vivências ambientais, através dos vários tipos de representações, pois expressa relações dialógicas, numa teia de relacionamentos interativos, revelando que os processos perceptivos, interpretativos e representativos são tão complexos quanto a própria natureza humana, além de marcados e fundamentados em dimensões e conexões significativas e contínuas – individuais e coletivas – que envolvem a geograficidade, a historicidade, as tradições, o imaginário, o mítico, o simbólico (DARDEL, 1952; LOWENTHAL, 1961; TUAN, 1974; 1977; SIMMONS, 1993; GUIMARÃES, 1997; 2004).

Nesse sentido, pessoas e meio ambiente encontram-se em interações permanentes, em que a percepção e a interpretação são processos que se desenvolvem a partir das concretudes e sensibilidades da paisagem exterior e interior e também pela geração e construção de símbolos e imagens que mesclam espaços e lugares, sentimentos e emoções, determinando relações de territorialidades, identidades e alteridades originais.

A cada nova experiência, o meio ambiente passa a ser percebido por intermédio de renovadas leituras, traduzindo códigos simbólicos diferenciados, tanto nas dimensões espácio-temporal quanto na cultural, trazendo à luz identidade especial e única, visibilidade firmada mediante imagens paisagísticas indeléveis, no conjunto dos significados das reações vivenciadas, tornando-se ícones de todas as realidades objetiva (manifestada) e subjetiva (manifestante) (TUAN, 1983:134; LIMA, 1997). Entre a paisagem existente e a paisagem desejada, entre a concreta e a vivida, se estabelece uma multiplicidade de percepções, interpretações e representações, propiciando a gênese de intermináveis diálogos entre os seres humanos e suas paisagens...

Nesta ótica, perceber, interpretar e representar o meio ambiente também se torna lições de descoberta, de conhecimento, construção, revelação, ressignificação da paisagem vivida, desestabilizando antigos níveis de cognição, estimulando outras experiências, sentimentos, emoções, saberes; descobrindo outros ângulos da realidade ambiental, seja em relação ao *espaço vivido*, seja em relação à individualidade e visibilidade dos espaços e lugares: nossos refúgios externos e internos adaptados, construídos ou destruídos de acordo com a nossa própria seleção de estratégias de vida.

Dardel (1952:41), a propósito do sentido dessa totalidade e do *continuum* de suas transformações, afirma: "*le paysage est um ensemble: une convergence, um moment vècu. Um lien interne, une 'impression', unit tous les elements*". Paisagens exteriores interiorizadas para sempre, em que codificamos nossas realidades através de uma arquitetura de geossímbolos, que à semelhança de cápsulas envolvem e resguardam as histórias por nós vivenciadas, abrigando marcos resistentes e simbólicos (BUENO,

1994). Esses marcos, ao se constituírem em importantes referenciais para os processos de memória e imagética, bem como de valoração ambiental e de identificação paisagística, expressam a conservação e manutenção das formas, equilíbrios, energias, integridade de uma paisagem, como se pudéssemos resgatar um diálogo e uma relação harmônica entre nós e a Terra (GUIMARÃES, 2002; 2004).

"SONGLINES": "O CANTO É O ITINERÁRIO, O ITINERÁRIO É O CANTO"...

Constantino (2003:89-90), ao se enveredar pelas trilhas das caminhadas sonoras (*soundwalks*), onde são destacados os aspectos da percepção auditiva imediata e da evocação de memórias a partir dos sons de uma paisagem, apresenta-nos um excerto de pesquisadores sobre a relação entre uma comunidade tradicional de aborígenes australianos e seus lugares, numa expressão sensível da importância do significado dos estudos de interpretação paisagística para a compreensão do meio ambiente e das relações de alteridade e reciprocidades implicadas. Assim, a autora nos conduz, através das trilhas das dimensões do imaginário/concreto, a breve viagem à Austrália, inspirada pelos relatos do escritor, jornalista e arqueólogo Bruce Chatwin:

> *Na manhã do primeiro dia, o sol nasceu e sob o efeito de seu calor os ancestrais se revelaram, libertando-se da terra (...) aumentaram em número e começaram a andar (...) caminhando eles criavam, cantando todas as coisas da terra. Depois voltaram ao submundo deixando cantos-rastros que foram herdados pelos membros de seu clã. A Austrália é, assim, coberta de rastros sonoros que compõem verdadeira partitura musical. Esses rastros são invisíveis para os estranhos. Há pontos de referências: uma rocha, uma colina, uma fonte (...) que são locais sagrados ligados a episódios mitológicos. O canto conduz de lugar a lugar, medindo distâncias. O canto é o itinerário, o itinerário é o canto* (CONSTANTINO, 2003:89).

Na narrativa da autora (2003), temos que esses rastros sonoros são denominados por Chatwin de "*Songlines*", e, conforme a autora, "*se levarmos um aborígene, de carro, ao longo de uma* songline, *ele orientará o percurso, recitando em voz baixa o canto-poema do lugar, mas é preciso dirigir devagar porque os cantos correspondem à velocidade de marcha a pé*" (CONSTANTINO, 2003:90).

Inspirados nesse relato podemos inferir que as trilhas interpretativas de caráter lúdico-pedagógico, as trilhas cênicas, recreativas, e as vivências na Natureza, tanto como meio de interpretação ambiental quanto de experiências de sensibilização – destacando-se aqui os valores de contemplação paisagística –, ainda podem permitir que ouçamos tanto as *"songlines"* de nossas paisagens como aquelas de outras pessoas que compartilham esses mesmos espaços e lugares, em intersecções nem sempre percebidas e compreendidas. Apresentando realidades ambientais distintas, pois também dizem respeito a experiências de percursos, de viagens, de descobertas (e quase sempre de redescobertas!), nas quais buscamos as marcas referenciais de paisagens naturais, culturais e ecléticas, através de nossos campos de movimentos, campos perceptivos, campos de visibilidade e campos de significação, diálogos e intencionalidades, se mostram como espaços onde construímos os referenciais paisagísticos de nossas próprias histórias de vida: paisagens exteriores e interiores, paisagens da mente e do coração...

Quando pensamos em trilhas interpretativas, cênicas e vivências na Natureza, necessitamos ampliar nossos horizontes sobre as possibilidades de percepção e interpretação do meio ambiente, destacando procedimentos criativos e envolventes, considerando-se a natureza dessas atividades – educativa, recreativa, contemplativa, sensibilizadora. A mescla de aspectos lúdicos e educativos reveste-se de sentido especial nesses casos, ao amalgamar curiosidade, imaginação, variedade de estímulos sensoriais, heterogeneidade de aspectos paisagísticos, informações temáticas, companheirismo, descobertas e redescobertas associadas à paisagem exterior e interior, funcionando como fator de integração, de adaptação, de tomada de consciência em relação ao meio ambiente e ao próprio ser humano, como parte integrante de seu entorno. Desse modo, o desenvolvimento desses processos se faz mediante uma educação através de valores, de identificação com a paisagem, em que são enfocados aspectos relativos ao *sentir-se e ser parte*, envolvendo atividades cooperativas, proporcionando multiestimulação da acuidade perceptiva e possibilidades de novas formas de integração e adaptação psicológica e ambiental.

A avaliação dos resultados e a análise das discussões sobre essas atividades nos revelam informações e dados qualitativos valiosos sob os aspectos da experiência ambiental e sensibilização, bem como dos processos cognitivos, perceptivos e afetivos, além de permitirem novas experiências ambientais exploratórias, desestabilizando construtivamente bagagens experienciais, níveis de conhecimento e informações anteriores, que muitas vezes apresentam incongruências e distorções relacionadas à apreensão das realidades ambientais, além da sensibilização, no sentido conservacionista (LIMA, 1998; GUIMARÃES, 2001).

Desse modo, vemos as trilhas interpretativas e cênicas (trilhas de longo percurso), bem como as vivências na Natureza, como exemplos de atividades formativas e informativas que provocam novos processos de adaptação e assimilação relativos ao desenvolvimento de experiências e conhecimentos relacionados ao meio ambiente, através de ações pró-ativas, respostas criativas, associação com outros significados, reorganização dos conteúdos experienciais, tornando nossos níveis perceptivos e interpretativos mais complexos, ao propiciarem o restabelecimento de um estado de receptividade completa a partir da experiência direta e indireta com o entorno.

Ao percorrermos uma trilha interpretativa, viajarmos pelos cenários de trilhas de longos percursos ou, ainda, participarmos de uma vivência ambiental, descobrimos nossas limitações e possibilidades, mas também *"descobrimos relações de coincidências e de complementaridades solidárias entre e com outros grupos humanos: aprendemos a perceber, experienciar e interpretar realidades da realidade, vivenciar paisagens na paisagem"* (GUIMARÃES, 2003:49).

Desse modo, as experiências ambientais imediatas tornam-se chaves para a compreensão e apreensão da paisagem como *mundo vivido* (BUTTIMER, 1985), em que traçamos nossas trilhas interiores e exteriores, conhecidas e reconhecidas, interpretadas e reinterpretadas, por intermédio de cada nova experiência, considerando-se todas as dimensões do meio ambiente – biosfera, tecnosfera e psicosfera (LIMA, 1998; GUIMARÃES, 2004).

Para tanto é necessário criarmos percursos e atalhos, estabelecermos itinerários, marcarmos pontos de referências, visando a uma trilha que, através da percepção e da interpretação, nos sensibilize a respeito da multiplicidade de aspectos que podemos experienciar na paisagem cotidiana, concernentes a outras realidades ambientais, além daqueles já conhecidos e vivenciados por nós. Assim, podemos mapear diversos trânsitos interativos, envolvendo dimensões naturais e culturais e códigos simbólicos impregnados de memórias, estimulados pela riqueza existente na pluralidade das percepções e interpretações humanas e na heterogeneidade de suas paisagens exteriores e interiores.

Assim, podemos entender as trilhas como um diálogo sobre o dinamismo de *mundo vivido*, fundamentados na reflexão de Buttimer (1985:168-185), que sob uma perspectiva geográfica fenomenológica considera-o *"substrato latente da experiência"*, apresentando:

1. *idéia corpo/sujeito*, em que são destacadas as relações diretas entre o corpo humano e seu mundo; a integridade da experiência;

2. *idéia da intersubjetividade*, ou seja, a busca da construção de um diálogo entre a pessoa e o meio ambiente, destacando-se os *aspectos relacionados à herança sócio-cultural e o papel assumido no mundo vivido de cada dia;*

3. *a idéia dos ritmos têmporo-espaciais, perspectiva que pode levar à compreensão da integridade dinâmica da experiência diária de mundo vivido.*

Tecendo reflexão sobre as experiências ambientais vivenciadas durante o percurso de trilhas interpretativas ou cênicas, podemos considerar que os modos de experienciar, perceber e interpretar as paisagens do nosso entorno e interiorizá-las são aprendizados sensíveis, dirigidos ou incidentais, que ampliam horizontes, saberes, possibilidades de intercâmbios, partilhas, entre outros aspectos. Ao se constituírem em vivências proporcionadas por descobertas ambientais, revelam caminhos de sensibilidades, imaginação, espiritualidade, mediante o reencontro de valores, a permanência e a compreensão de elementos simbólicos, refletidos nas percepções, interpretações e representações de uma paisagem.

Nessa visão, as paisagens poderiam ser consideradas como repositórios de experiências ambientais, imprimindo significados para a própria vida, ao permitirem vislumbrar nossos lugares como *"centros de significados e intenções"* (RELPH, 1976). Incitando-nos a prosseguir nossos percursos, estimulam-nos a descobrir seus recantos e atalhos, além de nos conduzir à decifração de seus signos e à elaboração de códigos simbólicos particulares, propiciando ainda viagens singulares ao encontro de nós mesmos e dos outros.

Com base no exposto e nas experiências desenvolvidas durante estes vinte anos, podemos afirmar que os vários estudos e pesquisas interdisciplinares vinculados às trilhas – sejam estas educativas ou recreativas – contribuem de modo relevante no sentido de subsidiarem diretrizes de políticas públicas e planejamento integrado no campo da gestão e da análise ambiental, levando-nos a aprendizados concernentes aos diferentes aspectos e dimensões das paisagens e do meio ambiente envolvidos.

Sob esses olhares, os objetivos de uma trilha podem ser desdobrados em vários pontos referentes à experiência, percepção e interpretação ambiental, mas o objetivo principal de todos eles é a redescoberta do significado e do valor da interação entre o ser humano e suas paisagens. Somente assim entenderemos os valores concernentes à sensibilização e conscientização relacionados à proteção ambiental, em razão do desenvolvimento de compreensão versátil do entorno, muito além das descrições de conexões causais, em que poderemos identificar integralidades e contemplar a paisagem sob uma visão especial, com um novo pensamento e sentimento sobre as realidades ambientais percebidas, interpretadas e valoradas, mediante a multiplicidade de olhares das diferentes comunidades humanas.

REFERÊNCIAS

APPLETON, J. *The experience of landscape*. New York: John Wiley & Sons, 1975.

BUENO, A. S. *Vísceras da memória*: uma leitura da obra de Pedro Nava. 1994. Tese (Doutorado em Literatura Comparada) – Faculdade de Letras, Universidade Federal de Minas Gerais, Belo Horizonte.

BURLE-MARX, R. Ecologia e paisagismo. *Inter-Fácies*: escritos e documentos/56, São José do Rio Preto: UNESP, 1981.

BURLE-MARX, R. Recursos paisagísticos do Brasil. In: SUPREN. • *Recursos naturais, meio ambiente e poluição*. Rio de Janeiro: IBGE, 1977. p. 39-46.

BUTTIMER, A. Apreendendo o dinamismo do mundo vivido. In: CHRISTOFOLETTI, A. *Perspectivas da geografia*. São Paulo: DIFEL, 1985a. p. 165-193.

BUTTIMER, A. Hogar, campo de movimiento y sentido del lugar. In: Ramón, M. D. G. (Org.). *Teoria y metodo en la geografia anglosajona*. Barcelona: Ariel Geografia, 1985b. p. 227-241.

BUTTIMER, A.; SEAMON, D. (Ed.). *The human experience of space and place*. London: Croom Helm, 1980.

CONSTANTINO, R. M. *Uma ecologia para o som*: faces e interfaces na qualidade acústica de vida. 2003. 120 f. Dissertação (Mestrado em Geografia) – Centro de Ciências Exatas, Universidade Estadual de Londrina, Londrina.

CUSTÓDIO, H. B. Legislação ambiental e proteção da paisagem. *Economia, Legislação e Educação Ambiental/OLAM – Ciência & Tecnologia*, Rio Claro, v. 2, n. 1, p. 58-94, abr. 2002.

DANSEREAU, P. *Inscape and landscape*: the human perception of environment. New York: Columbia University Press, 1975.

DARDEL, E. *L'homme et la Terre*: nature de la realité geographique. Paris: Presses Universitaires de France, 1952.

DUBOS, R. J. *Namorando a Terra*. São Paulo: EDUSP/Melhoramentos, 1981.

DUBOS, R. J. *Um animal tão humano*. São Paulo: Melhoramentos/EDUSP, 1974.

FORMAN, R.; GODRON, M. *Landscape ecology*. New York: John Wiley & Sons, 1986.

FRÉMONT, A. *A região, espaço vivido*. Coimbra: Almedina, 1980.

GODKIN, M. A. Identidad y lugar: aplicaciones clínicas basadas en las nociones de arraigo y desarrollo, In: RAMÓN, M. D. G. (Org.). *Teoria y metodo en la geografia anglosajona*. Barcelona: Ariel Geografia, 1985. p. 242-253.

GONZÁLEZ BERNÁLDEZ, F. *Ecología y paisaje*. Madrid: Blume, 1981.

GUIGO, M. et al. *Gestion de l'environnement et études d'impact*. Paris: Masson, 1991.

GUIMARÃES, S. T. L.; DACANAL, C. Arquitetar para viver. Educar para conservar: faces da qualidade ambiental e da qualidade de vida na conservação do meio ambiente. *CLIMEP – Climatologia e Estudos da Paisagem*, Rio Claro, v. 1, p. 20-39, 2006.

GUIMARÃES, S. T. L. Planejamento e proteção dos recursos paisagísticos: aspectos relacionados à cognição, percepção e interpretação da paisagem. *OLAM – Ciência & Tecnologia*, Rio Claro, v. 5, n. 1, p. 202-219, maio 2005a.

GUIMARÃES, S. T. L. Nas trilhas da qualidade: algumas idéias, visões e conceitos sobre qualidade ambiental e de vida... *Revista GEOSUL*, UFSC, Florianópolis, n. 40, p. 7-26, jul.-dez. 2005b.

GUIMARÃES, S. T. L. Dimensões da percepção e interpretação do meio ambiente: vislumbres e sensibilidades das vivências na natureza. *OLAM – Ciência & Tecnologia*, Rio Claro, v. 5, n. 1, p. 202-219, maio 2004.

GUIMARÃES, S. T. L. Paisagens e ciganos: uma reflexão sobre paisagens de medo, topofilia e topofobia. In: ALMEIDA, M. G.; RATTS, A. J. P. *Geografia*: leituras culturais. Goiânia: Alternativa, 2003. p. 49-69.

GUIMARÃES, S. T. L. Reflexões a respeito da paisagem vivida, topofilia e topofobia à luz dos estudos sobre a experiência, percepção e interpretação ambiental. *GEOSUL*, Florianópolis, ISSN 0103-3964, v. 17, n. 33, p. 117-141, jan-jun. 2002.

GUIMARÃES, S. T. L. Percepción ambiental: un camino para conocer y reconstruir el paisaje vivido. In: WAISMAN, L.; SHOCRON, M. *EducarNos*: nuevas propuestas para la educación y la convivencia. Buenos Aires: Lugar Editorial, 2001. p. 184-190.

KLUCKHOHN, C. The scientific study of values and contemporary civilization. *Proceedings of the American Philosophical Society*, Philadelphia, v. 102, p. 469-476, 1958.

LIBÓRIO, M. G. C. A paisagem e sua proteção legal no Brasil. *Cadernos Paisagem, Paisagens 3*, Rio Claro: UNESP, p. 61-69, 1998.

LIMA, S. T. Trilhas interpretativas: a aventura de conhecer a paisagem. *Cadernos Paisagem, Paisagens 3*, Rio Claro: UNESP, 1998, p. 39-44.

LIMA, S. T. Ecoturismo: percepção, valores e conservação da paisagem. *Caderno de Geografia*, Belo Horizonte: PUC, p.57-62, fev. 1998.

LIMA, S. T. *Paisagens & ciganos*. 1996. Tese (Doutorado em Geografia) – Instituto de Geociências e Ciências Exatas, Universidade Estadual Paulista, Rio Claro, SP.

LOWENTHAL, D. Geografia, experiência e imaginação: em direção a uma epistemologia geográfica. In: CHRISTOFOLETTI, A. *Perspectivas da geografia*. São Paulo: DIFEL, 1985.

LUCIO, J. V. La diversidad paisajística. In: BENAYAS DEL ÁLAMO, J. et al. *Viviendo el paisaje*: guía didáctica para interpretar y actuar sobre el paisaje. Madrid: Fundación NatWest, 1994. p. 27-36.

MEINING, D. W. (Ed.). *The interpretation of ordinary landscapes*: geographical essay's. Oxford: Oxford University Press, 1979.

NAVEH, Z.; LIEBERMAN, A. *Ecology of landscapes*: theory and application. New York: Springer-Verlag, 1994.

RELPH, E. *Rational landscapes and humanistic geography*. London: Croom Helm, 1981.

RELPH, E. As bases fenomenológicas da geografia. *Geografia*, Rio Claro, v. 7, p. 1-25, 1979.

RELPH, E. *Place and placelessness*. London: Pion, 1976.

ROUGERIE, G.; BEROUTCHACHVILI, N. *Géosystemes et paysages*: bilan et methodes. Paris: Armand Colin, 1991.

SEIBERT, P. Seminário Manejo da Paisagem e Mapeamento da Vegetação/Parque Estadual de Campos do Jordão, Instituto Florestal de São Paulo. *Publicação I.F.*, São Paulo, n. 5, jan. 1978.

SIMMONS, I. G. *Interpreting nature*: cultural constructions of the environment. London: Routledge, 1993.

SIMMONS, I. G. *Ecologia de los recursos naturales*. Barcelona: Omega, 1982.

TUAN, Y.-F. Attitudes toward environment: themes and approaches. In: LOWENTHAL, D. (Ed.). *Environmental perception and behavior*. Chicago: University of Chicago, 1967. p. 4-17.

TUAN, Y.-F. Geography, phenomenology and the study of human nature. *Canadian Geographer*, n. 3, v. 15, p. 181-192, 1971b.

TUAN, Y.-F. *Landscape of fear*. Oxford: Basil Blackwell, 1979.

TUAN, Y.-F. *Segmented worlds and self*: group life and individual consciousness. Minneapolis: University of Minnesota, 1984.

TUAN, Y.-F. *Space and place*: the perspective of experience. Minneapolis: University of Minnesota, 1977.

TUAN, Y.-F. *Topophilia*: a study of environmental perception, attitudes, values. New York: Prentice-Hall, 1974.

UNESCO. *Expert panel on project 13*: perception of environmental quality. Final Report. Programme on Man and the Biosphere (MAB). Paris: UNESCO, 1973.

WAGSTAFF, J. M. (Ed.). *Landscape & culture*: geographical and archaecological perspectives. New York: Basil Blackwell, 1987.

WHYTE, A. V. T. *Guidelines for fields studies in environmental perception*: MAB. Technical Notes 5. Paris: UNESCO, 1977.

5

Trilhas na Natureza e Sensibilização Ambiental

Zysman Neiman & Andréa Rabinovici

"A aventura que tende a descobrir o mundo descobre, ao mesmo tempo, a intimidade humana. Tudo que é profundo no mundo e no homem tem o mesmo poder de revelação. A viagem é reveladora do viajante."

Bachelard, 1986:110

O Contato com o "Outro" como Motivador do Ecoturismo

A tomada de consciência sobre a degradação ambiental detonou, no final do século XX, reflexão sobre a lógica econômica e o equilíbrio planetário que condiciona a sobrevivência da humanidade. No bojo das transformações que o ambientalismo e demais movimentos sociais buscarão, o ecoturismo desponta como fenômeno social, cultural e econômico.

A sociedade contemporânea, como se encontra organizada, é quase sempre carente do contato direto com a natureza. É privada, portanto, das oportunidades de vivências pessoais e de crescimento espiritual decorrentes dessa ligação. Esse contato direto oferece a possibilidade de experimentarmos "velhas emoções" e resgatarmos sentimentos pessoais que foram esquecidos no processo de "desenvolvimento" da nossa sociedade. O crescimento no número de visitas às áreas naturais nos últimos anos vem nos mostrar que, tal como das artes, precisamos do contato com a natureza selvagem, com a nossa fonte de vida. O alerta para a provável escassez de bens naturais despertou os indivíduos adormecidos às questões ambientais, que mais que depressa se viram "obrigados a conhecer" esses atrativos antes que se esgotem. Isso transformou as paisagens em cenários e seres em "produtos" e atraiu mercados.

O ecoturismo iniciou-se como atividade econômica no Brasil em meados da década de 1980, e desde então tem crescido em todas as regiões do país nas quais há belas paisagens naturais e onde os aspectos tradicionais da cultura são marcantes, sendo possível encontrar nessas localidades agências, hotéis e pousadas que oferecem pacotes ecoturísticos.

A definição do ecoturismo prevê que os indivíduos possam entrar em contato com as áreas naturais garantindo a sua sustentabilidade econômica e ecológica, incluindo-se aí suas populações locais que assumem a responsabilidade de cuidar e, através de sua cultura, integrar-se a essas áreas de modo a preservar seu equilíbrio.

O ecoturismo é hoje uma atividade que, para os ecoturistas, funciona como instrumento de aproximação entre o ser humano e o meio ambiente selvagem, principalmente em Unidades de Conservação, incorporando alguns pressupostos, como o questionamento de valores, a aprendizagem através da experiência e a promoção da busca de reformulações para os aspectos indesejáveis da vida cotidiana. É, portanto, atividade educativa, pressupondo integração, interação, interconexão e indeterminação, segundo esboço sobre Educação Ambiental de Brandão (2005). Pode-se aproveitar a situação de contato para incorporarmos a importância da conservação da natureza e das culturas locais, de forma agradável e bem contextualizada. Numa viagem de ecoturismo deve-se refletir sobre o que é de fato necessidade, segurança, conforto ou o que é supérfluo, apontando para uma reformulação da questão da individualidade/individualismo nos processos coletivos. O ambiente natural precisa deixar de ter apenas valor utilitário ou comercial e passar a ter valor existencial. Se ele precisa existir para que eu também exista, devo ter cuidado com ele sem esperar algo em troca, simplesmente por uma questão ética, inerente ao ser humano.

A busca do "eu interior", da beleza, da estética, do diferente e do primitivo é uma constante nos discursos e nas falas dos praticantes do ecoturismo, mas essa pretensão não afasta um sentimento essencialmente egocêntrico. Crer na existência de espaços naturais como mero pré-requisito para sua existência não o diferencia daqueles para os quais a natureza é fonte de exploração e o mantém tão insensível quanto.

A criação de Unidades de Conservação está atrelada a essa lógica utilitarista, atribuindo à biodiversidade valor econômico para a criação de novos remédios, matérias-primas e até novos alimentos, inclusive tornando-a moeda corrente, como vemos hoje com o advento do conceito dos sumidouros de carbono, entre outros. Além de ser subjetiva a escolha das áreas, há que se lembrar que toda a discussão sobre o que é prioritário, e sob quais pontos de vista, é sempre carregada de subjetividades e ideologias. Toda área preservada é invenção humana, inclusive sua imaculabilidade (DIEGUES, 1996).

O ecoturismo deve rever esses paradigmas da sociedade contemporânea e compreender que, sendo atividade educativa, deve estar embasada em postura participativa de integração, com alto envolvimento afetivo, que proporcione vivências únicas aos educandos (são eles, concomitantemente, os ecoturistas, as comunidades locais e os profissionais envolvidos no processo), para que, dessa forma, possa iniciar processos de transformação.

Apesar de aparentemente utópico, é possível consolidar esses novos conceitos e realizar experiências gratificantes, em que o visitante possa vivenciar a desfragmentação de seu universo e interagir com a natureza de modo íntegro, puro, realmente natural,[1] sentir-se agente ativo da mudança e tornar-se multiplicador desse espírito. Se o ecoturismo proporcionar contato não superficial com áreas naturais, haverá a possibilidade de seus praticantes se integrarem ao ritmo natural das coisas, incluírem-se nesse processo e descobrirem-se como agentes receptivos de emoções.

O que dizer do contato com os originais criadores das trilhas? Geralmente, as trilhas utilizadas pelos ecoturistas foram criadas pelas comunidades. Conforme Brandão (1999), essas trilhas eram caminhos, chamados por algumas comunidades de "trilhos", que, percorridos diariamente para fins de sobrevivência, como a caça ou a extração de produtos da floresta, obedeciam a lógicas completamente diversas das atuais e que merecem ser conhecidas dos turistas para a compreensão das várias dimensões das paisagens, para eles "turísticas" e muitas vezes desassociadas do significado de quem criou e muitas vezes conservou o lugar.

> "(...) os nossos significados sobre eles são desiguais, porque o que vivemos ali é oposto. Por isso nem mesmo os nossos sentimentos podem ser os mesmos (...) os lugares de minha contemplação prazerosa e do meu passeio são os locais de seu trabalho sempre árduo, mesmo quando poetizado pelos que não o conhecem de dentro, vivido com os braços. São as trilhas de seus trajetos, nunca um passeio, entre um ponto e outro da geografia que a vida camponesa mapeia muito mais como referentes do exercício penoso sobre a natureza, do que como cenários de deleite provindos dos exageros dela" (BRANDÃO, 1999:34).

O que dizer de experiências de ecoturistas provindos de diferentes localidades e culturas? Mesmo buscando as mesmas coisas, como e em que moldes se relacionam internamente com a natureza? São perguntas ainda não estudadas e que deveriam ser feitas aos que estão em busca de experiências de resgate da relação ser humano e natureza e que, provavelmente, obteriam respostas bastante

---

1. Sempre questionando qual é o modo realmente natural? Contrariamente aos ecoturistas, para muitas sociedades, especialmente os camponeses, vencer e organizar respeitosamente a floresta é o natural, é o desafio constante, transformar a mata inútil em fertilidade, a maior e mais importante tarefa humana, sentenciada por Deus.

heterogêneas e individualizadas, mesmo no interior de culturas similares, mas que, provavelmente, obedecem a certos padrões.

Pensando, porém, em um "típico" ecoturista, para o qual se formatam produtos padronizados, as iniciativas empresariais brasileiras voltadas para a organização e execução do ecoturismo vêm se estruturando a partir de outro paradigma e possuem hoje caráter essencialmente empresarial. Funcionam dentro da lógica do mercado, que prioriza os aspectos voltados à prestação de serviços e ao retorno econômico em detrimento dos conservacionistas e educativos de revalorização do natural. Supõem que o simples contato com a natureza seja suficiente para mudar o comportamento do turista perante o meio ambiente.

Os principais problemas na prática das atividades ecoturísticas são: a reduzida e pontual compreensão e incorporação da Educação Ambiental (e qual Educação Ambiental?); a falta de planejamento integrado e participativo que vise a seu desenvolvimento sustentável na maioria dos destinos (e com qual compreensão do desenvolvimento sustentável?); a falta de qualificação dos diferentes atores sociais envolvidos; a fragilidade cultural das comunidades receptivas perante as transformações promovidas pelo desenvolvimento econômico; a falta de sistemática e de processos de avaliação que possam contribuir para seu aprimoramento; e o baixo retorno das pesquisas e estudos acadêmicos para as comunidades envolvidas, gerando reais condições de emancipação das mesmas.

Nesse sentido, uma contribuição fundamental advinda do ecoturismo e da Educação Ambiental, conforme sugere Pacheco (2004), é o deslocamento do foco da problematização das dicotomias visitantes x comunidades locais, conservação x desenvolvimento, entre outras, para a ênfase na pluralidade e na dinâmica dessas interações, que, mesmo quando conflitantes, trariam a perspectiva de ressignificar o debate sob a ótica da sustentabilidade, reconhecendo as comunidades locais como atores da sustentabilidade, contribuindo, assim, com a superação da dicotomia natureza e sociedade, que vem sendo apontada pela Educação Ambiental como fundamental para a solução de graves problemas ambientais atuais. Saímos da "trilha" com a vontade de entrar na mata, descobrir o que nos une a ela e ao mundo natural e, como conseqüência provável, estaremos trilhando novos rumos no nosso cotidiano fragmentado e distante no qual a necessidade de interação é muito maior e urgente.

Para solucionar tais problemas seria necessário incorporar a transversalidade da questão ambiental nas instâncias públicas que trabalham o ecoturismo, meio ambiente e educação, entre outras, unificando ações no sentido da construção de políticas para seu desenvolvimento sustentável, e transformar a educação em um processo de formação integral dos envolvidos, preparando a comunidade para receber (ser gestora do processo) e se defender, no sentido de fortalecer sua estrutura social e cultural. Isso implica utilizar os espaços de debate sobre Educação Ambiental já implementados nas diversas instâncias da sociedade civil para a inserção das questões do turismo sustentável.

O setor copia os conceitos convencionais do turismo, em que o cliente "exige" infra-estrutura padronizada que lhe promove conforto similar ao que possui em seu dia-a-dia. Não há valorização das experiências autênticas de contato com o simples, com o rústico, mas simplesmente a imposição de roteiros nos quais a "convivência com a natureza" se dá com todo "conforto urbano". Tal prática padroniza a vivência, superficializa a percepção, anestesia a sensibilização e faz com que tudo se torne "fabricado", *souveniers* para o turista ver e comprar. Ao contrário, o turismo convencional é que ganharia ao incorporar os princípios do sustentável.

Vale lembrar que, sem respeitar seus três pressupostos básicos (benefícios às comunidades receptivas, conservação do ambiente natural e sócio-cultural e Educação Ambiental), nenhuma atividade pode ser considerada ecoturística. Todo ecoturista deveria ter comportamento coerente com os princípios básicos do ecoturismo, ou seja, respeitar a natureza, tentando entender como funciona o meio ambiente do local visitado sem destruí-lo; conhecer novas culturas e tradições das comunidades locais, sem distorcê-las.

Entretanto, com a atual tendência de "massificação" do ecoturismo, o que se tem percebido é um comportamento contrário. O ecoturista se preocupa em conhecer paraísos ecológicos, mas nem sempre em preservá-los. Muitas vezes, o visitante entra em contato com novas culturas das populações locais não para aprender com elas, mas sim a título de curiosidade, ou a fim de levar *souveniers* para casa. Isso sem falar na "exigência" de que os serviços prestados sejam "compatíveis" com sua condição de "turista urbano". Ou seja, o turista não busca as "diferenças", mas sim a "padronização".

Obviamente, o consumo é uma questão fundamental a ser colocada, e para essa reflexão partilharemos com Arantes (1993) a idéia de que no consumo estão práticas com experimentação de realidades que não são necessariamente parte da vida social tal como ela é, caracterizando-se como contraponto ou reforço ideológico das formas dominantes de diferenciação social, e também como tematização e experiência temporária de possibilidades imaginadas desejadas pelo "consumidor".

Sabendo que no ecoturismo não se pode generalizar as experiências e condutas dos turistas, reconhecendo que há diversidade interna à sua categoria, normalmente os mesmos buscam autenticidade nos atrativos. O que dizer dos interesses locais sobre os atrativos? Estes concentram símbolos sociais e culturais (não são meras mercadorias) e, assim, devem ser compreendidos, em casos especiais, até como patrimônios imateriais, como é o caso da Cachoeira de Iauaretê, no Alto Rio Negro (AM), que foi registrada no *Livro dos Lugares* do Programa Nacional do Patrimônio Imaterial, do Ministério da Cultura.[2]

As viagens (reais e as imaginadas) envolvem a superação ou negociação de limites psicológicos e a travessia de fronteiras políticas, a construção e reconstrução de territórios existenciais, então, questiona Camargo (1986), em vez de rotular as atitudes (dos turistas) de alienação e consumismo, não seria mais fácil compreender que há necessidades básicas materiais e não-materiais e que o sonho, a alegria fazem parte das necessidades? E o resgate do contato com a natureza? Com os semelhantes?

Os atrativos turísticos ora apresentam grande importância, ora pouca; muitas vezes são bem de consumo, inautêntico, noutras, busca pessoal, resgate. *"Interpretar o consumo como mero fenômeno econômico, como elemento agregado com a produção, é desprezar os fenômenos menos expressivos que entram em tensão com a racionalização, ou com as pretensões de racionalizar a vida social"* (BRUHNS, 2002:81):

> *"Na realidade somos marcados pelo nosso estilo de vida diário, adquirimos um bom número de hábitos, exigências e comportamentos dos quais não podemos nos livrar assim de súbito, quando saímos. Nós os levamos conosco, quer desejemos ou não"* (KRIPPENDORF, 2000:53).

Qual a missão dos planejadores do ecoturismo, então? O ideal do ecoturismo deveria ser a conscientização de seus praticantes de que por si só constitui atividade turística diferente e que, por isso, eles terão de abrir mão de alguns hábitos e "necessidades" em troca de novas experiências. É simplesmente questão de coerência: os lugares visitados apresentam realidade totalmente diferenciada e, se cada turista carregar ou exigir seu tipo de alimentação, seu tipo de acomodação, seu estilo de vida em geral, com o passar dos anos, esses locais não terão mais as características peculiares, tornando-se "lugares comuns", e não mais atrairão ecoturistas (se continuarem existindo).

---

2. O local, um trecho do rio Uaupés considerado sagrado pelos povos Tariano e Tukano, bem como por outras etnias que vivem em Iauaretê, passou a ser o nono patrimônio imaterial brasileiro, o primeiro a ser registrado no *Livro dos Lugares* – os demais patrimônios imateriais estão descritos nos *Livros dos Saberes, das Celebrações e das Formas de Expressão*.

A atividade ecoturística é fundamental como promotora de encontros de culturas diversas, propulsora de interações, fluxos de idéias que orientarão padrões e práticas culturais que, por sua vez, conferirão identidades diversas a pessoas e lugares, sendo assim poderosa estratégia de hibridação e heterogeneização contrária à padronização e homogeneização decorrentes da globalização econômica, com enormes perdas culturais.

Atualmente, a indústria de turismo e hotelaria vem sofrendo transformações em sua essência. A mudança de paradigma é global e envolve a transferência do enfoque puramente econômico para outro preocupado com a preservação do meio ambiente natural e social. Talvez aquela antiga frase "O cliente sempre tem razão" ou até mesmo a atual tendência dos meios de hospedagem em oferecer serviços de "alta qualidade", superando e antecipando os desejos e necessidades dos hóspedes, tenha aqui conotação diferente. O praticante de ecoturismo deve exigir essa mudança quando contrata serviços no setor. Só assim ele estará contribuindo para alterações nas organizações, levando-as a repensarem sua maneira de gestão, buscando minimizar os impactos ao meio ambiente por meio de novas alternativas sustentáveis e colocando freio ético às vertentes que sugerem a valoração ou a agregação de valores aos recursos e serviços ambientais, com compensações financeiras aos locais e indivíduos promotores da conservação, dentro da lógica desenvolvimentista.

A Infra-estrutura da Trilha e Sua Relação com a Experiência Vivida

O turismo sustentável necessita de planejamento e organização por parte dos órgãos gestores, além de constante supervisão para que este não se torne obsoleto ou, mais importante, predatório. Mesmo que tal atividade possa ter impactos sócio-econômicos produtivos, como geração de empregos e aumento de divisas para a região, ela pode, e quase sempre o faz, trazer impactos ambientais e culturais irreversíveis em razão do excesso de turistas e da falta de organização das atividades, assim como da ressignificação dos lugares.

No que se refere à implantação de trilhas na natureza, diversos trabalhos apontam (inclusive neste livro) a necessidade de planejamento e instalação de equipamentos que minimizem os impactos negativos da visitação. Degraus, corrimões, *decks*, sistemas de drenagem, entre outros, são interferências comuns nas trilhas mais bem planejadas.

Qualquer equipamento instalado em trilhas deve se preocupar com os princípios de conservação e ser sensível aos limites da natureza. Ainda hoje, infelizmente, muitas das instalações supostamente voltadas para o ecoturismo são grosseiras intromissões na paisagem. Essas instalações deveriam expressar as características peculiares da área, sendo os ecossistemas locais a fonte de inspiração para as formas. Espera-se que o resultado final do projeto, por toda a inserção local que ele deve ter, seja o retrato fiel da preocupação, compreensão e interação com o meio ambiente. O resultado é que cada equipamento de infra-estrutura em trilhas será tão único quanto o meio natural no qual está inserido. Pelo lado do visitante, a "arquitetura do ecoturismo" deve ser encarada também como veículo educativo, que amplie a consciência e a sensibilidade do ecoturista. Ao final de um ciclo, espera-se que a satisfação do turista em experimentar uma instalação discreta e de baixo impacto ambiental possa ser plena o suficiente para contribuir para a conservação e com o intercâmbio com o meio natural. Para o morador local, arquiteto original da maioria das trilhas, as mesmas devem ser compreendidas e negociadas, sem ferir o sentido que a comunidade, na atualidade, dá a ela nem os usos, muitas vezes conflitantes (isso se ainda têm acesso aos caminhos, muitas vezes vetados pela cobrança de ingressos e proibição dos usos originais).

Outro ponto de extrema importância para planejamento da trilha é sua capacidade de carga. O conceito de capacidade de carga é importante e fundamental para a proteção do ambiente e seus ecossistemas e para o desenvolvimento sustentável (vide Capítulo 9). Refere-se à utilização máxima de qualquer lugar sem efeitos negativos para os recursos, reduzindo a satisfação do visitante ou exercendo impactos adversos sobre a sociedade, a economia e a cultura local. O superdimensionamento do uso pode descaracterizar a trilha e sua proposta.

No entanto, o aspecto mais importante, normalmente negligenciado no planejamento dos equipamentos da triha, é sua interferência na percepção do visitante e na artificialização de sua experiência vivida, incluindo-se aí a pauperização ou até a privação de experiências espirituais que os ambientes naturais podem promover – neste campo, atrapalham as trilhas, os guias e todo o aparato do ecoturismo.

O meio ambiente é o lugar determinado ou percebido onde os elementos naturais e sociais estão em relações dinâmicas e em interação. Essas relações implicam processos de criação cultural e processos históricos e sociais de transformação do meio natural e construído.

Cada indivíduo tem uma percepção, psicologicamente falando, sendo esta individual, incomunicável e irreversível. Desse modo, a trilha interpretativa e as vivências na natureza são exemplos de atividades formativas e informativas que provocam novos processos de adaptação e assimilação relativos ao desenvolvimento de experiências e de conhecimento estruturado em relação ao meio ambiente, através de reações ativas, respostas criativas, reorganização e associação (união) com outros significados, tornando a percepção e a interpretação ambiental mais complexas, ao propiciarem o restabelecimento de um estado de receptividade completa a partir da experiência direta (DUBOS, 1974, APUD LIMA, 1998).

O contato com a natureza oferece grande oportunidade de enfrentar as emoções, as diferenças e os mistérios. Promove o resgate de sentimentos pessoais que foram esquecidos ao longo do processo de desenvolvimento da sociedade. Cria-se um ambiente humano mais confortável, seguro e adequado, mas a idéia de que o ser humano é o mais importante ser do planeta prevalece. Uma visita a espaços naturais, que reflita sobre essa lógica e a questione, transforma o tradicional comportamento indiferente do ecoturista. A contemplação ajuda a percepção dos ritmos e da essência da natureza, o que é raro de se poder fazer em ambientes urbanos. Usar a percepção sensorial, a consciência, a intuição e a elaboração dos sentimentos contribui para a determinação da relação que os visitantes têm com os outros, com o meio natural e com seu próprio mundo. A imaginação é pré-requisito da criação de qualquer construção humana, e qualquer construção reflete a imaginação e a inventividade de seu criador (HISSA, 2002).

A experiência de percorrer uma trilha pode permitir a reformulação da questão da individualidade/individualismo nos processos coletivos: essa experiência pode ser a melhor de todas para as pessoas se re-humanizarem. O espaço natural pode ser visto como necessidade vital sem o qual não se consegue evoluir. Assim, ele deixa de ter apenas valor utilitário e passa a ter valor existencial. Se ele precisa existir para que o ser humano também exista, deve-se ter cuidados com ele sem esperar algo em troca e criar nova perspectiva para atividades como o ecoturismo, diferente das existentes hoje (MENDONÇA E NEIMAN, 1999). A ligação afetiva, emotiva e espiritual leva a uma busca pessoal por espaços que proporcionem o bem-estar inerente a essas situações interativas.

As trilhas, diante dessa realidade, deveriam obrigatoriamente favorecer experiências educativas e de questionamento desses valores, por meio da sensibilização pelo contato dirigido e intensificado com os elementos da natureza, independente dos tipos de visão que o visitante já possua sobre as questões ambientais (vide Capítulo 3). O caminho para interpretar a realidade não deve estar desacompanhado do sonho, do desejo, da poesia, da expressão artística, senão ele será apenas um discurso desencantado (HISSA, 2002). As trilhas, portanto, devem estar planejadas e implementadas para atender a públicos diferentes e oferecer experiências mais integradoras no contato com a natureza. Essa experiência não é transferível. Ela é de tal amplitude que não se pode traduzi-la em palavras. Tornar-se-á mais rica ainda quando incorporar em seu percurso (do planejamento à prática ecoturística) os diversos olhares locais e dos visitantes sobre a mesma, assim como questionar as noções de função e de sentido das mesmas.

Luchiari (1999) afirma que o turismo submete a paisagem à sua espacialidade e, ao valorizá-la no uso do território, transforma e segrega formas e funções que, aos olhos do lugar, passam a ser grande espetáculo, com temporalidade alheia à local, com estruturas impermeáveis muitas vezes, isoladas por mecanismos de segurança, por tecnologias próprias e uma série de novos objetos, etc.

O contrário disso, a gestão social do lugar, poderia trazer sua ressignificação, fortalecer a organização da comunidade, ser ponto de partida e reação às forças do mercado, podendo até mesmo iniciar um processo de reterritorialização consentida por todos (LUCHIARI, 2002).

As trilhas e vivências devem ser como portais para aprendizados criativos e afetivos, em que a experiência ambiental relacionada a uma reflexão holística propicie descobertas que revelem caminhos de sensibilidades, da imaginação, da espiritualidade, conduzindo às vivências da paisagem mediante a recuperação e a revitalização de valores e sabedorias tradicionais, do resgate de imagens simbólicas, míticas, refletidos nas percepções, interpretações e representações da paisagem, tanto na dimensão coletiva quanto na individual (GUIMARÃES, 2004). Os equipamentos da trilha não devem privar ou comprometer esse contato direto. Mesmo que em determinados momentos estejamos "arriscando" causar algum impacto ambiental, às vezes ele pode ser usado como um "investimento" na educação das pessoas, sacrificado para que as mesmas se transformem, de modo a ampliar, em outros cantos, os cuidados com os ambientes naturais e transformados.

Caminhar por trilhas proporciona aos visitantes oportunidades de enfrentar dificuldades, superar limitações, conhecer melhor a si mesmos, seus corpos e suas emoções. As experiências do companheirismo e da solidariedade podem ser praticadas, sedimentadas, aprofundadas entre os participantes da mesma caminhada. Na trilha, os caminhantes enfrentam diferentes níveis de dificuldade, surpreendem-se com fenômenos diversos, compartilham sentimentos semelhantes. Confirmam sua própria existência pela percepção simultânea e comunicação com o outro. Os sentimentos de complementaridade, as posturas de solidariedade costumam brotar espontaneamente nessas atividades. Há enorme prazer em poder ajudar o outro. Compartilhar o lanche com quem não levou o suficiente, repartir a água de beber, surpreender o grupo com um quitute gostoso no meio da tarde, ajudar a carregar, expressar o que sabe e o que sente, dar a mão para ajudar a subir ou a descer, compartilhar as mesmas emoções, reconhecer o prazer daquela companhia (MENDONÇA E NEIMAN, 2002)

A percepção da interdependência e da complementaridade uns com os outros relembra aos caminhantes o fato de serem membros de uma grande teia, enorme e complexa em suas relações, desfazendo as hierarquias a que estão acostumados. Ao passarem por situações, as mais variadas, têm de aceitar as limitações de cada uma, submetendo-se às vicissitudes da natureza, e estarem abertos ao imprevisto, superarem suas barreiras e entrarem em contato direto com a água e com a terra (MENDONÇA e NEIMAN, 1999). Esse contato favorece a percepção de si mesmo de maneira clara e reforçada pelo exercício do corpo, que é nosso veículo para estar no mundo. O exercício do caminhar por trilhas imprevisíveis, cheias de surpresas e obstáculos leva à percepção consciente dos próprios movimentos e da respiração. Deixar-se levar por esses caminhos facilita até a percepção da própria movimentação da consciência, pela alternância entre os momentos de ruído e de silêncio, pela harmonia dos sons naturais (MENDONÇA E NEIMAN, 2002).

Pelo condicionamento cultural da sociedade humana, há a exigência de certo padrão de conforto e segurança nas trilhas; mas é preciso tomar cuidado para que isso não mascare, não encubra o medo do caminhante de experimentar outras possibilidades de sentimentos. É preciso que os planejadores de trilhas deixem de "preparar" os locais para receberem o visitante e passem a preparar o visitante, os planejadores e os operadores para conhecerem os locais. Como tudo dependerá da percepção do indivíduo, da maneira como ele registra o ambiente em que vive, é o restabelecimento dos vínculos ancestrais com o ambiente natural que favorecerá a conservação da natureza. Nessa direção, a criatividade e a inventividade devem compor o planejamento, de modo que possa fazer emergir do contato com os elementos naturais, estimulando os visitantes a conceberem seus espaços com lirismo, ciência, técnica e arte.

Percorrer uma trilha na natureza significa entrar em contato com um mundo não humano. Significa dar as costas, provisoriamente, para os espaços modificados, seja para o estabelecimento de cidades, seja para o desenvolvimento agrícola. Numa área natural conservada o olhar humano se descortina sobre seres, formas e cores inesperados; seu corpo percorre caminhos e se expõe a temperaturas e texturas diferentes – às vezes muito – do seu cotidiano (MENDONÇA E NEIMAN, 2002). "*O percurso de uma trilha interpretativa ou a experiência de uma vivência descortina as limitações e possibilidades dos caminhantes, que descobrem relações de coincidências e de complementaridades solidárias entre e com outros grupos humanos: aprendem a perceber, experienciar e interpretar realidades da realidade, vivenciar paisagens na paisagem*"

(GUIMARÃES, 2004:52). A infra-estrutura planejada para a trilha não pode artificializar essas possibilidades.

Intervenções muito marcantes na trilha podem impedir os caminhantes de ter suas vivências com o espaço. O planejamento e a implementação da trilha devem favorecer o surgimento de sentimentos e emoções, a partir do "espaço vivido", com o ambiente próximo, suas paisagens, lugares, proporcionando ao caminhante o conhecimento da sua realidade. Cada pausa estabelece uma localização como sendo significativa, transformando-a em lugar (TUAN, 1982). As experiências do sujeito com o espaço envolvem inicialmente a introspecção, as relações pessoais e afetivas.

"TRILHAS" PARA UMA NOVA ESPIRITUALIDADE

Trilhas de interpretação e sensibilização necessitam de técnica, ciência e arte para serem criadas, traçadas e trilhadas. *"São caminhos determinados que levam os visitantes a experienciar as paisagens sob outros contextos, conjunturas, despertando novas concepções: percepção e vivência cambiantes"* (LIMA, 1998:40). O próprio caminho adquire densidade de significado e estabilidade que são traços de lugar. O caminho e as pausas ao longo dele, juntos, constituem um lugar maior – o lar (TUAN, 1983).

Quando pensamos em trilhas interpretativas e em vivências na natureza, necessitamos ampliar nossos horizontes sobre as possibilidades de percepção e interpretação do meio ambiente, destacando procedimentos criativos e envolventes, considerando a natureza transdisciplinar dessas atividades (LIMA, 1998).

> *"A exploração e a descoberta de novas interações e inter-relações ecológicas e psicológicas durante o percurso de uma trilha, tanto em ambientes naturais como construídos, através da interpretação, envolve as formas de conhecê-los através de sensações, informações, narrativas, evocações, usos, significados, associações. Conhecimento e re-conhecimento de uma paisagem – aprendizados, descobertas, aventuras, lições de vida, reflexões, imagéticas, memoriais. Imersão e integração da paisagem das exterioridades às paisagens interiorizadas: estímulos sensíveis intrínsecos a uma experiência ambiental direta, profunda, intensa e, portanto, de significados e significâncias relevantes no contexto de nossas histórias de vida".* (LIMA, OP. CIT.:41).

Sob esses olhares, os objetivos de uma trilha podem ser desdobrados em vários pontos relacionados à experiência, percepção e interpretação ambiental, mas o objetivo principal de toda ela é o resgate do significado e do valor da interação pessoa/paisagem, pois somente assim podemos entender os valores relacionados à proteção e sensibilização ambiental.

De certa forma, a percepção da paisagem em uma trilha de interpretação é apenas uma breve amostragem de seqüências, processos, estruturas, sinergias e dinâmicas ambientais, porém, as experiências envolvidas traduzem vivências que propiciam compreensão mais profunda de nossas próprias percepções e interpretações ambientais, diante de tantos e tão diferenciados ecossistemas naturais e construídos, bem como de dimensões objetivas e subjetivas, relacionadas aos sentimentos de biofilia, topofilia e topofobia (GUIMARÃES, 2004).

A busca por pensamento responsável, que visa à consciência ambiental, é fator fundamental para a manutenção da qualidade de vida desta e das futuras gerações. A Educação Ambiental através da sensibilização nas trilhas pode ser o início da ampliação da percepção de que os atos da humanidade afetam diretamente o meio ambiente e da importância da preservação do mesmo. Portanto, a mudança de alguns comportamentos simples, nascidos de nova relação com o espaço natural, torna possível a melhoria da qualidade ambiental e, conseqüentemente, da qualidade de vida.

A sensibilização traz a proposta de transposição do enfoque racional na prática educativa e a busca de atingir a dimensão emotiva, espiritual, da pessoa humana na sua interação com a natureza. Através da imaginação, nossos mitos e nossas histórias tradicionais ganham liberdade e espaço. Sem ela, a sacralização da natureza e os manejos baseados em rituais mágicos jamais teriam sido possíveis. Assim, ela tem papel de grande importância na medida em que estimula a composição de imagens belas que superam a realidade restrita do percebido (BACHELARD, 1978). Trata-se, basicamente, da busca permanente por nova espiritualidade.

REFERÊNCIAS

ARANTES, A. A. Consumo e entretenimento: hipóteses para uma antropologia do tempo livre. *Cadernos do IFCH*, Campinas: UNICAMP, n. 27, 1993.

BACHELARD, G. *A poética do espaço*. São Paulo: Abril Cultural, 1978.

BACHELARD, G. *O direito de sonhar*. São Paulo: Difel, 1986.

BRANDÃO, C. R. O *afeto da terra*: imaginários, sensibilidades e motivações de relacionamentos com a natureza e o meio ambiente entre agricultores e criadores sitiantes do bairro dos Pretos, nas encostas paulistas da Serra da Mantiqueira, em Joanópolis. Campinas, SP: Unicamp, 1999. 175 p.

BRANDÃO, C. R. *As flores de abril*: movimentos sociais e educação ambiental. Campinas, SP: Autores Associados, 2005.

BRUHNS, H. T. Lazer e consumo: elementos para reflexão. In: BRUHNS H. T.; GUTIERREZ G. L. (Orgs.). *Enfoques contemporâneos do lúdico*: III Ciclo de Debates Lazer e Motricidade.

Campinas, SP: Autores Associados/Comissão de Pós-Graduação da Faculdade de Educação Física da UNICAMP, 2002. p. 81-95.

CAMARGO, L. O. de L. *O que é lazer.* São Paulo: Brasiliense, 1986.

DIEGUES, A. C. *O mito moderno da natureza intocada.* São Paulo: Hucitec, 1996.

GUIMARÃES, S. T. de L. Dimensões da percepção e interpretação do meio ambiente: vislumbres e sensibilidades das vivências na natureza. *OLAM – Ciência & Tecnologia,* Rio Claro, v. 4, n. 1, p. 46-64, abr. 2004.

HISSA, C. E. V. *A mobilidade das fronteiras:* inserções da geografia na crise da modernidade. Belo Horizonte: EdUFMG, 2002.

KRIPPENDORF, J. *Sociologia do turismo:* para uma nova compreensão das viagens. São Paulo: Aleph, 2000.

LIMA, S. T. Trilhas interpretativas: a aventura de conhecer a paisagem. *Cadernos do Encontro Interdisciplinar sobre o Estudo da Paisagem,* Rio Claro: UNESP, p. 39-43, 1998.

LUCHIARI, M. T. D. P. A mercantilização das paisagens naturais. In: BRUHNS H. T.; GUTIERREZ G. L. (Orgs.). *Enfoques contemporâneos do lúdico:* III Ciclo de Debates Lazer e Motricidade. Campinas, SP: Autores Associados/Comissão de Pós-Graduação da Faculdade de Educação Física da UNICAMP, 2002. p. 25-41.

LUCHIARI, M. T. D. P. *O lugar no mundo contemporâneo:* turismo e urbanização de Ubatuba/SP. 1999. 222 f. Tese (Doutorado) – IFCH, UNICAMP, Campinas.

MENDONÇA, R.; NEIMAN, Z. *À sombra das árvores:* transdisciplinaridade e educação ambiental em atividades extraclasse. São Paulo: Chronos, 2003. 127 p.

MENDONÇA, R.; NEIMAN, Z. Ecoturismo: discurso, desejo e realidade. In: NEIMAN, Z. (Org). *Meio ambiente, educação e ecoturismo.* Barueri: Manole, 2002. 190 p.

PACHECO, A. L. C. Comunidades receptoras locais e coomunidades de turistas: redimensionando responsabilidades para um turismo sustentável. *Boletim Técnico do SENAC,* v. 30, n. 1, jan.-abr. 2004.

TUAN, Y.-F. *Topofilia:* um estudo da percepção, atitudes e valores do meio ambiente. Tradução de Lívia de Oliveira. São Paulo: Difel, 1980.

TUAN, Y.-F. *Espaço e lugar:* a perspectiva da experiência. Tradução de Lívia de Oliveira. São Paulo: Difel, 1983.

Trilhas de Interpretação Ambiental como Ferramenta no Desenvolvimento da Educação Ambiental em Escolas

Anamaria Stranz, Paulo Fernando de Almeida Saul &
Theo Vieira Larratea

Em todos os documentos sobre Educação Ambiental (EA), salienta-se a necessidade de esta não ser considerada disciplina escolar autônoma, mas, sim, ensino interdisciplinar e transversal (Mayer, 1998). Dessa forma, a Educação Ambiental estimulou não só a introdução dessa interdisciplinaridade, como também iniciou discussões entre as diferentes áreas e, principalmente, suscitou o envolvimento dos diferentes pares em grupos de trabalho.

Essas mudanças dentro do ambiente escolar não foram consideradas superficiais, principalmente porque o que entrou em discussão não foi somente o conteúdo do aprendizado ou o que se deve transmitir e/ou conhecer, mas também o método de aprender/ensinar e seus motivos (Mayer, 1998).

Carvalho (2001) corrobora essa idéia ao comentar que educar e, principalmente, compreender tornam-se uma aventura na qual o sujeito e os sentidos do mundo vivido estão se constituindo mutuamente na dialética da compreensão/interpretação, pois não há ação possível num vácuo de sentido.

Em diversos países, os desenvolvimentos do conceito e dos objetivos da EA se baseiam na evolução da organização escolar, desde suas propostas de trabalho e de reformas curriculares até estruturais. Todas essas mudanças são uma tentativa de solucionar as dificuldades e as contradições que constantemente se têm encontrado na execução das atividades relacionadas ao tema.

A utilização da EA em escolas possibilitou aos alunos e professores nova visão dos problemas do meio ambiente, como também a colaboração com instituições externas envolvidas, dando lugar, desse modo, ao trabalho conjunto entre escola e empresa e entre escola e instituições acadêmicas (Mayer, 1998).

Isso significa que os objetivos da Educação Ambiental estão diretamente relacionados com mudanças de valores e de atitudes, as quais necessariamente devem passar reflexões a respeito da visão do ser humano sobre si mesmo, sobre seu ambiente e sobre as relações entre o ambiente humano construído e o ambiente natural (VASCONCELOS, 2003).

Pesquisas realizadas em trilhas com o objetivo de desenvolver a Educação Ambiental (FENSTERSEIFER, 2000; SCHARDONG, 2003; LEAL, 2003) ou a interpretação do ambiente (LIMA, 1998; GUIMARÃES, 2003; FILETTO ET AL., 2003) demonstram que parcerias entre instituições são fundamentais, seja entre universidades e escolas ou universidades e Unidades de Conservação. Esses exemplos descrevem o quanto as trilhas têm auxiliado no desenvolvimento da percepção humana, da valoração ambiental e de uma educação voltada à conservação cultural e paisagística.

Para Guimarães (2003), ao percorrermos uma trilha interpretativa ou experienciarmos uma vivência, descobrimos nossas limitações e possibilidades, mas também descobrimos relações de coincidências e de complementariedades solidárias entre e com os outros grupos humanos: aprendemos a perceber, experienciar e interpretar realidades, vivenciar paisagens na paisagem.

A classificação de trilhas pode basear-se em sua função e forma. No caso das trilhas de interpretação ambiental ela pode ser compreendida como um percurso feito geralmente a pé, por caminho já existente e previamente definido, em local que favoreça a observação dos mais variados aspectos do ambiente natural ou antrópico (SAUL ET AL., 2002). O objetivo primordial desse tipo de trilha é o de estimular nos participantes a percepção e a integração homem/natureza. Por meio dessas experiências, muitos indivíduos são levados a um reconhecimento de seus espaços vividos, graças à identificação de preferências, motivações e valores paisagísticos.

Além disso, esse tipo de trilha é excelente instrumento pedagógico, pois sua receptividade permite, principalmente a crianças e adolescentes, aproximar-se da realidade dos assuntos previamente estudados nas mais diversas áreas de conhecimento.

A trilha, quando bem planejada, suscita uma dinâmica de observação, reflexão e sensibilização subjetiva, além da diversificação de atividades. Pode, ainda, sugerir comportamento a ser adotado por seus participantes. Mas para que essa ferramenta tenha êxito, algumas regras básicas devem ser levadas em consideração no momento do seu planejamento. Deve-se levantar, principalmente, os aspectos relevantes à estruturação do trajeto quanto ao tempo do percurso, à distância e ao objetivo e a viabilidade de uma interpretação em que as informações necessárias estejam concisas e sejam transmitidas da forma mais completa possível.

Vasconcelos (2003) sugere ainda que se utilizem sete passos, que auxiliarão no bom planejamento, em que se tenta responder por quê, para quem, para quê, como, onde e quando, buscando sempre como finalização a avaliação dos resultados e a reformulação do programa (*feedback*).

Os principais tipos de trilhas de caráter educativo consistem em instrumentos pedagógicos e podem ser divididas em auto-interpretativas ou dirigidas/acompanhadas.

As trilhas auto-interpretativas são caminhos traçados em local natural, degradado ou não, com explicação sobre o meio ambiente. Quando bem elaboradas, conseguem promover o contato mais estreito entre o homem e a natureza, constituindo instrumento pedagógico muito importante.

As trilhas dirigidas ou acompanhadas têm seu percurso programado com explicações sobre a flora, a fauna e outros aspectos ambientais de interesse, sob orientação de guias especificamente preparados. Exigem preparação prévia muito mais completa e detalhada, se comparadas às trilhas auto-interpretativas (SAUL ET AL., 2002).

O objetivo deste capítulo é o de descrever as etapas para o desenvolvimento de uma trilha como um recurso didático em processos de ensino-aprendizagem que valorizem, principalmente, a investigação dos fenômenos naturais, além da necessidade de praticar a observação de forma sistemática à investigação científica.

Contudo, o desenvolvimento de tais habilidades só terá significado se forem levados em conta os princípios maiores da Educação Ambiental, que busquem a formação de consciência ambiental e a compreensão dos processos que determinam os problemas ambientais (SAUL ET AL., 2002).

CRIANDO A TRILHA

As trilhas interpretativas possibilitam observar vários aspectos ambientais e antrópicos, além de propiciar o contato com a natureza e favorecer a interação com diferentes ambientes (FENSTERSEIFER, 2000). Na tentativa de maximizar essas observações, são necessários alguns procedimentos básicos na organização de atividades, que, principalmente, aproveitem o recurso didático que as trilhas representam (SAUL ET AL., 2002). Os passos a seguir servem de guia para a criação e caracterização de uma trilha, seja ela em área natural ou antrópica.

Seleção e Caracterização da Região ou da Área

A identificação e a demarcação de uma trilha são realizadas a partir dos objetivos a serem alcançados e do tipo de observação que se pretende. A escolha e a caracterização devem partir de um contexto macro, como a região, passando pela área, até chegar à trilha propriamente dita (SAUL ET AL., 2002). Essa caracterização deverá abranger tanto os aspectos geográficos, ecológicos e antrópicos quanto os culturais.

Normalmente, as informações necessárias a esta etapa são encontradas na literatura científica e pela realização de visitas sistemáticas à área. A partir desse conhecimento são estabelecidos alguns critérios úteis na elaboração do trajeto, como avaliação dos impactos negativos e positivos; estudos sobre o aproveitamento de determinado caminho preexistente; definição do tipo de público; e escolha preliminar das estações ou bases de trabalho.

Levantamento das Possibilidades Ambientais, Antrópicas ou Culturais

A delimitação e a caracterização inicial de uma trilha não são suficientes. É preciso "vivenciar", "sentir" o conjunto de pequenas/grandes, simples/complexas interações que vão ocorrendo ao longo e no entorno de um caminho (SAUL ET AL., 2002). Identificações sobre a flora e a fauna, além de aspectos geológicos, geomorfológicos, hidrográficos e topográficos são de extrema importância para um bom resultado, e devem ter descrição rica e detalhada.

Escolhendo e Demarcando as Estações ou Bases de Trabalho

Estações ou bases de trabalho são locais previamente delimitados numa trilha, em conformidade com as informações obtidas através de sua caracterização, escolhidos por representarem aspectos significativos do ambiente, paisagem, ação humana e de outros seres vivos (SAUL ET AL., 2002). Essas estações possibilitam observação mais detalhada de determinados aspectos, chamando a atenção para detalhes nem sempre perceptíveis num primeiro momento. Ao contrário, dependendo do ponto onde se situam, facilitarão ampla observação da paisagem ou panorama de toda uma área.

Preparação das Atividades

Conforme os objetivos propostos, o tipo de público, suas habilidades prévias e motivações, elaboram-se atividades que poderão ser realizadas nas estações ou ao longo da trilha. É importante torná-las "investigativas", levando os participantes a fazerem avaliações preliminares do ambiente, tecerem considerações sobre o que vão descobrindo e buscarem causas e soluções para problemas ambientais detectados. As atividades podem ser de dois tipos:

a) *observação ampla*: feita ao longo da trilha, permite captar o ambiente local como um todo, composto por diversos elementos, não localizados em pontos específicos;

b) *observação restrita*: realizada nas estações ou bases de trabalho, envolve aspectos localizados, específicos do ambiente.

APLICAÇÃO DAS ATIVIDADES

Uma maneira de tornar a trilha mais aproveitável é, antes de seu uso com um grupo de alunos, testá-la previamente com um grupo de professores, para que desse modo as atividades possam ser organizadas da forma mais multidisciplinar. O trajeto deve ser percorrido em pequenos grupos (recomenda-se o máximo de oito integrantes) liderados por um monitor. Turmas maiores são divididas, dando-se um espaço de tempo entre a saída de um grupo e outro. As atividades, bem como o uso das estações, variam conforme a época do ano e com os objetivos propostos para cada grupo. Uma vez bem caracterizada e demarcada, uma trilha pode ser usada inúmeras vezes por diferentes grupos ou até pelos mesmos grupos, desde que os objetos de investigação e as atividades diferenciem-se semestralmente.

Deve-se sempre:

- ter em mente que a trilha é um principio, uma ferramenta, para o desenvolvimento de atividades, e nunca um fim;

- planejar segundo os objetivos do programa interpretativo e as características intrínsecas do local;

- escolher muito bem os temas a serem desenvolvidos: devem ter começo, meio e fim e não ser uma miscelânea de coisas isoladas;

- independente do tipo de trilha (guiada ou autoguiada), cuidar para que o tema de cada parada esteja relacionado com o tema geral da caminhada;

- utilizar a última parada como conclusão e/ou em futuras reflexões.

AVALIAÇÃO E FEEEDBACK

Mesmo testando as atividades, para cada grupo que percorre a trilha, esta é considerada uma nova experiência. O conjunto de vivências e descobertas feitas por esses grupos representa um acervo valioso sobre o ambiente estudado (SAUL *ET AL.*, 2002). Por isso, é fundamental que, à cada vez que o trajeto for realizado, o conjunto de atividades seja avaliado para estabelecer se os objetivos foram atingidos, de que forma e em que profundidade, quantitativa e qualitativamente. Com base nesses dados, é possível reformular e aprimorar o trabalho (SAUL *ET AL.*, 2002).

ATIVIDADES DE INTERPRETAÇÃO EM TRILHAS

As atividades de interpretação ambiental são elaboradas após todo o trabalho de caracterização da área e da trilha propriamente dita, além do estabelecimento das estações de trabalho. Essas atividades devem priorizar a investigação científica, envolvendo habilidades de formulação de hipóteses, levantamento e testes de deduções, observações, experimentação e conclusão.

Em alguns casos, uma aula expositiva prévia sobre a área a ser percorrida, seu ecossistema, sua fauna e flora, geomorfologia e ação humana, auxilia no desenvolvimento *in loco*.

EXEMPLOS DE ATIVIDADES

Para o início das atividades, os alunos têm de ser inseridos na paisagem que irão percorrer. Com esse objetivo, o quadro de referência (Figura 1) torna-se ferramenta útil, pois auxilia a observação do maior número possível de aspectos ambientais e antrópicos de forma pontual. Esse quadro é preenchido pelo grupo/indivíduo, e suas observações, por exemplo, poderão conter informações sobre a geomorfologia, fauna, flora e ações antrópicas. Esse quadro é extremamente flexível, prático e pode ser utilizado nas mais diversas atividades, quando se busca tanto a percepção ampla quanto a restrita.

Geomorfologia	Fauna	Flora	Antropização

Figura 1 Exemplo de um quadro de referência com os tópicos a serem observados pelos usuários da trilha.

IDENTIFICANDO O AMBIENTE

Objetivo: Identificar, ao longo de todo o percurso da trilha, as características do ambiente, enfatizando as alterações na paisagem cuja causa seja antrópica.

Participantes: 10-12 alunos (para grupos grandes, dividir a turma em 2 grupos).

Desenvolvimento: Em grupos, os alunos anotam suas observações e as sumarizam utilizando o quadro de referência. Com esses dados, os alunos podem utilizar, por exemplo, desenhos para responder à pergunta: "O que era natural e artificial na área percorrida?".

Resultados: As respostas demonstram, geralmente, que os alunos caracterizam o ambiente natural com linhas suaves e intenso colorido. Já o ambiente artificial é, normalmente, discriminado através de linhas retas e poucas cores (Figura 2).

Variação: Pode-se utilizar, também, descrição oral para o grande grupo, mímicas ou material coletado durante a trilha para fazer os desenhos.

Áreas trabalhadas: Ciências, Artes e História, Educação Física.

Figura 2 Desenho realizado após a trilha utilizando o quadro de referência como base. Além das características de linha, cor e forma, o aspecto cultural é inserido nas observações das crianças pela presença de patos e macieiras.

Resgatando a percepção

Objetivo: Identificar grupo de organismos que compõem o ambiente (fauna e flora).

Participantes: 10-15 alunos.

Desenvolvimento: Após a caminhada, entregar folhas de 10 x 15 cm e uma caneta hidrocor de cor diferente para cada pessoa do grupo. Solicitar que cada um escreva um nome de um organismo por folha. Exemplo: árvore, besouro e arroio ocuparão três folhas. Após todo o grupo escrever, o guia explicará que eles devem colar as folhas em um cartaz, que estará dividido por duas linhas horizontais, representando estratos de altura diferentes: da base do cartaz até a primeira linha representa o limite entre 0-2 metros de altura; a segunda linha representa o limite de 2-4 metros; e da segunda até o topo do cartaz, altura maior que 5 metros. Cada folha deve ser colada de acordo com o estrato onde cada pessoa percebeu o organismo (Figura 3A). Após todo o grupo colar suas folhas, o guia pedirá para todos olharem o cartaz. No caso de alguém sugerir mudar alguma folha de nível, que o faça, porém justificando sua troca. Posteriormente, o guia deverá chamar a atenção para a observação restrita, representada no cartaz através das cores. Cada cor significará a percepção de cada membro do grupo, constituindo a visão restrita do ambiente. O conjunto de folhas configurará a percepção do grupo, exemplificando uma visão ampla do ambiente (Figura 3B).

Resultados: Os alunos normalmente observam maior número de organismos na altura dos olhos, entre os dois primeiros estratos. Maior ênfase é dada aos organismos de médio/grande porte, utilizando a visão e audição para destacá-los. A flora é caracterizada com maior detalhe em relação à fauna. Organismos de pequeno porte, tanto da flora quanto da fauna, não são observados.

Variação: No caso de um número restrito de cores, pode-se utilizar o tipo de letra.

Áreas trabalhadas: Ciências, Artes, Matemática, Geografia, Português, Educação Física.

Sentindo e percebendo o ambiente

Objetivo: Estimular a percepção dos ambientes com restrição de alguns sentidos.

Participantes: 20-30 alunos.

Desenvolvimento: Divide-se o grupo em quatro subgrupos, em que cada um ficará com uma forma diferente de representar o ambiente (fotografia, desenho, descrição oral ou olhos vendados). Todos os grupos visitarão a mesma área e deverão caracterizar o ambiente de acordo com sua forma de trabalho, sendo que o grupo de olhos vendados será guiado por uma pessoa que estimulará sua percepção

Para isso, todos os integrantes do subgrupo que percorrerá a trilha de olhos vendados deverão ser vendados antecipadamente. Após a atividade, todos os subgrupos deverão apresentar os dados, relatando suas atividades. O primeiro subgrupo deverá ser o de olhos vendados para que os demais não influenciem suas percepções.

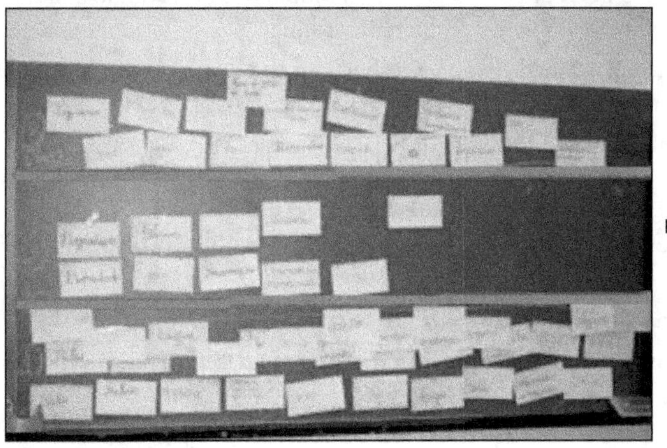

Figura 3 **A)** Atividade de percepção do ambiente por estratos, em analogia com os estratos verticais de uma floresta. **B)** O grande número de percepção dos estratos inferiores demonstra "visão" restrita dos ambientes.

Figura 4 Atividade de olhos vendados no pátio de uma escola, com os professores participando junto com os alunos.

Resultados: O guia deverá chamar a atenção para o relato do subgrupo de olhos vendados, pois estes terão "visão" restrita. Já os demais subgrupos, normalmente, mostrarão visão mais ampla da área. O subgrupo da fotografia tende a juntar essas observações, caracterizando o ambiente numa visão ampla e restrita. O guia deverá chamar a atenção para o fato de que, mesmo todos observando a mesma área, eles caracterizaram o ambiente de diferentes formas.

Variação: Esta atividade pode ser realizada independentemente do tamanho da área ou de seu aspecto antrópico ou natural.

Áreas trabalhadas: Ciências, História, Geografia, Matemática, Artes.

O AMBIENTE E NOSSOS DIFERENTES SENTIDOS

Objetivo: Estimular a percepção sensorial do aluno utilizando elementos da natureza.

Participantes: 10-15 alunos.

Desenvolvimento: Para cada sentido haverá um desenvolvimento diferente.

Visão: Escolher uma área onde a visão ampla seja favorecida. Pedir aos alunos que observem em silêncio a paisagem durante 3 a 5 minutos. Em seguida, estimular debate com o grupo, questionando os possíveis seres vivos que poderiam habitar a área seguindo a hierarquia de uma cadeia trófica (Figura 5).

Resultado: O grupo, normalmente, descreve animais de médio/grande porte, sendo irrisória (ou quase ausente) a citação de microorganismos e insetos.

Variação: Pode-se sugerir que os alunos, em grupos de 3-5, descrevam como implementariam uma cidade na área observada, no caso de se tratar de ambiente natural.

Áreas envolvidas: Ciências, Geografia, História, Matemática, Artes.

Tato: Escolher uma área onde o toque seja favorecido. Pode-se utilizar como exemplo um córrego com o fundo pedregoso. O guia perguntará se o grupo já fez uma boa massagem nos pés hoje. Em seguida, solicitará que os participantes tirem os calçados e caminhem dentro do córrego arrastando os pés nas pedras, em silêncio. Então, os alunos deverão caminhar na margem, ainda com os pés descalços. Para finalizar, deve-se questionar qual seria o substrato mais agradável de se caminhar.

Variação: Pode-se questionar, também, qual o substrato mais desagradável e por quê.

Resultados: O córrego é considerado o ambiente mais agradável pela presença da água e pelo fato de as pedras, neste caso, serem arredondadas, tornando a experiência prazerosa. É difícil manter o silêncio entre os participantes, pois muitos se sentem inseguros dentro da água.

Áreas trabalhadas: Ciências, Geografia, Educação Física.

Figura 5   Grupo de alunos em atividade que estimula o sentido da visão ampla.

Olfato: Ao percorrer a trilha, o grupo deve incorporar uma colméia, em que cada participante será uma abelha em busca de pólens para a produção de mel. O grupo deve sair em busca de flores e, ao encontrá-las, deve cheirá-las (Figura 6). Ao fim da trilha, as abelhas devem eleger as flores mais cheirosas e quais seriam ideais para produzir mel de qualidade.

Resultados: As flores coloridas e grandes são eleitas em maior número do que as realmente perfumadas. O estrato onde as flores ocorrem pode dificultar esta atividade, assim como a época do ano.

Variação: Pode-se trabalhar com outros animais, como o beija-flor. Em ambientes antrópicos, como um arroio poluído, os alunos incorporariam um peixe e descreveriam por que não habitariam aquele ambiente.

Áreas trabalhadas: Ciências, Matemática, Educação Física e Geografia.

Figura 6   Atividade na qual o grupo incorpora abelhas e procura flores com aromas para a produção do "seu" mel.

Gustação: O guia percorrerá previamente a trilha e escolherá pontos onde ocorrem elementos que possam ser ingeridos. Exemplos: frutos, fungos e flores. Então, o grupo realizará a caminhada junto com o guia, que deverá apontar os locais com elementos a serem degustados. Cada participante deve "experimentar" e, em seguida, sugerir qual animal utilizaria tal recurso alimentar.

Resultados: Dependendo do local da trilha, são poucos os elementos comestíveis. Normalmente, as aves são citadas como principal componente desses nichos.

Variação: Caso não ocorram elementos degustáveis na trilha, o guia poderá providenciar esses elementos previamente e colocá-los ao longo do trecho. Mais interessante é selecionar elementos palatáveis e não palatáveis.

Áreas trabalhadas: Ciências, Geografia, Ed. Física e História.

Audição: Cada aluno receberá uma folha com os quatro pontos cardeais. O guia posicionará cada um ao longo da trilha, com todos voltados para o norte e tendo uma distância de 5 metros entre si. Todos devem permanecer em silêncio durante 5 minutos. Cada aluno, individualmente, deverá colocar o nome dos animais que escutaram e a direção em que o som é produzido, sendo ele o ponto central de referência. Terminada a atividade, os alunos se reúnem no final da trilha e com essas informações confeccionarão um cartaz colocando o número e nome dos animais percebidos e o ponto cardeal. Exemplo: 40 passarinhos ao norte, 30 grilos ao sul, 5 mosquitos à leste e 10 cachorros à oeste.

Resultados: Com o conjunto de informações pode-se estabelecer a direção das áreas naturais e antrópicas, tendo por base o número de ocorrências em cada direção. Exemplo: provavelmente a área situada a oeste deve abrigar maior número de residências, devido ao grande número de cachorros.

Variação: A folha pode conter apenas o norte, e o aluno deverá estabelecer as demais orientações em relação ao Sol.

Áreas trabalhadas: Ciências, Geografia, História, Educação Física e Português.

CONCLUSÃO

Os resultados obtidos por intermédio de sucessivas atividades realizadas nos últimos anos nos permitiram avaliar o quanto é indispensável, junto com a experimentação e com a inovação, investigar e refletir sobre o significado do que se está propondo. Sem essa reflexão, a Educação Ambiental em trilhas corre o risco de se tornar prática de rotinas, uma "aventura em um território desconhecido" pode se transformar em uma visita guiada, sempre previsível e sem interesse, não contribuindo para a ecoalfabetização individual e do grupo. Porém, alguns trabalhos desenvolvidos, principalmente com alunos do ensino fundamental, demonstraram significativa mudança no comprometimento das crianças e, conseqüentemente, dos professores, valorizando a utilidade das atividades que envolvem trilhas. Muitas percepções e mudanças são estabelecidas a médio prazo, mas desde já devem ser estimuladas como um método de aprendizado e vivência, tanto nas áreas naturais quanto antrópicas, e não como um "passeio".

AGRADECIMENTOS

Os autores agradecem a todos os alunos voluntários que auxiliaram durante todos estes anos na execução, elaboração e discussão dos resultados aqui apresentados.

REFERÊNCIAS

ANDRADE, W. J. de. Implantação e manejo de trilhas. In: *Manual de ecoturismo de base comunitária*: ferramentas para um planejamento responsável. Brasília, 2003. 470 p.: il.

CARVALHO, I. C. M. *Educação ambiental e hermenêutica*: uma via compreensiva de acesso ao meio ambiente. www.educacaoonline.pro.br/art_educacao_ambiental.asp?f_id_artigo=51, acesso em 5 set. 2006.

FENSTERSEIFER, C. *Atividades de educação ambiental em trilha no Parque Municipal Enrique Luiz Roessler (Parcão), Novo Hamburgo, RS*. São Leopoldo: Universidade do Vale do Rio dos Sinos, 2000. 123 p. (Trabalho de Conclusão de Curso.)

FILETTO, F.; MACEDO, R. L. G.; MACEDO, I. E. B.; VENTURIN, N.; SOARES, L. G.; SALGADO, B. G. Conservação ambiental de trilhas ecoturísticas de interpretação da natureza. In: SEMINÁRIO NACIONAL SOBRE DEGRADAÇÃO E RECUPERAÇÃO AMBIENTAL, 2003, Foz de Iguaçu. *Anais...* Foz de Iguaçu, 2003.

GUIMARÃES, S. T. L. *Percepção e interpretação ambiental*: reflexões a respeito da construção do sentido de lugar e das experiências de topofilia e topofobia. International Geographical Union – Commision on the Cultural Approach in Geography, Rio de Janeiro Conference, Historical Dimensions of the Relationship between Space and Culture, 2003.

LEAL, J. C. P. *A percepção ambiental: um estudo de caso em uma escola de Ensino Fundamental de Capão de Canos – RS*. 2004. 108 f. Dissertação (Mestrado) – Programa de Pós-graduação em Educação em Ciências e Matemática, Pontifícia Universidade Católica do Rio Grande do Sul, Porto Alegre.

LIMA, S. T. (1998) Trilhas interpretativas: a aventura de conhecer a paisagem. *Cadernos Paisagem*, Paisagem 3, Rio Claro: UNESP, n.3, p. 39-44.

MAYER, M. Educación ambiental: de la acción a la investigación. *Enseñanza de las Ciencias*. Barcelona: Institut de Ciencies de l'Educación de la Universitat Autònoma de Barcelona, v. 16, n. 2, p. 217-231, 1998.

SAUL, P. F. A.; LEAL, J. C. P.; FENSTERSEIFER, C. Trilhas de interpretação ambiental. In: NOWATZKI, C. H. (Org.). *Educação ambiental*: teoria e prática. São Leopoldo: Unisinos, 2002. p. 107-114.

SCHARDONG, L. *Atividades de educação ambiental em trilhas no Parque de Recreação do Trabalhador*. São Leopoldo: Universidade do Vale do Rio dos Sinos, 2003. 59 p. (Trabalho de Conclusão de Curso.)

VASCONCELOS, J. M. O. Interpretação ambiental. In: *Manual de ecoturismo de base comunitária*: ferramentas para um planejamento responsável. Brasília, 2003. 470 p.: il.

Educação Ambiental para Professores do Ensino Fundamental: A Experiência do Grupo de Estudos Ambientais (GEA/UERJ) nas Trilhas do Parque Estadual da Pedra Branca, RJ

Nadja Maria Castilho da Costa & Vivian Castilho da Costa

Introdução

Nos dias atuais, muito se tem falado da necessidade de implementar efetivamente a Educação Ambiental (formal e informal) como uma maneira de conter e/
ou mitigar as ações de degradação dos recursos naturais e, paralelamente, melhorar
a qualidade de vida das populações. Entretanto, o que se vê, concretamente, é
grande dificuldade de implantação de programas e/ou ações continuadas e eficazes
de educação para a conservação do meio ambiente, particularmente quando se trata
de enfocar a realidade local. Várias são as razões para esse fato, e uma delas, no que
diz respeito à educação formal, está relacionada às poucas informações que os
professores têm sobre as características físicas, biológicas e sócio-econômicas das
áreas que os cercam.

Muitas escolas e comunidades estão situadas próximas às Unidades de
Conservação, criadas para proteger os remanescentes de ecossistemas fortemente
degradados, a exemplo das áreas protegidas da cidade do Rio de Janeiro, que
existem para tentar manter os últimos redutos de Mata Atlântica da região. É muito
comum o professor abordar, em sala de aula, os problemas ambientais (tratados
nos livros didáticos) de outras regiões, fora de seu cotidiano, deixando de lado uma
gama de informações e atitudes voltadas à proteção de seu entorno. Isso, obviamente, transcende a sua vontade (do professor) e está relacionada a toda uma

estrutura pedagógica que não prevê abordagens interativas que fujam ao Projeto Pedagógico Escolar (PPE) definido pela CRE para a escola. Mianuti (2006:22) destaca que "(...) *as pessoas podem pertencer a grupos sociais distintos e que o conhecimento pode instrumentalizá-las para o debate a fim de estabelecer pactos*". É esse conhecimento que pode criar condições de intervenção e de promoção de atitudes verdadeiramente conservacionistas, gerando trabalhos interativos entre as comunidades (formais e não formais) e o poder público responsável pela gestão das áreas protegidas.

Nesse sentido, as universidades exercem importante papel, cabendo aos pesquisadores transferir parte do conhecimento gerado nas pesquisas científicas desenvolvidas no entorno das escolas e áreas protegidas de forma a instrumentalizar as comunidades para o verdadeiro exercício da cidadania. Neiman (2007:14) destaca que:

> "*Para implantar nova racionalidade é preciso romper obstáculos epistemológicos e barreiras institucionais, e avançar sobre diferentes formas de elaboração do conhecimento, vinculando-as à solução prática de problemas e às futuras políticas e estratégias de desenvolvimento*".

As reflexões, informações e discussões a seguir apresentadas fazem parte de um projeto de caráter extensionista, em desenvolvimento pelo Grupo de Estudos Ambientais (GEA) do Departamento de Geografia da Universidade do Estado do Rio de Janeiro (UERJ), desde 2001. Naquela época, foi possível perceber várias lacunas na formação dos professores do ensino fundamental, no que diz respeito aos conhecimentos relacionados ao meio ambiente local, bem como a carência de percepção sobre os problemas que afetam os recursos naturais das proximidades das escolas e as medidas que se podem tomar para mitigá-los. A partir disso, foi elaborado um programa contemplando atividades teóricas e práticas, com o objetivo de capacitar alunos e professores das escolas municipais do entorno da maior Unidade de Conservação da cidade do Rio de Janeiro – Parque Estadual da Pedra Branca (PEPB), no conhecimento da realidade que os cerca e nas possíveis ações conservacionistas passíveis de ser implementadas.

Convém destacar que o Parque Estadual da Pedra Branca apresenta, tanto em seu interior quanto em sua Zona de Amortecimento, uma série de problemas ambientais decorrentes da densa ocupação humana das baixadas (interiorana e litorânea) que vem crescendo em direção ao Parque (Costa, 2002) e uma malha de trilhas que historicamente tem tido várias funções, sendo a mais recente a de promover o ecoturismo e a Educação Ambiental (Costa, 2006).

O Projeto "A Escola e o Parque Estadual da Pedra Branca": Integrando Sociedade e Natureza

O Projeto "A Escola e o Parque Estadual da Pedra Branca" vem sendo implementado pela equipe do GEA/UERJ, através do trabalho conjunto entre professores e alunos da 4ª série do ensino fundamental durante um semestre letivo, contando com a aprovação e supervisão do Conselho Regional de Ensino (CRE), responsável por cada região. São três as escolas até então contempladas com o projeto: Escola Municipal Azul e Branca (no bairro de Realengo), Escola Municipal Francis Hime (no bairro da Taquara) e Escola Municipal Alfredo Cesário Alvim (no bairro de Campo Grande) (Figura 1).

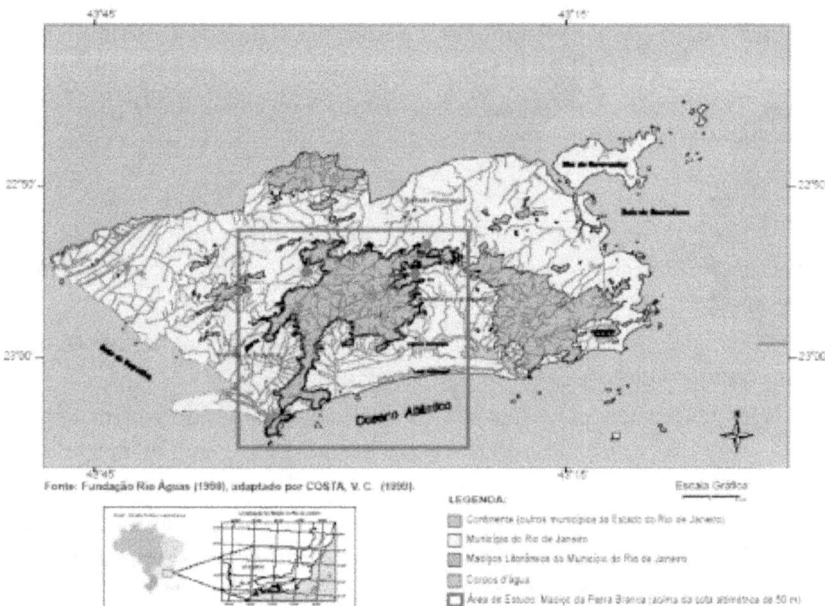

Figura 1   Localização do Parque Estadual da Pedra Branca e das escolas municipais contempladas pelo projeto: E. M. Azul e Branca, E. M. Alfredo Cesário Alvim e E. M. Francis Hime.

O manual de capacitação (produto principal gerado no transcorrer do projeto) conduz o professor a uma proposta de orientação das atividades de Educação Ambiental, bem como à efetivação das práticas propostas, dando-lhe autonomia de ação.

Ao incorporar na Educação Ambiental aspectos políticos, sociais, econômicos, científicos, tecnológicos, éticos, culturais e ecológicos, surge a possibilidade de vincular a realidade aos processos educativos, estruturando suas atividades em torno dos problemas concretos que se impõem à comunidade, enfocados por intermédio de perspectiva interdisciplinar.

A proposta apresentada no manual é desenvolver, com os professores e alunos, atividades didáticas cujo princípio educativo é a "natureza que nos cerca", articulando os conceitos de Identidade, Espaço, Tempo e Transformação.

- IDENTIDADE – O aluno se identifica com o lugar onde vive e se relaciona com os semelhantes.

- TEMPO – Vive num momento histórico, político e social da vida do seu país.

- ESPAÇO – Convive num espaço geográfico e pode contribuir para a construção social desse espaço.

- TRANSFORMAÇÃO – As ações dos membros da comunidade podem transformar o meio ambiente físico, social e cultural na busca de vida plena e digna.

A ampliação e a articulação dos conteúdos programáticos, a partir do conhecimento integrado universidade/comunidade, pode provocar mudanças e gerar atitudes conservacionistas em bases sustentáveis.

A metodologia adotada no desenvolvimento dos trabalhos nas escolas consta de um conjunto de ações, envolvendo:

- Aulas teóricas participativas, com destaque para o desenvolvimento de conceitos associados ao meio ambiente, acidentes naturais, áreas de risco, Educação Ambiental e participação comunitária.

- Aulas práticas, voltadas à identificação e reconhecimento de situações locais relacionadas com a natureza (caracterização de seus atributos), seus problemas (lixo, deslizamentos de encostas, inundações, etc.) e sua proteção.

- Vídeos educativos com experiências feitas por órgãos públicos, instituições de ensino e pesquisa e ONGs, que possam agregar informações e conhecimentos nessas questões.

- Leitura de textos que apresentem ensinamentos de forma didática e relatem experiências dentro do campo da Educação Ambiental e de utilização de técnicas associadas à redução do grau de riscos de acidentes naturais.

- Trabalhos de campo nas encostas (trilhas) do Parque Estadual da Pedra Branca, com o objetivo de ilustrar, e mostrar didaticamente, situações, comportamentos e conseqüências associadas a riscos naturais e a práticas de Educação Ambiental.

- Técnicas de sensibilização, procurando despertar e desenvolver o interesse, a preocupação e a valorização dos diversos aspectos relacionados aos valores do meio ambiente onde residem, em especial à área do Parque Estadual da Pedra Branca.

- Dinâmicas de grupos que contribuam para maior integração e participação do conhecimento e das experiências.

A seguir são apresentadas as duas fases do projeto.

APRESENTAÇÃO DO PROJETO ÀS ESCOLAS MUNICIPAIS

A primeira atividade é a apresentação do projeto para as escolas municipais da cidade do Rio de Janeiro selecionadas e para a comunidade do entorno do Parque Estadual da Pedra Branca, a fim de esclarecer, a todos os presentes, seus objetivos, atividades e expectativas quanto aos resultados a serem alcançados.

A direção da escola, juntamente com a coordenação pedagógica, os professores que irão ministrar o curso e o presidente da associação de moradores local, deverão estabelecer a data propícia para a apresentação do projeto.

A apresentação é feita pelo GEA/UERJ e transcorre durante um turno completo (uma manhã ou uma tarde), contando com a presença do maior número possível de professores, alunos e funcionários da escola selecionada, bem como pais de alunos e demais moradores das comunidades do entorno. É necessário mobilizar o maior número possível de pessoas na atuação e conhecimento da conservação do meio ambiente local.

Este é o momento em que é demonstrado ao professor como ele deverá aplicar a metodologia do projeto em sala de aula e extraclasse e explica-se o conteúdo do manual, paralelamente à apresentação das principais características físicas e sócio-ambientais do Parque Estadual da Pedra Branca.

Durante a apresentação, todos os presentes poderão externar sua opinião e tirar suas dúvidas, assim como propor sugestões para melhor uso e aproveitamento do manual. A idéia é interação efetiva e direta entre a escola e as comunidades próximas à Unidade de Conservação. É importante destacar que a participação de todos é fundamental, pois o projeto visa não apenas à proteção dos elementos naturais do entorno da escola e das comunidades como um todo, mas, principalmente, estimular a solidariedade, a igualdade, a interação entre culturas, o diálogo e o respeito aos direitos humanos. Isso favorecerá a organização e a mobilização para processos de intervenção nas políticas públicas e diálogo com governo e iniciativa privada, dentro do princípio da gestão participativa.

CAPACITAÇÃO DOCENTE NA UTILIZAÇÃO DO MANUAL

Todos os professores envolvidos no projeto são capacitados na utilização do conteúdo do manual (Figura 2). O *Manual de Educação Ambiental do Professor do Ensino Fundamental* apresenta 10 (dez) módulos educativos, detalhados de forma a permitir que o professor possa conduzir todas as atividades programadas – tanto as de cunho teórico quanto as de cunho prático – de maneira clara, didática e independente, levando o aluno a refletir sobre os problemas ambientais gerais e locais, tornando-o difusor dos conhecimentos apreendidos e das ações conservacionistas para seus pais e demais familiares.

Convém ressaltar que o professor tem todo o apoio e acompanhamento da equipe do GEA durante a implementação dos dez módulos educativos, o que gera conforto e segurança aos componentes da escola no desenvolvimento de todas as atividades previstas, aumentando assim as possibilidades de êxito do projeto.

Figura 2   A capacitação dos professores, a criação de uma identidade visual (camisetas) e a conscientização da comunidade são pontos-chave do projeto.

Os dez módulos educativos detalhados no manual (COSTA E COSTA, 2007) e aplicados pelo professor aos seus alunos são os seguintes: Módulo 1 – Reconhecendo e interpretando seu lugar; Módulo 2 – Conhecendo a Mata Atlântica; Módulo 3 – Conhecendo a natureza que lhe cerca: Parque Estadual da Pedra Branca; Módulo 4 – Os solos: fonte de vida para o planeta; Módulo 5 – Água: razão de existência dos seres vivos; Módulo 6 – O que acontece quando chove; Módulo

7 – O lixo: o grande vilão do meio ambiente; Módulo 8 – Reaproveitando materiais; Módulo 9 – Trilhando no Parque; Módulo 10 – Mostra educativa sobre meio ambiente (Figura 3).

Figura 3 Capa do *Manual de Educação Ambiental do Professor do Ensino Fundamental* (GEA/ UERJ) .

Cada um deles é ministrado durante aproximadamente 4 horas e seu conteúdo abrange obrigatoriamente: (a) mensagens reflexivas sobre questões ambientais; (b) aulas teóricas, ministradas em sala de aula; (c) aulas práticas, também conduzidas em sala de aula; (d) aulas práticas, desenvolvidas fora de sala, podendo ocorrer nas proximidades da escola: seu entorno próximo e/ou no interior do Parque Estadual da Pedra Branca; (e) atividades que deverão ser desenvolvidas como "dever de casa".

Ao final de todas as atividades (ao término do módulo 10), é realizada avaliação informal, não somente do desempenho do aluno no aprendizado que lhe foi passado, mas também do próprio desenvolvimento do projeto, em termos do alcance de seus propósitos, visando promover ajustes constantes de seu conteúdo. O conjunto das atividades (teóricas e práticas) é ministrado de maneira integrada e equilibrada, de forma a tornar estimulante o aprendizado, permitindo ao aluno fixar as informações a ele transferidas, motivando-o a estudar e aprender, cada vez mais, sobre o meio ambiente (local e regional).

Particularmente as aulas práticas, tanto externas quanto internas à escola, são conduzidas pelo professor, associadas a atividades recreativas, visando basicamente:

- incentivar os alunos a conhecerem um ambiente natural e diferenciá-lo de um ambiente construído (modificado) pelo homem;

- ensinar conteúdos ambientais de forma vivenciada, despertando o interesse pelo contato com a natureza e promovendo a sensibilização dos alunos com relação aos seus detalhes;

- levar ao conhecimento do aluno o desenvolvimento de um ecossistema, procurando transferir as informações obtidas para seus familiares e amigos, introduzindo mudanças de comportamento e valores éticos.

A Inserção da Realidade Local no Ensino Fundamental: Saindo da Teoria e Caminhando em Direção à Prática

As relações entre teorias e práticas pedagógicas são aspectos da Educação Ambiental amplamente discutidos por vários estudiosos. Mas alguns pontos são comuns para alguns deles, com destaque para Machado (2006) e Costa e Costa (2005): esses autores ressaltam a necessidade de investir na formação profissional contínua, que leve ao rompimento da "inércia pedagógica", conforme afirma Machado (OP. CIT.:56). Na realidade, essa inércia está, muitas vezes, associada à falta de motivação do professor na busca de inovações em decorrência de uma jornada exaustiva de trabalho, associada à baixa remuneração. A própria escola, muitas vezes, não abre a possibilidade de o professor sair de sua rotina de trabalho em busca de capacitação que o motive a levar para os alunos inovações e práticas extraclasse. Entretanto, se a escola se abre às inovações que lhe chegam, levadas por pesquisadores das universidades, por exemplo, a distância entre a teoria e a prática se reduz e o professor passa a analisar o meio ambiente de forma *"ampla e contextualizada, como parte de um processo histórico e dinâmico, sujeito às intempéries da natureza (fenômenos naturais) e da natureza humana, que por meio de suas diferentes ideologias determinam diferentes modos de vida das sociedades humanas"* (MACHADO, OP. CIT.:56).

O conjunto das atividades (teóricas e práticas) propostas no manual elaborado pelo GEA/UERJ, cedido à escola, tem sido aplicado pelo professor de maneira integrada e equilibrada, de forma a tornar estimulante o aprendizado, permitindo ao aluno fixar as informações a ele transferidas e motivando-o a estudar e aprender, cada vez mais, sobre o meio ambiente local, fugindo da velha abordagem metodológica do conhecimento voltado apenas para a realidade regional. Essa realidade, além de muitas vezes distante do ambiente vivido pelo aluno, constitui-se em visão fragmentária, conforme ressalta Bortolloze (1998). No contexto da Educação Ambiental, Andrade e Loureiro (2003) destacam que é necessária nova abordagem do conteúdo de ensino e seus pressupostos, envolvendo a construção de valores e a mudança de atitudes. Nesse contexto, as aulas práticas, tanto externas quanto internas à escola, devem ser conduzidas pelo professor, associadas a atividades recreativas, visando basicamente: (a) incentivar os alunos a conhecerem um ambiente natural e diferenciá-lo de um ambiente construído (modificado) pelo homem; (b) ensinar conteúdos ambientais de forma vivenciada, despertando o interesse pelo contato com a natureza e sensibilizando os alunos para seus detalhes; (c) levar ao conhecimento do aluno o desenvolvimento de um ecossistema, procurando transferir as informações obtidas para seus familiares e amigos, introduzindo mudanças de comportamento e valores éticos. Carvalho (2004:181) destaca que a formação de atitude ecológica é o principal objetivo da Educação Ambiental e que isso implica mudança de comportamentos, desenvolvendo no cidadão *"[...] capacidades e sensibilidades para identificar e compreender os problemas ambientais, para mobilizar-se no intuito de fazer-lhes frente e, sobretudo, para comprometer-se com a tomada de decisões, entendendo o ambiente como uma rede de relações entre sociedade e natureza".*

CAMINHANDO NAS TRILHAS DA CONSCIENTIZAÇÃO PARA A CONSERVAÇÃO AMBIENTAL DO PEPB

Segundo Costa & Costa (*op. cit*), a recreação em Unidades de Conservação (UCs) deve ser desenvolvida associada às atividades ecoturísticas, necessitando de boa infra-estrutura aos visitantes, tais como: abertura de estradas, trilhas e áreas de camping. Ela deve estar condicionada à mínima ou nenhuma alteração do patrimônio natural, ou seja, causar o menor impacto paisagístico e ambiental possível, não devendo ocorrer sem a efetivação de programas integrados de Educação Ambiental.

Usar processos recreativos, principalmente através da interpretação da natureza, é ação essencial da Educação Ambiental em UCs (MILANO, 1997). O objetivo fundamental da interpretação não é somente instrução, mas a provocação. Deve despertar curiosidade, ressaltando o que parece insignificante. A interpretação deve ser dirigida para cada tipo de público (diferenciado para crianças e adultos) e de interesse especial. Ao mesmo tempo, deve relacionar os objetos de divulgação ou interpretação com a personalidade ou experiência das pessoas a quem se dirige.

A interpretação ambiental, não somente promove a informação, mas proporciona e incentiva a integração do homem com a natureza. Nesse sentido, a interpretação serve como uma ferramenta da Educação Ambiental para a solução dos problemas ligados à manutenção e à conservação de áreas naturais e vem se destacando como importante instrumento de "manejo de visitantes", como afirma Delgado (2000:156): "*É uma atividade educativa, que não necessariamente faz parte de um processo, mas de uma estratégia de manejo para minimizar os problemas decorrentes do uso público de determinada área ou região*".

A implantação de trilhas interpretativas em UCs deve, portanto, ser pensada através do método "personalizado", como ressalta Delgado (*op. cit.*), pois apesar de poderem ser autoguiadas, ou seja, com atividades que visam à interpretação ambiental para diferentes públicos, devem ser pensadas como sendo importantes ferramentas pedagógicas de Educação Ambiental para escolas e, neste caso, devem também ser trilhas interpretativas guiadas. É o mais conhecido instrumento que guias turísticos e intérpretes utilizam para os visitantes de UCs e o método que mais apresenta facilidades na transmissão de conhecimentos em programas de EA ao ar livre.

Mas as trilhas interpretativas guiadas exigem planejamento adequado das atividades recreativas a serem desenvolvidas e de seus produtos turísticos, já que "(...) *ganham tratamento interpretativo quando indicadas às paradas de interpretação, ou ainda possuir placas interpretativas nos lugares mais estratégicos* (...)" (DELGADO, OP. CIT.:164). Tabanez et al. (1997:89) também destacaram essa diferenciação, afirmando que as trilhas interpretativas proporcionam "(...) *oportunidade de contato direto com o ambiente natural, direcionado ao aprendizado e à sensibilização* (...)" dos visitantes e turistas que as utilizam.

Enfim, deve existir nas áreas legalmente protegidas perfeita parceria entre as atividades do ecoturismo, da interpretação e da Educação Ambiental através das trilhas, pois só assim haverá maior e melhor aproveitamento das atividades que, certamente, têm de contemplar simultaneamente: conhecimento científico, apreciação dos recursos naturais e redução dos impactos sócio-ambientais.

Nesse sentido é que o "Módulo 9 – Trilhando no Parque", do *Manual de Educação Ambiental do Professor do Ensino Fundamental*, serve de apoio didático para que sejam realizadas atividades recreacionais aliadas a um conteúdo interpretativo e de Educação Ambiental, em que sejam aplicadas de forma integrada a "(...) *ação e a reflexão dos homens sobre o mundo para transformá-lo* (...)" (LOUREIRO, 2004:130), ou seja, a práxis da educação para que não ocorra a dicotomia entre a teoria e a prática adquirida pelo conhecimento. Esse módulo se constitui essencialmente em atividade de campo, que é desenvolvida no interior do Parque Estadual da Pedra

Branca, mais especificamente em trilha interpretativa localizada próxima à sede do PEPB, no bairro da Taquara, município do Rio de Janeiro, denominada "Trilha do Rio Grande" (Figura 4).

Figura 4   Alunos e professores da Escola Municipal Cesário Alvim em confraternização na entrada da Trilha do Rio Grande (PEPB-RJ).

O objetivo desse módulo é permitir que o aluno veja na natureza grande parte do que foi discutido e apreendido em sala de aula a partir dos módulos anteriores, e que também seja aguçada sua percepção sensorial sobre os recursos ambientais (o meio biótico e os componentes do meio físico) existentes ao longo da trilha.

Nas atividades práticas, o professor deverá programar com antecedência, na administração da Unidade de Conservação e na direção da escola, a ida ao Parque.[1]

As atividades previstas são desenvolvidas durante toda a aula, com o intuito de aproveitar melhor o tempo disponível, ou seja, o professor deverá ser capaz, com a ajuda do manual, de programar a ida ao Parque, logo na chegada dos alunos à escola. O professor deverá orientar seus alunos para que: levem lanches e bastante líquido (água e sucos) a fim de não se desidratarem facilmente e estejam uniformizados adequadamente para que possam ser distinguidos e reconhecidos na

---

1. A direção da escola deverá pedir à Prefeitura Municipal um ônibus para conduzir os alunos e professores até a sede do PEPB. Paralelamente, a direção deverá obter autorização por escrito e prévia dos pais dos alunos para a saída destes a campo.

recepção da administração do Parque e para controle do professor e do guia do Parque que irá acompanhar as atividades dentro da UC. Como o PEPB possui um Núcleo de Pesquisa e Educação Ambiental que marca e acompanha as visitas escolares, fica a cargo desse pessoal técnico demonstrar as instalações da sede, que conta com: Museu Iconográfico, minhocário, bromeliário, anfiteatro ao ar livre, reservatório de captação de água da Companhia Estadual de Águas e Esgotos (CEDAE), com a presença de aqueduto histórico do século XVIII, além da trilha do Rio Grande.

A trilha do Rio Grande é a mais apropriada para excursão de escolas, pois é plana, seu grau de dificuldade é pequeno, com distância de aproximadamente 900 m e sinalizada para fins educativos. No entanto, antes da visitação da escola, cabe ao professor elaborar as atividades recreativas e educativas complementares, para serem desenvolvidas durante todo o percurso da trilha. O Módulo 9 foi elaborado exatamente para auxiliar o professor na escolha de atividades recreacionais e educativas de forma a ter fundamentos que não poderiam ser transmitidos de modo simplista ou fragmentado, mas vinculados às linhas pedagógicas mais modernas. É comum que os guias de operadoras de turismo não estejam ligados às questões da educação formal e se aprofundem na capacitação para a área de educação, pois:

> *"(...) as operadoras, para atenderem a um pedido de uma escola, contratam pontualmente alguns 'guias' ligados a áreas específicas (biologia, história, geografia, artes, etc.), de acordo com a 'encomenda' da escola. [...] o ideal é que haja parceria efetiva da escola com a operadora e que os guias tenham um mínimo de compreensão dessas diferentes linhas pedagógicas e, preferencialmente, desenvolvam o trabalho em conjunto com a equipe de educadores da escola, desde a preparação do roteiro até a execução das atividades de campo"* (NEIMAN E MENDONÇA, 2003:69).

Mesmo assim, nada impede que a escola tenha esse contato com as operadoras e mostre a importância de os professores pensarem as atividades sugeridas no Módulo 9 do manual de forma conjunta.

Com esse propósito há um apêndice no manual (baseado no livro *Brincando e Aprendendo com a Mata: Manual para Excursões Guiadas*, PROJETO DOCES MATAS, 2002) com sugestões de atividades (duração total de duas horas a duas horas e meia no Parque) que podem ser seguidas pelos professores, guias de operadoras e até guias do Núcleo de Pesquisa e Educação Ambiental do PEPB. A seguir destacamos algumas.

MATERIAIS A SEREM UTILIZADOS

Para este módulo serão necessários os seguintes materiais: vendas (tiras de pano na cor preta) para os olhos, sacos para recolher lixo, repelente e garrafas d'água, não se esquecendo de avisar os alunos para usarem também protetor solar, boné e um par de tênis confortável.

PROGRAMA DE ATIVIDADES NO PARQUE: VISITAÇÃO AO MUSEU

Chegando à sede do PEPB, após se apresentarem na guarita de entrada e serem recepcionados pelos representantes do Parque, o(a) professor(a) deve conduzir a turma, de forma organizada, até o centro de pesquisas (Museu Iconográfico, Figura 5).

Figura 5   Exterior e interior do Museu Iconográfico na sede do PEPB .

Se a turma for de cerca de 40 alunos, deverá ser dividida em dois grupos de 20, pois o local não comporta muitos visitantes ao mesmo tempo. Lá, os alunos encontrarão exemplos de espécies da fauna e flora da Mata Atlântica (abordados nos Módulos 2 e 3 do manual), representados em fotos ou conservados em formol, além de várias amostras de solos (abordados no Módulo 4) em potes e lupas para aumento, a fim de serem observadas as diferenças na coloração e textura dos mesmos. Vídeos e quadros animados representativos dos recursos hídricos do Parque informam sobre a importância do ciclo da água e da chuva para a vegetação (esquema de diferenciação da estratificação da Mata Atlântica – abordados no Módulo 5 do manual)

Deve-se permanecer por cerca de 15 minutos no local, para que os alunos comecem a se familiarizar com o meio ambiente e seus elementos. Se houver tempo hábil, os alunos poderão percorrer, acompanhados pelo guia do Parque e pelo(a) o(a) professor(a), as instalações adjacentes e que ficam na parte inferior do Museu, como o bromeliário e o minhocário.

PRIMEIRA SENSIBILIZAÇÃO E PERCEPÇÃO (CONSELHOS ANTES DA CAMINHADA)

Caso o Parque não disponibilize uma atividade inicial de sensibilização, o(a) próprio(a) professor(a) deve buscar sensibilizar os alunos, alertando-os para: não retirarem espécies, não jogarem lixo fora da lixeira, andarem juntos, não correrem nem fazerem barulho, evitando, assim, atrapalhar ou assustar os animais.

Se houver tempo hábil, os guias do Parque poderão levar os alunos e o(a) professor(a) para conhecerem o reservatório, o tanque de decantação e o tratamento da água captada pela CEDAE e para entenderem a importância da preservação dos recursos hídricos para o ser humano, abordados no Módulo 5 do manual.

Nesse mesmo momento, os alunos podem aproveitar para ir ao banheiro e encher suas garrafas com água, já se preparando para a caminhada pela trilha do Rio Grande.

SEGUNDA SENSIBILIZAÇÃO E PERCEPÇÃO (PERCEBENDO A NATUREZA NA TRILHA)

Nesta etapa, o(a) professor(a) deve chamar a atenção dos alunos para os aspectos positivos da trilha, atentando para a beleza da floresta (utilizando os cinco sentidos dos alunos): seu cheiro, suas cores, seus sons, suas formas, suas texturas e seu frescor. Devem observar também os aspectos negativos, como a presença de lixo, queimadas, ocupação desordenada, etc. (Figura 6).

Ainda, para iniciar a trilha, deve ser feito um alongamento, de forma bem relaxante, para que os alunos se acalmem e preparem-se mental e fisicamente. Isso favorecerá o bom aproveitamento do ambiente.

As atividades na trilha do Rio Grande deverão durar, aproximadamente, 1 hora e 30 minutos. Mas, antes da caminhada, o(a) professor(a) deverá realizar algum tipo de atividade física, sugerida a seguir:

Figura 6   Alunos da Escola Municipal Francis Hime sendo orientados pela equipe do GEA/ UERJ a usar os cinco sentidos e observar a natureza na Trilha do Rio Grande (PEPB-RJ).

1ª ATIVIDADE:

Alongamento (duração 15 minutos)

Primeiro deve ser trabalhada a articulação geral do corpo, começando de baixo para cima, ou seja, desde os pés até a cabeça. Sugere-se como atividade de alongamento a proposta a seguir:

Pés e joelhos:

- Em pé, pés paralelos, com a coluna centralizada.

- Tombar o corpo para um lado, passando o peso para um dos pés. Elevar o calcanhar do outro pé, firmando os dedos no chão e fazendo círculos, enquanto o outro pé permanece como base no chão. Este exercício favorece o alongamento dos dedos. Repetir com o outro pé.

- Elevar novamente o calcanhar do primeiro pé, levando agora a atenção ao joelho, que desenha o mesmo movimento em círculo. Repetir o movimento três vezes com cada joelho.

Neste exercício, o(a) professor(a) poderá fazer uma analogia (ir narrando aos alunos) dos pés e joelhos com a força das raízes de uma árvore ou mesmo uma analogia das patas de um animal ao se espreguiçar ou realizar movimentos ao caminhar (uma onça, uma capivara, etc.).

Coluna:

- Com a coluna centralizada, soltar os braços, deixando o peso da cabeça levar *lentamente* a coluna em direção ao chão, flexionando a coluna, vértebra por vértebra.

- Permanecer com a coluna flexionada, respirando profundamente, por uns 10 segundos (ou o tempo equivalente a três respirações profundas).

- Posteriormente, trazer a coluna à posição vertical, de baixo para cima, encaixando vértebra por vértebra.

Neste exercício, o(a) professor(a) poderá fazer uma analogia (ir narrando aos alunos) com a importância do tronco das árvores e como ele é forte e traz os nutrientes das raízes e do solo ou mesmo uma analogia com a flexibilidade de alguns animais, tais como a preguiça, o macaco, a cobra, etc.

Ombros:

- Coluna centralizada, rodar os ombros, desenhando um círculo, de frente para trás, três vezes.

- Repetir o movimento, agora de trás para frente, três vezes.

Neste exercício, o(a) professor(a) poderá fazer uma analogia (ir narrando aos alunos) com a importância dos galhos das árvores e como eles são fortes ao enfrentar a chuva e o vento ou mesmo uma analogia com os animais, a exemplo do macaco que precisa dos braços e de seu rabo para se locomover nos galhos das árvores ou dos pássaros se preparando para o vôo.

2ª ATIVIDADE:

Trilha do passeio cego (duração 20 minutos)

O(A) professor(a) deverá agrupar os alunos em duplas para a caminhada, na qual um aluno terá de guiar o outro (que estará de olhos vendados). Posteriormente, haverá a troca, e o que guiava agora ficará de olhos vendados.

Objetivos desta atividade:

- Explorar a trilha através dos sentidos.

- Perceber as formas e a textura das folhas.

- Perceber os sons do local.

- Sentir o cheiro da terra, do musgo, das plantas, etc.

- O que diz este local, com o que se parece, o que representa para o aluno.

O objetivo é mostrar a importância do companheirismo e da confiança entre os indivíduos, despertando o conceito de cidadania. Mostrar como as pessoas com deficiência visual podem "ver" a natureza e como os animais podem se locomover facilmente, através dos outros sentidos, a exemplo dos morcegos que vivem nas grutas e tocas de árvores e mamíferos roedores que vivem no solo.

3ᴬ ATIVIDADE:

Brincadeira da "cadeia alimentar" (duração 30 minutos)

- Os alunos serão divididos em quatro grupos.
- Um grupo representará os vegetais, e neste o número de participantes deverá ser maior.
- O segundo grupo representará as capivaras e deve ter aproximadamente metade do número de integrantes do grupo dos vegetais.
- O terceiro grupo é dos tigres, com metade do número de participantes do grupo das capivaras.
- O quarto grupo é o do homem, com um ou três representantes.
- Todos os grupos serão espalhados pelo ambiente, mas somente o grupo da capivara ficará no centro.
- Assim, quando for dada a largada, cada capivara terá de correr para agarrar um vegetal, caso contrário, será comida pelo tigre, e vira tigre.
- O tigre, por sua vez, terá de comer uma capivara, senão morre e vira vegetal.
- O vegetal permanece parado, até ser comido pela capivara, e a partir daí vira uma capivara.
- O homem só entrará quando a população de tigre aumentar, e passará a matar os tigres, e o tigre que for pego pelo homem vira vegetal.

Resumindo:

- O vegetal que for comido vira capivara.
- A capivara que come o vegetal permanece capivara.
- O tigre só come capivara e permanece tigre.
- A capivara que for comida pelo tigre vira tigre.
- O homem mata o tigre.
- O tigre que for pego pelo homem vira vegetal.

O objetivo é mostrar a dinâmica da natureza e a importância de seu equilíbrio ecológico (Figura 7).

Figura 7   Alunos da Escola Municipal Cesário Alvim se preparando para realizar a atividade "cadeia alimentar" na trilha do Rio Grande (PEPB-RJ).

4ᴬ ATIVIDADE:

Limpeza da trilha (duração de 20 minutos)

- Os alunos serão divididos novamente em quatro grupos de igual número e receberão sacolas.
- Cada grupo representará um tipo de lixo: plástico, papel, metal ou inflamável (pilhas, etc.).
- O material orgânico (folhas, gravetos, etc.) não deve ser recolhido da trilha.
- Os grupos farão a limpeza por onde passarem.
- O material recolhido será entregue à direção do Parque.

O objetivo é conscientizar os alunos sobre a importância de não deixar lixo na natureza (não sujar rios e matas), apreendendo o que foi abordado nos Módulos 6, 7 e 8 do manual. Também conscientizar os alunos para não alimentar os animais silvestres e que o Parque possui coleta seletiva. Com esta 4ª atividade encerram-se as ações na trilha.

5ᴬ ATIVIDADE:

A "grande roda" (duração 20 minutos)

- Para finalizar a visita ao Parque, deve ser feita uma grande roda com os alunos sentados no chão ou em local de repouso. Eles deverão anotar em papel, sem se identificar, as experiências do dia, dizendo se gostaram ou não, o que aprendaram e o que faltou.

- Depois, esses papéis serão recolhidos e trocados entre si, e cada um irá ler, em voz alta, o que o colega escreveu.

O(A) professor(a) poderá utilizar o anfiteatro do PEPB para executar essa atividade, pois sua forma circular facilita a dinâmica em grupo. Poderá também optar pela sala de multiuso do PEPB para os alunos desenharem o que viram e o que gostaram ou não nas atividades. Tais informações devem ser anotadas pelo(a) professor(a) para futuras modificações no roteiro de atividades.

CONSIDERAÇÕES FINAIS

A rede de conhecimentos sobre o meio ambiente próximo às escolas do PEPB tem sido amplamente aceita pelos atores sociais envolvidos, demonstrando que modelos diferenciados e interativos com a realidade ambiental local tornam-se, cada vez mais, necessários no contexto do manejo das Unidades de Conservação e inclusão social. A idéia futura é estender o projeto para outras áreas protegidas do município do Rio de Janeiro.

Esperamos, com a realização deste trabalho, contribuir para a introdução de atividades de Educação Ambiental em escolas da rede pública de ensino, de forma a efetivamente mobilizar as comunidades locais na proteção e manejo dos recursos naturais do seu entorno. Da mesma maneira, desejamos incentivar a reflexão sobre as questões éticas, sociais, econômicas e culturais relacionadas à degradação ambiental.

No sentido de otimizar os trabalhos e envolver maior número de escolas do entorno do PEPB, o próximo passo é trazê-las até a universidade para a realização de cursos de capacitação para o conhecimento e conservação dos recursos naturais locais, visando à promoção de ações coletivas, no encontro de efetiva Educação Ambiental. O papel da universidade tem sido este, de contribuir para a inclusão social no processo de proteção ao meio ambiente, integrando os principais atores no processo, quais sejam: o poder público, a academia e a sociedade.

REFERÊNCIAS

ANDRADE, A. L. C. de; LOUREIRO, C. F. B. Monitoramento e avaliação de projetos em Educação Ambiental: uma contribuição para o desenvolvimento de estratégias. In: *A contribuição da educação ambiental à esperança de Pandora*. São Carlos, SP: RiMa, 2003. p. 511-530.

BORTOLOZZI, A. Relação, teoria e prática nas atividades de educação ambiental: diagnóstico realizado nas escolas públicas em 53 municípios, inseridos na área das bacias dos rios Piracicaba, Capivari, Jundiaí, SP. In: *Educação ambiental: Desafio do século*: um apelo ético. Rio de Janeiro, RJ: Terceiro Milênio, 1998. p. 32-37.

CARVALHO, I. C. de M. *Educação ambiental*: a formação do sujeito ecológico. São Paulo, SP: Cortez, 2004. 256 p.

COSTA, N. M. C. da. *Análise do Parque Estadual da Pedra Branca (RJ) por geoprocessamento*: uma contribuição ao seu plano de manejo. 2002. 314 f. Tese (Doutorado) – Programa de Pós-Graduação em Geografia, CCMN, UFRJ, Rio de Janeiro, RJ.

COSTA, V. C. da. *Propostas de manejo e planejamento ambiental de trilhas ecoturísticas*: um estudo no maciço da Pedra Branca – Município do Rio de Janeiro (RJ). 2006. 325 f. Tese (Doutorado) – UFRJ/PPGG, Rio de Janeiro, RJ.

COSTA, N. M. C. da; COSTA, V. C. da. Educação ambiental pelo ecoturismo, em Unidades de Conservação: uma proposta efetiva para o Parque Estadual da Pedra Branca (PEPB) – RJ. In: PEDRINI, A. de G. (Org.). *Ecoturismo e educação ambiental*. Rio de Janeiro, RJ: Papel Virtual, 2005. p. 39-66.

COSTA, N. M. C. da; COSTA, V. C. da (Orgs.). *Manual de educação ambiental para o professor do ensino fundamental*: a escola e o Parque Estadual da Pedra Branca. Rio de Janeiro, RJ: Livro do Autor, 2007. 135 p.

DELGADO, J. A interpretação ambiental como instrumento para o ecoturismo. In: SERRANO, C. (Org.). *A educação pelas pedras*: ecoturismo e educação ambiental. São Paulo: Chronos, 2000. p. 155-169. (Coleção Tours).

LOUREIRO, C. F. B. *Trajetória e fundamentos da educação ambiental*. São Paulo, SP: Cortez, 2004. 150 p.

MACHADO, de M. Formação continuada de docentes para o desenvolvimento da educação ambiental no ensino formal – discussão e reflexão. In: VARGAS et al. (Orgs.). *Educação ambiental*: cotas de saber. Campo Grande, MS: Secretaria de Estado de Educação, Governo do Estado do Mato Grosso do Sul, 2006. p. 49-60.

MIANUTTI, J. Educação ambiental e a luta por uma sociedade com mais qualidade social. In: VARGAS, et al. *Educação ambiental*: gotas de saber. Campo Grande, MS: Oeste, 2006. p. 15-26.

MILANO, S. M. Unidades de Conservação: conceitos básicos e princípios gerais de planejamento, manejo e administração. In: *Manejo de áreas naturais protegidas*. Curitiba: UNILIVRE, 1997. p. 1-60. (Apostila – UNILIVRE, 1).

NEIMAN, Z. A educação ambiental através do contato dirigido com a natureza. 2007. 138 f. Tese (Doutorado) – Pós-Graduação em Psicologia, USP, São Paulo.

NEIMAN, Z.; MENDONÇA, R. À *sombra das árvores*: transdisciplinaridade e educação ambiental em atividades extraclasse. São Paulo, SP: Chronos, 2003. 127 p.

PROJETO DOCES MATAS. *Brincando e aprendendo com a mata*: manual para excursões guiadas. Belo Horizonte, MG: IEF-MG/IBAMA-MG/GTZ, 2002. 407 p.

TABANEZ, et al. Avaliação de trilhas interpretativas para educação ambiental. In: PADUA, S. M.; TABANEZ, M. F. (Orgs.). *Educação ambiental*: caminhos trilhados no Brasil. Amazônia: IPÊ, 1997. p. 89-102.

PARTE III

O PLANEJAMENTO E O MANEJO DAS TRILHAS

Capacidade de Carga, VAMP, LAC e Outros Métodos de Gerenciamento da Visitação: Reflexões e Aplicação do VAMP no Turismo

Beatriz Veroneze Stigliano &
Pedro de Alcântara Bittencourt César

Introdução

A crescente procura por atividades de lazer em áreas naturais vem gerando pressões sobre os espaços visitados, bem como novos desafios aos responsáveis por sua administração. Busca-se, assim, na análise de métodos de gerenciamento da visitação, encontrar referenciais teórico-práticos para que tais atividades atendam aos diversos objetivos que se colocam.

Apesar de questionamentos com relação ao nível de coexistência que pode ser atingido entre a conservação e a visitação em áreas naturais, especialmente as Unidades de Conservação (UCs), há esforços na busca de estratégias para minimizar os impactos que esse uso pode causar, ou acelerar, bem como para o gerenciamento da visitação como um todo. Pesquisadores de países como Estados Unidos, Canadá e Austrália, principalmente, objetivando contribuir com os estudos sobre o tema, vêm criando e aprimorando métodos como: Capacidade de Carga (CC), Espectro de Oportunidades Recreativas (ROS), Limites Aceitáveis de Mudança (LAC), Gerenciamento de Impactos da Visitação (VIM), Proteção à Experiência do Visitante e aos Recursos (VERP), Processo de Gerenciamento da Atividade de Visitação (VAMP) e Modelo de Otimização do Gerenciamento Turístico (TOMM).

O gerenciamento da visitação em áreas naturais remete às estratégias para contribuir com a conservação dos recursos e a organização do uso público, através de amplo leque de instrumentos a serem estabelecidos e implantados.

A reflexão acerca dos efeitos da visitação a uma área natural é de grande importância. Igualmente necessária é a avaliação dos fatores para o gerenciamento da visitação em uma UC, de forma a compreender os anseios do visitante e, pelo menos até certo ponto, oferecer uma variedade de opções de atividades recreativas e educacionais que o satisfaçam, de maneira consoante com os objetivos de manejo da UC em questão. Neste trabalho, discute-se o papel dos métodos de gerenciamento da visitação, apresentam-se as principais características e objetivos do método VAMP, bem como considerações relacionadas à sua aplicação ao Parque Estadual de Campos do Jordão (PECJ), SP.

O Papel dos Métodos de Gerenciamento da Visitação

A necessidade de desenvolvimento de modelos para monitorar e gerenciar a visitação em áreas naturais tem se tornado imperiosa, enquanto a literatura acerca da questão ainda é carente. Neste sentido, Preece, van Oosterzee e James (1995), por exemplo, comentam que há séria falta de informação sobre visitantes que freqüentam áreas naturais de relevante valor, suas experiências preferenciais, padrões de gastos e condições do ambiente.

O gerenciamento da visitação é uma forma de se contribuir para atingir os objetivos de conservação dos recursos e de visitação pública de uma UC. É um dos componentes de amplo leque de ferramentas administrativas que devem ser estabelecidas e implementadas para proteger a qualidade e os valores do local em questão.

Segundo Eagles e McCool (2002), as técnicas, ou medidas gerenciais, podem ser agrupadas segundo o grau de intrusão sobre a experiência do visitante (tais como estabelecimento de limites de uso ou impedimentos legais). De acordo com esses autores, nos Estados Unidos, a filosofia corrente conduz à preferência por técnicas mais sutis, conferindo ao visitante grau elevado de responsabilidade, o que pode estar submetido à educação do visitante e à disseminação de informações, em vez da aplicação de restrições. O gerenciamento da visitação aborda, assim, duas principais questões:

1. O que pode ser feito para melhorar a qualidade da experiência do visitante?

2. Como gerenciar os impactos da visitação em níveis aceitáveis e com resultados desejáveis?

A primeira questão deve ser abordada sob a perspectiva da atividade turística na Unidade de Conservação, considerando que os visitantes buscam experiências de lazer que tragam satisfação. Isso não significa, obrigatoriamente, a necessidade de oferta de estruturas e programas dispendiosos, ou funcionários disponíveis em toda a área. Significa que os planejadores e administradores devem estar conscientes das expectativas do visitante e, quando apropriado e em concordância com os objetivos do local, buscar satisfazê-las.

A segunda questão é pertinente porque tais áreas são estabelecidas para proteger ou preservar valores naturais e culturais e a visitação em certos trechos pode ter efeitos negativos sobre esses valores, tornando necessárias ações administrativas para reduzir tais impactos. O gerenciamento também é necessário para maximizar os efeitos positivos da visitação, como o apoio à comunidade envolvida, a apreciação cultural e a geração de renda.

Hendee, Stankey e Lucas (1990) reforçam que as medidas gerenciais podem ser "diretas" ou "indiretas", sendo que as primeiras referem-se a técnicas que visam adequar o comportamento, enquanto as últimas buscam influenciar o comportamento. As técnicas diretas incluem o zoneamento, fornecendo reforços de regulamentação, limitando níveis de uso e restringindo certos tipos de atividades. A abordagem indireta inclui, por exemplo, o fornecimento de informações aos visitantes (por exemplo, educando-os sobre comportamentos adequados) e a cobrança de taxas.

Uma técnica de gerenciamento da visitação bastante adotada é a limitação de uso. Há exemplos de áreas protegidas em que um número máximo de grupos pode percorrer determinadas trilhas, ou um número estabelecido de saídas diárias de *rafting*, determinada quantidade de grupos para mergulhar. Há também limitações na expedição de licenças para operação, de forma a prevenir efeitos negativos em um local.

A intensidade do uso é assunto importante a ser considerado na gestão e administração de áreas naturais. As restrições podem ser aplicadas para controlar o número de visitantes que entram em um local, em determinado período de tempo, os pontos de acesso e os tipos de atividades que podem ser desenvolvidas. Ao mesmo tempo, pode ser necessário estipular multas e outros tipos de penalidades (Wearing e Neil, 1999). Apesar de suas possíveis falhas, faz-se necessário, em alguns casos, estipular um número máximo de pessoas para visitar os atrativos. Uma das principais causas desse tipo de ação, na prática, é a falta de funcionários, problema que a maior parte das UCs brasileiras enfrenta.

Os administradores podem buscar modificar o uso com relação a áreas específicas, reduzindo-o em áreas particularmente frágeis ou excessivamente utilizadas, direcionando-o para áreas mais capazes de suportá-lo – técnica conhecida como zoneamento. Ele também pode ser utilizado para controlar usos diferentes em partes diversas da UC. Esta é uma técnica multidimensional que leva em conta dados da área em questão para balancear as demandas de proteção e uso na determinação dos níveis de uso mais apropriados para áreas específicas dentro do parque.

Zonear consiste em parcelar um território, de acordo com suas características, aptidões, fragilidades e necessidades das mais diversas, segundo diretrizes de um plano de desenvolvimento anteriormente definido, em que determinadas atividades são autorizadas ou vetadas, de modo absoluto ou parcial (ORTEGA *ET AL.*, 1992).

Wearing e Neil (1999) também comentam sobre o planejamento do sistema de trilhas como forma de gerenciar o uso. Esta é uma maneira eficaz não apenas para a distribuição dos visitantes, mas também para a melhoria da qualidade da experiência no local. Isso acontece porque possibilita o estabelecimento do grau de dificuldade, da qualidade cênica, das oportunidades para observação das espécies e dos processos naturais e seu conseqüente aprendizado. A educação é outra maneira de implementar o gerenciamento da visitação, sendo que dispor de forte base de apoio público às propostas e objetivos das áreas protegidas é um dos primeiros pré-requisitos para seu gerenciamento; dela se originam o desejo político, o apoio financeiro e humano necessários para atingi-los. Por intermédio da educação, informação e interpretação, o público se envolve e se compromete com a área.

Uma última forma, segundo esses autores, de gerenciar a visitação é através da implantação de taxas de uso. Estas podem ter as seguintes formas: taxas para o usuário (ingresso, taxa para trilha, etc.); concessão (grupos ou indivíduos que fornecem serviços aos visitantes têm de adquirir licença para operar); vendas e *royalties* (taxas sobre atividades ou produtos, como, por exemplo, sobre cartões-postais ou fotografias); taxação (um custo extra sobre bens e serviços utilizados pelos visitantes, como taxas aeroportuárias, por exemplo); além de doações (WEARING E NEIL, 1999).

Apesar da variedade de métodos criados para colaborar com a compreensão e o gerenciamento da relação entre visitantes e a área natural visitada, verifica-se grande relutância, no gerenciamento de tais áreas, em incorporar dimensões sociais e políticas no seu planejamento, como identificado por Lipscombe (1993), além da resistência em registrar as estratégias adotadas. Tais questões resultam em incapacidade de compreender e prever as relações entre visitação e condições do patrimônio.

Há, no entanto, nítida distância entre o estudo de políticas e programas e a implantação prática dos mesmos. Ressente-se da falta de publicações que apresentem estudos nesse sentido, o que gera limitada compreensão sobre as características e possibilidades dos modelos, além de restrito comprometimento com o uso ou adaptação de tais métodos nas áreas pelas quais são responsáveis.

Entre outras conseqüências, tal abordagem corrobora iniciativas que visam afastar os visitantes das áreas naturais, no intuito de evitar impactos negativos pelo simples distanciamento das pessoas, o que contraria, especialmente no caso de algumas UCs, os próprios objetivos de manejo.

No Brasil, a maioria das abordagens verificadas diz respeito a estudos utilizando a técnica de capacidade de carga. Tais trabalhos, muitas vezes, acabam por apresentar o estabelecimento de um número máximo de visitantes como a principal solução, senão a única, para os problemas das áreas naturais. Defende-se, entretanto, a importância de utilizar outras abordagens além da capacidade de carga, ressaltando que não apenas o número de visitantes, mas seu comportamento, interesses, forma de inserção no ambiente natural, além do papel do próprio monitor ambiental na condução dos indivíduos, entre outros elementos, interferem na relação que se desenrola no ambiente visitado.

Hammit (1990:22-23) indica que *"as perspectivas do gerenciador da área natural e as do visitante são muito diferentes"*. Acredita-se que uma das razões pelas quais os gerenciadores em geral privilegiam o enfoque do recurso em detrimento da visitação remete, normalmente, à falta de profissionais das ciências humanas e sociais, capazes de compreender os valores e anseios da sociedade e traduzi-los, em termos práticos, na gestão dos ambientes naturais.

Entende-se que o principal dilema nessa situação é de que forma possibilitar a visita a ambientes naturais sem que o patrimônio seja degradado.

O Método VAMP

A partir de meados da década de 1980, críticas internas e externas convenceram a equipe do Canadian Park Service (CPS), responsável pelas áreas protegidas do Canadá, de que serviços de interpretação e de visitação em áreas naturais teriam de ser conduzidos de forma a contemplar aspectos administrativos de gestão e de conservação da natureza, uma vez que essas áreas vêm sendo amplamente inseridas no mercado turístico. Tal situação levou o CPS a desenvolver, com consultores de áreas afins, o método VAMP (GRAHAM, 1990).

O VAMP surgiu em um momento em que se começava a perceber o isolamento dos métodos que apenas enfocavam impactos gerados sobre o ambiente natural. Consiste em uma estrutura baseada em hierarquia de decisões no âmbito de um programa de gerenciamento. Decisões para o plano administrativo referem-se à seleção e à criação de oportunidades para os visitantes usufruírem a área através de atividades educativas e recreativas. O método enfatiza, dessa forma, a interpretação ambiental e os serviços oferecidos.

O VAMP surgiu como um método complementar para o processo de gerenciamento de recursos naturais do sistema de planejamento administrativo do Sistema Canadense de Parques. Baliza o planejamento e a administração tanto de Parques novos quanto daqueles em desenvolvimento ou já estabelecidos (PARKS CANADA, 1991). Pode ser entendido como uma técnica pró-ativa e flexível, visando à tomada de decisões, a ser aplicada conjuntamente pelos atores envolvidos e que contribui para uma abordagem mais integrada no gerenciamento de áreas naturais. Traz a perspectiva de desenvolver um sistema de informações sobre os diversos usuários, utilizando recursos das ciências sociais e biológicas, conjuntamente, para a deliberação sobre o acesso às áreas em questão, bem como os tipos de uso a serem incentivados.

Fatores considerados no desenvolvimento do método incluem, principalmente: a caracterização das atividades desenvolvidas por visitantes (os tipos, a quantidade, a diversidade e a localização); as experiências e benefícios procurados; os serviços complementares e estruturas requeridas; o perfil dos envolvidos; os valores e a sensibilidade dos recursos; a legislação existente, as políticas, o direcionamento administrativo, os planos, a oferta local de serviços e facilidades; a oferta regional de atividades/serviços; e a satisfação quanto à oferta (WEARING E NEAL, 1999).

O VAMP é uma ferramenta para melhor compreender o comportamento do visitante e, quando necessário, modificá-lo. As questões que guiam o processo incluem as necessidades dos visitantes, a natureza dos serviços de interpretação e as oportunidades educacionais que devem ser oferecidas em uma área, o nível dos serviços apresentados, tanto para uso atual quanto projetado, e a satisfação do visitante.

Esse método proporciona uma estrutura de ação que visa assegurar o entendimento do visitante, sua apreciação e satisfação com a experiência vivenciada, através do uso dos recursos da área, de forma a garantir que esses aspectos sejam tão importantes quanto a proteção dos recursos naturais. Dessa forma, o VAMP deve operar em forte contexto gerencial e de planejamento, pois mostra uma maneira pela qual os dados das ciências sociais se integram ao processo de planejamento do gerenciamento de um Parque (NILSEN E TAYLER, 1997).

A principal tarefa, conforme Wearing e Neil (1999), é avaliar a atual situação, comparando-se as expectativas da administração do Parque com as do visitante, verificando as atividades oferecidas em termos de serviços, seu uso e satisfação dos visitantes. A abordagem pró-ativa do VAMP possibilita traçar um perfil dos grupos de atividades desenvolvidas pelos visitantes, propondo sugestões para a elaboração de programas de interpretação e Educação Ambiental mais efetivos.

O objetivo final do VAMP é contribuir para a resolução de conflitos e tensões entre visitantes, patrimônio e gerenciadores das áreas naturais. Para tal, foi desenvolvido um conjunto com cinco diretrizes para a aplicação do método:

- apoiar, em vez de substituir, o processo de planejamento existente na área;
- focar na resolução de problemas;
- enfatizar o elemento humano na designação da área, seu planejamento e gerenciamento;
- utilizar técnicas de marketing, mas não ser inteiramente direcionado por conceitos de marketing;
- gerar um produto final, como uma série de recomendações estruturadas em um plano.

O VAMP envolve, em linhas gerais, um processo de desenvolvimento em nove passos (PARKS CANADA, 1991):

- estabelecimento de objetivos para as atividades de visitação;
- estabelecimento de termos de referência;
- identificação e análise de questões relacionadas ao gerenciamento da visitação em contraposição aos objetivos, através de análise das informações existentes;
- identificação das características da visitação;
- análise das condições do ambiente e das estruturas voltadas a atender ao visitante;
- estudo dos modelos legais e estratégias gerenciais existentes;
- desenvolvimento de opções para atividades de visitação e serviços;
- elaboração de plano com recomendações;
- implementação das recomendações.

CARACTERIZAÇÃO DO PARQUE ESTADUAL DE CAMPOS DO JORDÃO (PECJ)

O Parque Estadual de Campos do Jordão (PECJ) localiza-se no município de mesmo nome, situado a leste do Estado de São Paulo, no alto da Serra da Mantiqueira.

O município apresenta sobreposição de três Áreas de Proteção Ambiental (APAs) – uma Federal (Leis nº 6.902 e nº 6.938, Decreto Federal nº 91.304), uma Estadual (Lei nº 7.438/91, Decreto Estadual nº 17.100/02) e, também, uma APA Municipal (Lei nº 1484/85, Decreto Municipal nº 1850/88). Tem características do clima tropical de altitude (MODENESI, 1984), o que faz com que apresente oferta diferenciada de muitas áreas brasileiras onde predomina o clima tropical.

O PECJ dista cerca de 14 km do centro da cidade, e o acesso ocorre por pista asfaltada e bem sinalizada. Esta UC, mais conhecida como Horto Florestal, foi criada em 27 de março de 1941, para resguardar os últimos remanescentes das matas de araucária e demais espécies vegetais da região (PECJ, 2002). Para seu estabelecimento, foram desapropriados, inicialmente, 2.887,60 hectares. Outras desapropriações foram realizadas, posteriormente, resultando nos atuais 8.341 hectares. A UC abrange, hoje, cerca de um terço do município de Campos do Jordão.

Por se tratar de um Parque Estadual, tem, segundo o Sistema Nacional de Unidades de Conservação (SNUC), como objetivo central, preservar ecossistemas naturais e possibilitar a realização de pesquisas científicas, o desenvolvimento de atividades de educação e de interpretação ambiental, de recreação em contato com a natureza e de turismo ecológico (MINISTÉRIO DO MEIO AMBIENTE, 2003).

No que se refere à vegetação do PECJ, esta é formada, principalmente, por mata de araucária e *podocarpus*, campos, capoeiras, samambaial, vegetação aquática e de brejos (SEIBERT ET AL., 1975).

Tem fauna variada, composta, principalmente, por mamíferos de pequeno e médio porte, como bugio, caitetu, cotia, quati, esquilo, macaco-prego, veado catingueiro, onça sussuarana, queixada, entre outros, além de inúmeras espécies de aves, como jacu, nhambu, papagaio, sabiá, macuco, tangará, azulão, codorna, beija-flor, curiango, tuim, coruja, perdiz, siriema, entre outras. No PECJ são encontradas, também, pelo menos 14 espécies de abelhas e vespas e 10 espécies de ofídios. O peixe natural dos rios locais é o lambari, tendo sido, posteriormente, introduzida a truta arco-íris (SEIBERT ET AL., 1975).

Na denominada Área de Desenvolvimento, conforme Plano de Manejo dessa UC,[1] há infra-estrutura básica (abastecimento de água, energia elétrica, telefonia, etc.), edificações voltadas à administração e equipamentos para a recepção dos visitantes, além de atrativos. Dentre os principais equipamentos estão o centro de visitação, restaurante, lojas de artesanato e área de piquenique; já os atrativos são o centro de exposições, *playground*, passeio no "trenzinho", desenvolvimento de esportes de aventura, como tirolesa, a serraria, as trilhas, o viveiro de mudas e o orquidário.[2]

---

1. O documento data de 1975, não tendo sido efetuadas atualizações.

2. Conforme dados fornecidos em entrevista pela administração do PECJ, visitaram o Parque, no mês de julho de 2002, 29.397 pessoas, o que o posiciona como uma das UCs mais visitadas do Estado de São Paulo.

A Aplicação do Método VAMP ao PECJ

Segundo o SNUC (Ministério do Meio Ambiente, 2003), um Parque (Nacional, Estadual ou Municipal) deve estar aberto à utilização pública. No entanto, para que a visitação ocorra de forma satisfatória, tendo em vista tanto o visitante quanto o local, deve-se dispor, além de amparo legal, de instrumentos gerenciais específicos. Contar com informações como a caracterização biossocial e padrões de visitação, entre outras, propicia à administração de uma UC as ferramentas necessárias ao pleno desenvolvimento da visitação na área.

O método VAMP, forte instrumento administrativo, tem por objetivo o gerenciamento da visitação, visando à oferta harmônica de atividades de lazer e educativas, buscando, na análise dos visitantes, importantes subsídios para seu desenvolvimento.

Dentre os procedimentos do método VAMP está o levantamento de dados primários e secundários sobre a área analisada, baseando-se, principalmente, no Plano de Manejo, na legislação ambiental vigente, na realização do inventário do local, na análise das interfaces com o entorno e dos visitantes, apresentando, assim, amplas possibilidades de reflexão, envolvendo abrangente leque de técnicas de pesquisa, como a observação, a aplicação de entrevistas e questionários, entre outras.

De acordo com os procedimentos propostos pelo método VAMP (Canadian Parks Service, 1989), conduziu-se sua aplicação ao PECJ. Além da consulta às fontes primárias, tendo, como um dos principais subsídios, o Plano de Manejo da UC, foram aplicados 144 questionários a visitantes, em julho de 2003. Apresenta-se, a seguir, uma síntese das análises realizadas.

Com relação aos visitantes, estes, em geral, possuem nível superior de escolaridade, têm situação profissional estável e idade entre 21 e 50 anos. Todas as variáveis observadas indicam que estão, em geral, satisfeitos com os atrativos e serviços que encontram. Os visitantes são, em sua maioria, provenientes de municípios da porção leste do Estado de São Paulo, num raio que abrange o município de São Paulo. Mostram-se muito interessados em atividades não diretamente ligadas à natureza, como a compra de artesanato. O Centro de Visitação é, atualmente, subutilizado.

Permanecendo até 3 horas no Parque, a maioria dos freqüentadores avalia positivamente o estado de conservação dos recursos da UC e tem sugestões de melhorias para os atrativos, apesar de apresentar níveis positivos de satisfação com a experiência.

Há interesse no engajamento em atividades monitoradas, indicando a necessidade de possível adequação da oferta de atividades por parte do Parque.

Pode-se dividir o visitante do Parque Estadual de Campos do Jordão em dois grupos principais: os que têm no PECJ mais um atrativo de Campos do Jordão e os que o vêem como um atrativo natural representativo que, por si só, justifica a visitação. Sem deixar de lado o objetivo primordial da preservação dos recursos, deve ser oferecido um combinado de atividades que satisfaça a ambos os grupos.

Ainda quanto aos atrativos, é preciso aperfeiçoar a comunicação visual, com o aumento no número de placas, bem como a tradução das informações para outros idiomas, além da oferta de *folders* e mapas.

Há uma oportunidade, consolidada com a presença de estagiários que atuam no PECJ nos meses de maior demanda de visitantes, que coincidem com as férias escolares, de oferecer atividades de interpretação e Educação Ambiental, relacionando-se ativamente com os visitantes.

Analisando-se o uso dos atrativos e estruturas do PECJ, verifica-se que maior atenção deve ser direcionada à recepção do visitante no Parque, em seu primeiro contato, de forma que o conhecimento do conjunto das possibilidades recreativas e educativas da UC seja efetivo.

Deve-se atentar para as opções de lazer para os adultos, por constituírem grande parte do público do PECJ.

Observa-se ainda a necessidade de avaliação dos serviços voltados à terceira idade, segmento de importância crescente. Uma opção pode consistir na oferta de algumas opções de caminhos com alta acessibilidade, ampliando a possibilidade de atender a esses visitantes e outros com restrições em termos de locomoção.

A inexistência de um Centro de Interpretação é um desafio a ser superado pela administração do PECJ. Além disso, não há uma campanha regular de Educação Ambiental no Parque, que pode ser utilizada como estratégia de conscientização dos visitantes e moradores locais acerca de questões ambientais relevantes.

Considerações Finais

O método VAMP apresenta enfoque voltado a aspectos sociais da visitação em áreas naturais. Não objetiva, diretamente, o levantamento das condições físicas do ambiente natural, mas leva em consideração a necessidade de sua preservação para a composição da oferta e para a manutenção da integridade da área.

O VAMP promove o entendimento acerca do visitante e de sua relação com o local, fornecendo a possibilidade de, assim, adequar a oferta de serviços e atividades de forma a proporcionar experiências satisfatórias. A satisfação, afinal, é o resultado esperado de um processo de profunda análise do visitante, em que se pesquisam dados como motivação, expectativa, intenção de retorno, entre outros itens de vital importância para o posicionamento do produto turístico em questão.

Ressalta-se, nesse processo, a necessidade de atuação conjunta de profissionais de diversas áreas, contribuindo para a solução do dilema lazer-conservação em suas inúmeras facetas. Não se deve, também, perder de vista a realidade nacional e local e, além disso, o VAMP, assim como os demais métodos, não deve ser entendido como modelo a ser seguido sem adaptação. Cada área tem suas características e peculiaridades, e tais métodos devem ser vistos como um recurso auxiliar para o planejamento e desenvolvimento da atividade de visitação. Dessa forma, é necessário amplo domínio das possibilidades oferecidas, para, juntamente com o conhecimento da localidade em questão, serem efetuadas as adequações pertinentes, quando necessárias.

Sobre o PECJ, este oferece um conjunto de possibilidades recreativas e educativas, de acordo, em grande parte, com o previsto pelo Plano de Manejo, que, no entanto, necessita de urgente atualização, em conformidade com a legislação.

Sendo uma das UCs do Estado de São Paulo, e mesmo do Brasil, mais preparadas para a recepção de visitantes, o PECJ tem muitos méritos. Esse Parque tem um valor agregado muito forte como espaço de lazer. Para atingir seus objetivos como uma UC, entretanto, em que uma das funções é propagar conhecimentos ambientais, é necessário desenvolver ações corretivas. Essas ações dizem respeito à oferta de atividades recreativas e educacionais orientadas e guiadas, direcionadas ao fornecimento de atividades interpretativas e educativas.

Destaca-se, por fim, que o uso de métodos, como o VAMP, poderá trazer grandes contribuições para o gerenciamento da visitação em áreas naturais brasileiras, em um esforço cujos resultados positivos se farão visíveis, em vários âmbitos, a médio e longo prazo. Defende-se, no entanto, o uso conjunto de métodos, de forma a, através das combinações, produzir estruturas de abordagem adequadas às características das áreas e aos problemas a serem enfrentados.

REFERÊNCIAS

CANADIAN PARKS SERVICE. *Getting started*: a guide to park service planning. Canada: Canadian Parks Service, 1989.

EAGLES, P. F. J; McCOOL, S. F. *Tourism in National Parks and Protected Areas*: planning and management. Oxford: CABI Publishing, 2002.

GRAHAM, R. Visitor management in Canada's National Parks. In: GRAHAM, R.E.; LAWRENCE, R. (Eds.). *Towards serving visitors and managing our resources*: proceedings of a North American Workshop on Visitor Management in Parks and Protected Areas. Waterloo, Ottawa:

Tourism Research and Education Center, University of Waterloo and Environment Canada/ Canadian Parks Service, 1990. p. 271-298.

HAMMIT, W. E. Wild land recreation and resource impacts: a pleasure-policy dilema. In: HUTCHESON, F. P. N., SNOW, R. E. (Eds.). *Outdoor recreation policy*: pleasure and preservation. New York: Greenwood Press, 1990.

HENDEE, J. C.; STANKEY, G. H.; LUCAS, R. C. *Wilderness management*. 2. ed. Golden Colo.: Fulcrum Publishing, 1990.

LIPSCOMBE, N. *Track to the future, managing change in parks and recreation*. Cairns: Royal Australian Institute of Parks and Recreation, 1993.

MINISTÉRIO DO MEIO AMBIENTE. SNUC – *Sistema Nacional de Unidades de Conservação*. Disponível em: www.mma.gov.br/port/sbf/dap/doc/snuc.pdf. Acesso em: 12 maio 2003.

MODENESI, M.C. *Significado dos depósitos correlativos quaternários em Campos do Jordão – São Paulo*: implicações paleoclimáticas e paleoecológicas. 1984. Tese (Doutorado) – Faculdade de Filosofia, Letras e Ciências Humanas, Universidade de São Paulo, São Paulo.

NILSEN, P.; TAYLER, G. A comparative analysis of protected area planning and management frameworks. In: McCOOL, F.; COLE, D. *Limits if acceptable change and related palnning processes*: progress and future directions. Ogden: USDA Forest Service, 1997.

ORTEGA, R. D. E.; WINTHER, J. R. C.; RIBEIRO, W. Planejamento ambiental e desenvolvmento do ecoturismo. In: *Turismo em Análise*, São Paulo, ECA/USP, v. 3, n. 1, p. 51-59, 1992.

PARKS CANADA. *Visitor activity concept*. Ottawa, Canadá: Parks Canadá, 1991.

PECJ/SECRETARIA DO MEIO AMBIENTE DO ESTADO DE SÃO PAULO (SEMA). *Folder do Parque Estadual Campos do Jordão*. São Paulo, 2002.

PREECE, N.; VAN OOSTERZEE, P.; JAMES, D. *Two way track*: biodiversity, conservation and ecotourism. Biodiversity Paper n.5. Canberra: Commonwealth Department of Environment, Sport and Territories, 1995.

SEIBERT, P. et al. *Plano de Manejo do Parque Estadual Campos do Jordão*. São Paulo: Secretaria da Agricultura, Instituto Florestal, 1975.

STIGLIANO, B. V. *Visitantes em Unidades de Conservação*: o método VAMP aplicado ao Parque Estadual de Campos do Jordão (SP). 2004. Dissertação (Mestrado) – Escola de Comunicações e Artes, Universidade de São Paulo, São Paulo.

WEARING, S.; NEIL, J. *Ecotourism*: impacts, potentials and possibilities. Oxford: Butterwoth-Heinemann, 1999.

Estudos de Capacidade de Suporte Turístico e Monitoramento Comunitário para o Meio Físico

Lilia Seabra

Introdução

A definição de capacidade de suporte, para fins turísticos, não é nova. A primeira, feita por Summer (APUD VILLALOBOS, 1991), em 1942, foi contemporânea àquelas realizadas para os estudos de ecologia, preocupados com a sustentabilidade de populações animais e vegetais em determinado habitat. Para o pesquisador, capacidade de suporte para fins de recreação compreendia o *"máximo de uso recreativo que uma área natural pode receber de forma consistente com a sua conservação a longo prazo"* (SUMMER APUD VILLALOBOS, 2001:33).

Summer estava preocupado com os impactos no meio natural, diante do número excessivo de visitantes em áreas de uso recreativo, e, na época, já incorporava a noção de tempo (para a sustentabilidade dos recursos naturais, em virtude da visitação turística), que veio marcar presença nas concepções, nas definições e nos estudos posteriores sobre capacidade de suporte.

Na atualidade, há grande número de concepções e definições de capacidade de suporte turístico. Embora as discordâncias sejam muitas, há certo acordo entre os especialistas sobre a importância dos referidos estudos para a sustentabilidade dos ambientes visitados. A Organização Mundial de Turismo (2003:148) faz a seguinte observação sobre a importância e a finalidade do estudo de capacidade de suporte turístico:

> *"(...) refere-se à capacidade de desenvolvimento e de utilização pelo visitante que pode ser atingida sem resultar em danos ao meio ambiente físico (natural e artificial) e na geração de problemas socioculturais e econômicos à comunidade local... Ultrapassar os níveis e saturação causa danos permanentes ao meio ambiente físico ou problemas socioeconômicos (...)."*

Tal importância e finalidade dos estudos de capacidade de suporte turísticos, principalmente para áreas de atrativos naturais, já vêm sendo compreendidas em todo o mundo, ganhando, ao longo dos anos, mais adeptos. No Brasil, cresce a quantidade de pesquisadores preocupados com a temática. Dissertações de mestrado e teses de doutoramento sobre o tema são, na atualidade, mais freqüentes e alunos da graduação, principalmente nas áreas de Turismo, Geografia e Meio Ambiente, ensaiam a discussão em seus trabalhos de conclusão de curso.

Embora se possa detectar tal interesse no meio acadêmico, é sempre bom lembrar, contudo, que os estudos de capacidade de suporte turístico ainda se encontram incipientes no Brasil. Esse fato ocorre em função de, pelo menos, três grandes questões:

1. Grande extensão territorial do país e falta de dados sistematizados acerca da diversidade ecossistêmica e sociocultural brasileira. Os investimentos em pesquisa de grande porte, como é o caso dos estudos de capacidade de suporte turístico, tornam-se extremamente dispendiosos, exigindo do pesquisador grande investimento financeiro e de tempo na produção de dados primários que alimentem a metodologia criada ou selecionada.

2. Descrédito e preconceito que rodeiam tais estudos no que tange a sua eficácia. Obter o número de visitantes que uma área pode receber sem criar danos ao meio natural e sociocultural é, sem dúvida, um grande desafio. A crítica mais comum estaria na incapacidade do número de visitas estipulado, para determinada área turística, em resumir, em si mesmo, a complexa dinâmica natural e sociocultural das comunidades receptoras.

Sem dúvida, mais do que o conhecimento das muitas técnicas que possam estar envolvidas em tais estudos, o pesquisador deve estar imbuído da sensibilidade necessária para fazer do número de visitas estipulado, apenas, aliado – mutável no espaço e no tempo – na minimização dos impactos indesejáveis.

O número de visitas definido para uma área turística, decorrente dos estudos de capacidade de suporte turístico, contém a abertura para a continuidade dos estudos, num processo constante de monitoramento das variáveis envolvidas, sendo temporariamente duradouro e atrelado às condições sócio-espaciais. Encará-lo como inflexível no tempo é incorrer, ingenuamente, no erro do não entendimento das constantes mudanças no meio natural e sócio-cultural diante das subjetividades, desejos e inten-cionalidades sociais que levam às intervenções espaciais.

3. As metodologias importadas e pouco aplicáveis à realidade social brasileira, em que as áreas naturais recebem, exclusivamente, a visita do turista ideal, que, embora ecologicamente correto, é o único considerado capaz (na maior parte das metodologias) de alterar o andamento do ciclo da natureza. É preciso lembrar, entretanto, que na realidade brasileira as áreas naturais, mesmo aquelas protegidas por lei e passíveis de uso turístico, abrigam populações residentes que fazem de seus locais palco de suas realizações. Há, portanto, no Brasil, importante ator social nas áreas de atrativos naturais, além do turista: a comunidade receptora que, em geral, é desconsiderada nas metodologias existentes, embora, muitas vezes, seja a real protagonista em suas localidades.

Apesar da relevância das duas primeiras questões anteriormente observadas, e da necessidade inconteste de tê-las permanentemente nas pautas de discussão dos estudos de capacidade de suporte turístico, é na terceira questão apresentada que reside a preocupação e é objeto de discussão deste capítulo. Admitindo-se a presença de populações residentes em áreas de importantes atrativos naturais em convívio com turistas, devem ser propostas metodologias de capacidade de suporte turístico que possam estar preocupadas com as redes de relações que se estabelecem entre eles e os impactos decorrentes das mesmas, bem como com a participação das comunidades receptoras na sustentabilidade ambiental, sócio-cultural e econômica, diante do desenvolvimento do turismo em suas localidades.

Este capítulo constitui, assim, colaboração às metodologias de capacidade de suporte turístico no Brasil, com atenção dispensada às comunidades receptoras. Primeiramente, anuncia a proposta metodológica para os estudos de capacidade de suporte turístico e suas premissas fundadoras, destacando a presença ativa da comunidade receptora nos destinos das áreas de atrativos naturais; posteriormente, sugere a metodologia para o monitoramento comunitário dos recursos naturais usufruídos pelos turistas – monitoramento da qualidade da água, dos solos e da vegetação marginal das trilhas –, enfatizando a necessidade do uso de instrumentos comunitários no monitoramento do turismo desejável.

Metodologia MPTD e Foco nas Comunidades Receptoras

A preocupação, já anunciada, com a necessidade de metodologias adaptadas à realidade brasileira, no que tange, principalmente, às comunidades receptoras, impulsionou a criação da metodologia MPTD (Monitoramento Participativo do Turismo Desejável) por Seabra (2005) – cujas premissas fundadoras estão a seguir destacadas:

a) **Adaptação às áreas de atrativos naturais protegidas por lei ou não** – a MPTD foi idealizada para as áreas de atrativos naturais, com a presença de residentes.

b) **Inclusão dos interesses e desejos comunitários** – a MPTD está preocupada em inserir os interesses e desejos da comunidade receptora em relação ao desenvolvimento do turismo. Coloca o foco sobre as intenções e anseios comunitários, invertendo uma tendência dos estudos de capacidade de suporte turístico que colocam atenção nas expectativas e desejos do visitante.

O olhar atento para os interesses e desejos das comunidades receptoras está baseado nas seguintes afirmações:

- São as comunidades receptoras que carregam os impactos decorrentes do legado dos projetos turísticos – sejam eles bem ou mal planejados e/ou gerenciados. Impactos indesejáveis ou desejáveis recaem, sempre, sobre as comunidades receptoras; portanto, é para elas que a metodologia MPTD está estruturada, com a intenção de minorar impactos indesejáveis e manter ou maximizar aqueles desejados.

- São as comunidades receptoras que têm a condição de proteger os patrimônios locais de processos predatórios, advindos da atividade turística. Embora existam afirmações de que o turista, com seu poder de pressão econômico, possa inibir o turismo predatório – afastando-se das áreas que apresentam atrativos turísticos ameaçados –, a metodologia aqui proposta investe no entendimento de que a comunidade receptora, quando consciente do valor de seus patrimônios – que contam parte da história do lugar e de suas vidas – é capaz de mantê-los ao longo do tempo, conservando-os/preservado-os às gerações futuras.

- Se as comunidades receptoras tiverem clareza e aceitarem as mudanças ocorridas no meio, diante do advento do turismo, bem como clareza daquilo que querem e devem proteger, terão melhores condições de atrair turistas que saibam valorizar o patrimônio local e colaborar na conservação do mesmo.

c) **Participação comunitária no planejamento e na gestão do turismo desejável** – a MPTD reconhece que a comunidade receptora é a mais interessada em conservar seus patrimônios e atrativos turísticos. Ela deve estar atenta aos impactos e mudanças aceitáveis, bem como ao turismo e turistas desejados na localidade. Nesse sentido, a comunidade está comprometida com a participação no planejamento e na gestão do turismo que se quer, criando condições concretas para ações pró-ativas em torno desse objetivo.

d) Elaboração de instrumentos de monitoramento comunitário – a MPTD preocupa-se com as dificuldades inerentes às comunidades receptoras no tocante ao monitoramento do turismo desejável. Tal preocupação se fundamenta na complexidade dos métodos, técnicas e instrumentos usados em pesquisas dessa natureza, os quais a comunidade, na grande maioria das vezes, não está preparada para usar ou fazer análise dos resultados decorrentes da aplicação dos mesmos. Dessa forma, a MPTD colocará ênfase na necessidade de criação e/ou difusão de métodos, técnicas e instrumentos que possam ser utilizados, com facilidade, pela comunidade, objetivando o controle dos impactos ambientais, sócio-culturais e econômicos, incentivando o controle social do destino de suas localidades, diante do desenvolvimento do turismo.

e) Incorporação das dimensões da sustentabilidade – a MPTD reconhece a necessidade de busca da sustentabilidade das áreas visitadas. Mesmo em áreas consagradas pelos atrativos naturais, a metodologia está elaborada para que o monitoramento do impacto de visitação e os estudos de capacidade de suporte turístico possam atender a todas as dimensões da sustentabilidade. Assim, a MPTD contempla as seguintes dimensões: ambiental, econômica, social e cultural, buscando definir indicadores, padrões de monitoramento e margens quantificáveis para cada uma delas.

f) Adaptação à escala local – A MPTD assume a escala local para a sua aplicação. Isto porque: há maior facilidade no entendimento do funcionamento das variáveis a serem monitoradas; cada local apresenta características próprias – físicas, sócio-econômicas e culturais; e, principalmente, a metodologia reconhece a comunidade local como o *"ator social mais autorizado a identificar e proteger o seu patrimônio, bem como em definir as mudanças aceitáveis, frente ao fenômeno turístico"* (SEABRA, 2005).

g) Bacia hidrográfica: unidade auxiliar do planejamento e da gestão do turismo – a MPTD sugere as bacias hidrográficas como unidade auxiliar do planejamento e da gestão do turismo. Estas possibilitam a visão conjunta do comportamento das condições naturais e dos efeitos, no ambiente, das atividades humanas (CUNHA E GUERRA, 1996).

A metodologia recomenda, ainda, o planejamento e a gestão em microbacias hidrográficas, facilitando o entendimento dos processos naturais e sócio-culturais que ocorrem, bem como o controle social acerca de tais processos.

Proposta e Sugestões para o Monitoramento Comunitário Participativo

Dentre os objetivos da metodologia MPTD está a criação de possibilidades concretas para o monitoramento comunitário do turismo desejável de determinada localidade turística, como já tem sido afirmado ao longo deste capítulo. Para atendê-lo, a metodologia propõe e/ou sugere métodos e instrumentos de monitoramento comunitário das variáveis físicas e sociais, bem como o incentivo ao desenvolvimento de planos de ação comunitários.

A título de elucidação, e em virtude do escopo deste trabalho, serão descritos, apenas, os métodos e os instrumentos sugeridos para o monitoramento comunitário participativo do meio físico. As sugestões dadas são resultados da aplicação da metodologia MPTD na localidade do Sana (Macaé, RJ), em virtude do desenvolvimento da tese de doutoramento de Seabra, nos anos de 2003 e 2004.

Metodologia e instrumentos de monitoramento do meio físico

Após a identificação do turismo e do turista desejável, dos patrimônios a serem sustentados e dos impactos existentes e potenciais, é o momento de monitorar tais impactos, buscando minimizá-los ou evitá-los.

No distrito do Sana (Macaé, RJ), a partir de pesquisa desenvolvida no local, a comunidade identificou os recursos naturais mais afetados pelo uso turístico. Identificou-se que os recursos hídricos (Figura 1), o solo (Figura 2) e a vegetação apresentavam processos de degradação visíveis e que, portanto, necessitavam de olhar mais atento. Assim, ficou definido que a qualidade da água do córrego do Peito do Pombo – o mais utilizado pelos turistas – deveria ser monitorada, bem como o solo das trilhas de acesso ao córrego, que em virtude do pisoteamento, resultado do turismo, já se apresentava com marcas visíveis de erosão. A vegetação também gerava preocupação, porém menor, se comparada aos outros dois recursos referidos. A preocupação da comunidade com a vegetação residia na possibilidade de desmatamento, tendo em vista o alargamento das trilhas pelo uso indevido por parte dos visitantes.

Após a identificação dos recursos que estão passando por alguma forma de agressão antrópica, é necessário selecionar as áreas e os pontos a serem monitorados. Tal estratégia vale para qualquer variável.

No Sana, para os impactos relativos à qualidade da água, do solo e da vegetação marginal às trilhas, foram propostos os seguintes métodos e instrumentos para o monitoramento comunitário: biomonitoramento de macroinvertebrados, no caso da qualidade das águas, e bastões de monitoramento, para o solo e vegetação, que serão aqui destacados.

Figura 1   Cachoeira Mãe – trecho do córrego do Peito do Pombo de grande uso turístico. Sana, Macaé, RJ. *Foto*: Lilia Seabra, 2003.

Figura 2   Erosão do solo da trilha de acesso ao córrego do Peito do Pombo. Sana, Macaé, RJ. *Foto*: Lilia Seabra, 2003.

QUALIDADE DA ÁGUA E BIOMONITORAMENTO

Durante o desenvolvimento dos trabalhos no Sana, a pesquisadora realizou o monitoramento da qualidade da água, utilizando os métodos e parâmetros tradicionais: o bacteriológico e o físico-químico. Tais análises, entretanto, dependiam de infra-estrutura e conhecimento que, na grande maioria das vezes, encontra-se na seara do pesquisador. Atendendo, então, aos objetivos da metodologia MPTD foi proposta a aplicação do método de biomonitoramento de macroinvertebrados, que vem sendo desenvolvido pelo Instituto de Biologia, da Fundação Oswaldo Cruz, no Rio de Janeiro. Considerado de fácil aplicação, o método possibilita maior participação das comunidades que, uma vez capacitadas, podem trabalhar pela conservação dos recursos hídricos destinados ao turismo.

O biomonitoramento de macroinvertebrados se apresenta como método com potencial para dar respostas ao quadro de poluição de rios, através da coleta e observação da fauna de macroinvertebrados (como insetos, crustáceo e moluscos) existentes nos mesmos. Isto porque os macroinvertebrados refletem a qualidade ambiental, uma vez que as diferentes espécies têm tolerâncias diferenciadas aos diversos poluentes.

O biomonitoramento apresenta-se com vantagens sobre os métodos físicos, químicos e biológicos para avaliação da qualidade da água, porque:

> *"os organismos se integram às condições ambientais, durante longo período de tempo, enquanto os dados químicos são instantâneos na natureza e, além disso, requerem grande número de medições para avaliação mais acurada"* (CALISTO E ESTEVES, 1998:300).

Além da vantagem acima destacada, os macroinvertebrados presentes nos rios são abundantes, sedentários e de fácil reconhecimento.

O monitoramento utilizando animais não é metodologia inovadora. Ao longo da história, há muitos exemplos de seu uso para detectar a qualidade do ambiente. Para os ambientes aquáticos, macroinvertebrados têm sido empregados como indicadores, desde a década de 1960, na Europa e nos Estados Unidos. A partir de então, a metodologia vem avançando e ganhando adeptos, que buscam maneiras mais rápidas, eficientes e baratas de monitorar a qualidade da água, possibilitando a participação, o controle social e a gestão dos recursos hídricos.

A metodologia consiste em utilizar como padrão, para fins de comparação de ambientes, a fauna de macroinvertebrados existentes em locais (pontos ou trechos de rios) considerados "referências" por conta das excelentes condições de saúde e integridade ambiental. A fauna dos locais considerados "referências" é comparada com a fauna de outros locais considerados impactados (MOULTON, 1998).

A metodologia para o biomonitoramento é composta de três etapas: coleta, triagem e identificação (MERRIT E CUMMINS, 1996). Na primeira etapa os macroinvertebrados são coletados com um coletor do tipo surber de 30 × 30 e com malha de

125 µm. O coletor é posicionado contra a correnteza e amostras de correnteza, de remanso, de fundo, de pedras e de sedimentos não consolidados são coletadas.

Nas duas etapas seguintes, o material é lavado e identificado. A identificação, no nível taxonômico de ordem, pode ser feita utilizando-se uma cartilha com desenhos, fotos e características morfológicas de todas as ordens. Uma vez identificadas as amostras e conhecido o grau de tolerância das mesmas em relação a determinados poluentes, pode-se avaliar a qualidade do ambiente em questão.

No Sana, ao analisar os materiais coletados em três pontos de visitação turística, no córrego do Peito de Pombo, pode-se ter a real noção da importância, eficácia e simplicidade da aplicação do método de biomonitoramento, utilizando macroinvertebrados.

Nos três pontos analisados – o ponto referência, o ponto 1 (a jusante do ponto referência) e o ponto 2 (a jusante do ponto 1) –, o biomonitoramento pôde apontar a diferença de qualidade da água nos diferentes trechos do córrego. O ponto referência e o ponto 1 apresentaram semelhança quanto à qualidade de suas águas, embora os dados informem que o ponto referência estava ligeiramente mais conservado do que o ponto 1. Em ambos os pontos, o biomonitoramento apontou poluição do tipo orgânica, embora o ponto referência, como afirmado, estivesse menos poluído.

O ponto 2 foi o que apresentou pior qualidade da água, com presença expressiva de espécies com tolerância à poluição orgânica. O resultado era esperado, diante da notória entrada de esgotos *in natura* no sistema aquático nesse trecho do rio e da provável concentração de poluentes em virtude da posição mais a jusante e da topografia de baixa declividade nesse ponto de coleta. A colimetria apresentou resultados semelhantes àqueles produzidos pelo biomonitoramento. O ponto 2 é o mais poluído dentre os três, embora os demais apresentassem, também, ainda que de forma menos acentuada, poluição do tipo orgânica.

Os resultados obtidos no Sana reforçam a idéia de que o biomonitoramento com macroinvertebrados é ferramenta de grande valia para ambientes fluviais. O monitoramento da qualidade das águas que recebem visitantes, para fins de recreação, pode auxiliar na determinação do número de visitas turísticas, visto que a fauna dos ambientes aquáticos é influenciada pelas características físicas das águas e estas, pelas ações antrópicas realizadas à sua volta (MARQUES *ET AL.*, 1999).

EROSÃO EM TRILHAS E BASTÕES DE MONITORAMENTO

Para o monitoramento dos solos das trilhas do Sana realizaram-se alguns estudos já consagrados. Para monitorar o processo de suscetibilidade à erosão e de compactação dos solos, pelo uso turístico, foram adotadas as seguintes estratégias: coleta do solo para análise granulométrica – textura do solo –, teor de matéria orgânica e densidade aparente. Tais estratégias, entretanto, requerem conhecimento especializado em pedologia. Assim, paralelamente aos estudos tradicionais de monitoramento do solo das trilhas foi experimentado o monitoramento com bastões, esperando com isso estar difundindo um método de monitoramento mais simples, mais barato e de fácil entendimento.

A técnica consiste em fincar bastões no solo (Figura 3), em pontos previamente selecionados e mapeados. No Sana, os bastões implantados mediam 20 cm de comprimento por 2 cm de largura. Dos 20 cm de comprimento, 18 cm foram implantados no solo e o restante ficou à amostra, para facilitar a identificação, e pintado de branco, para facilitar a observação.

Figura 3 Bastões de monitoramento implantados para avaliar a erosão do solo e a perda de vegetação marginal às trilhas. Sana, Macaé, RJ. *Foto*: Lilia Seabra, 2003.

Uma vez implantados os bastões, procede-se à medição de sua altura (correspondente à porção que ficou exposta), periodicamente, estimando a perda de solo em espessura e volume. Os bastões funcionam como pinos de erosão, como destacam De Ploey e Gabriel (APUD GUERRA, 1996).

Apesar da facilidade em seu uso, os bastões de monitoramento funcionam, apenas, como alarmes, denunciando a perda do solo. Uma vez detectado o problema, são necessários estudos mais aprofundados do solo em questão para que medidas corretivas sejam empregadas.

No Sana, 39 bastões de monitoramento foram implantados em cinco trilhas vicinais de acesso aos atrativos naturais do córrego do Peito do Pombo e em um *camping* e observados por 1 ano. Nesse período, percebeu-se perda significativa de solo em uma das trilhas: de 0,7 cm a 1,0 cm – valores altos quando multiplicados pela área e pelo tempo de duração do fenômeno.

As indicações de perda de solo fornecidas pelos bastões de monitoramento foram justificadas pelos resultados das análises mais tradicionais de solo (granulometria, densidade aparente e declividade). Vale observar, ainda, que essa trilha é uma das mais visitadas, porque dá acesso a um dos atrativos naturais mais importantes do córrego do Peito do Pombo: a Cachoeira Mãe.

VEGETAÇÃO MARGINAL DE TRILHAS E BASTÕES DE MONITORAMENTO

Para constatar a perda de vegetação marginal às trilhas ou o avanço destas sobre a vegetação marginal, o uso de bastões de monitoramento também é sugerido. Neste caso, os bastões são fixados nos limites da trilha, na linha de contato com a vegetação marginal. A observação periódica, e com tempo determinado, pode demonstrar o processo de avanço do visitante sobre a vegetação marginal.

No Sana, os bastões de monitoramento mostraram-se como o único método possível de apontar o avanço do visitante sobre a vegetação marginal às trilhas. Em locais mais visitados, o alargamento das trilhas foi observado, principalmente em finais de semana em que o número de visitantes no Sana foi três vezes maior do que o número total de população fixa.

CONSIDERAÇÕES FINAIS ACERCA DOS MÉTODOS E INSTRUMENTOS COMUNITÁRIOS

Em relação ao monitoramento comunitário e participativo nos estudos de capacidade de suporte turístico, é necessário incentivar a pesquisa de diferentes métodos e instrumentos que possam subsidiar o trabalho comunitário. Decisões sobre o método e técnicas utilizados devem levar em conta a realidade local, tanto pelo ponto de vista das condições do meio ambiente como dos interesses comunitários.

Para o monitoramento comunitário do meio físico, destaque deste capítulo, deve-se incentivar o resgate de métodos e técnicas já existentes (porém pouco utilizados ou, muitas vezes, ofuscados por outros mais sofisticados, só compreendidos e aplicados por especialistas) e a criação de novos.

O resgate ou criação de métodos e técnicas para o monitoramento participativo do turismo desejável pode advir do meio científico ou da própria comunidade, que, para vencer os desafios locais, cria ou busca no passado tecnologias alternativas, economicamente viáveis e democráticas em relação ao seu entendimento e à sua aplicação. Criar, identificar e reconhecer a importância destas é a proposta da metodologia MPTD para os estudos de capacidade de suporte turístico que estejam atentos à sustentabilidade das áreas visitadas, à qualidade de vida e do ambiente.

Deve-se ressaltar, por fim, que, apesar da relativa simplicidade dos métodos e técnicas aqui apontados, todos impõem a instrumentalização da comunidade para sua aplicação. Nesse sentido, a metodologia MPTD contempla iniciativas em educação ambiental voltadas para o uso correto e responsável dos mesmos.

REFERÊNCIAS

CALISTO, M.; ESTEVES, F. A. *Biomonitoramento da macrofauna bentônica de chironomidae em dois igarapés amazônicos sob influência das atividades de uma mineração.* Rio de Janeiro: Ecologia Brasiliense, 1998. v. 5, p. 299-309.

GUERRA, A. J. T. Processos erosivos nas encostas. In: GUERRA, A. J. T.; CUNHA, S. B. *Geomorfologia:* exercícios, técnicas e aplicações. Rio de Janeiro: Bertrand do Brasil, 1996. p. 139-155.

MARQUES, M. G. S. M.; FERREIRA, R. L.; BARBOSA, F. A. R. *A comunidade de macroinvertebrados aquáticos e características limnológicas das lagoas Carioca e da Barra:* Parque Estadual do Rio Doce. 1999. 11 p.

MERRITT, R. W.; CUMMINS, K. W. *A introduction of the aquatic insects of North América.* Dubuque, Iowa: Kendall/Hunt, 1996.

MOULTON, T. P. Saúde e integridade do ecossistema e o papel dos insetos aquáticos. In: NESSIMIAN, J. L.; CARVALHO, A. L (Ed.). *Ecologia de insetos aquáticos.* Rio de Janeiro: Instituto de Biologia, Universidade Federal do Rio de Janeiro, Ecologia Brasiliense, 1998. v. 5.

ORGANIZAÇÃO MUNDIAL DO TURISMO. *Guia de desenvolvimento do turismo sustentável.* Porto Alegre: Bookman, 2003. 168 p.

SEABRA, L. S. Turismo sustentável: planejamento e gestão. In: CUNHA, S. B.; GUERRA, A. J. T. (Orgs). *A questão ambiental:* diferentes abordagens. Rio de Janeiro: Editora Bertrand do Brasil, 2003. p. 153-187.

SEABRA, L. S. . Turismo desejável e o desafio do monitoramento participativo nos estudos de capacidade de suporte turístico: a experiência de Sana/Macaé-RJ. In: INTERNATIONAL CONGRESS ON ENVIRONMENTAL PLANNING, AND MANAGEMENT, 2005, Brasília. *Anais...* Brasília, 2005. v. 4. p. 33-45.

VILLALOBOS, J. E. R. *Determinación de capacidad de carga turística para el Parque Nacional Manuela Antonio.* 1991. 183 f. Dissertação (Mestrado) – Ciência Agrícolas e Recursos Naturais, Centro Agronômico Tropical de Investigación y Enseñanza, Costa Rica, Turrialba.

Planejamento Ambiental de Trilhas Ecoturísticas em Unidades de Conservação no Brasil, Utilizando Geoprocessamento

Vivian Castilho da Costa

O estabelecimento de atividades recreativas e de ecoturismo, principalmente em trilhas do interior de Unidades de Conservação (UCs), ainda não ocorreu com base em planejamento detalhado e eficaz, tanto no que diz respeito ao controle e mitigação dos impactos negativos quanto ao fomento às atividades potenciais.

Nesse sentido, o estudo do manejo de trilhas sob a ótica geográfica e ambiental utilizando tecnologias digitais de planejamento, como geoprocessamento e sensores orbitais por sensoriamento remoto, tem permitido diagnosticar os impactos ambientais e mostrar sua importância para a conservação das áreas naturais e para muitas oportunidades recreacionais a serem desenvolvidas com mínimo impacto, tais como: *cross-country*, caminhada, observação da natureza, *trekking*, escaladas, observação de animais, safári fotográfico, dentre outras.

Cruz (2003:19) lembra que a apropriação de espaços naturais pelo turismo implica transformações espaciais relacionadas aos fatores de acessibilidade e hospedagem e que, *"em se tratando de Unidades de Conservação, algumas das transformações espaciais decorrentes do uso turístico de seus territórios diz respeito à abertura de trilhas ou à utilização de trilhas preexistentes, ao longo das quais podem ser instalados instrumentos de Educação Ambiental"*.

De modo geral, os gestores de UCs têm aproveitado o traçado de trilhas já existentes e, por meio de diferentes estratégias de comunicação, buscam somente relacionar o objeto "ecossistema" com conteúdos dirigidos pelo guia e/ou educador. Procuram, na maioria das vezes, criar, como suporte ao uso das trilhas, infra-estrutura de apoio, como: placas, painéis, *folders*, mapas, etc. Não há, porém, planejamento consistente para seu uso correto e/ou monitoramento dos resultados advindos de sua utilização inadequada.

Contudo, a associação direta com o conceito de ecoturismo e a tentativa de criar terminologia adequada à trilha somente foi possível com Andrade (2005). Para esse autor, a trilha, cujo principal objetivo é suprir a necessidade de deslocamento, pode ter várias funções e, na atualidade, constitui-se em novo meio de contato com a natureza, sendo a "caminhada em trilhas" uma das principais atividades do ecoturismo.

Muitas Unidades de Conservação não dispõem da definição de capacidade de suporte ecoturístico de suas trilhas e de seus atrativos, de rotinas de monitoramento e, principalmente, de equipes treinadas para a manutenção de trilhas, embora a relevância do tema seja evidente entre os dirigentes e seus parceiros.

As trilhas são a principal infra-estrutura de manejo de visitantes em áreas de apelo ecoturístico, em especial se estas se encontrarem em Unidades de Conservação (categoria de proteção integral, principalmente Parques), onde o uso público deve ser controlado, sendo o grande destino dos milhares de visitantes que buscam os ambientes naturais para lazer, práticas de esportes, recreação e interpretação ambiental.

Ao definir uma trilha ecoturística, temos de pensar em um conceito que agregue o fato de ela permitir ao caminhante o contato com a natureza e que é através dela que se pratica o ecoturismo, respeitando-se sempre as características, as fragilidades, as restrições do terreno e da diversidade biológica e antrópica e as condições ambientais de cada área e de cada região em que se pretende realizar tal atividade.

Porém, como tem ocorrido em muitas áreas já estabelecidas como Unidades de Conservação, as trilhas são freqüentemente construídas ou melhoradas sem as considerações mínimas quanto a seu papel no contexto do manejo da área, ou quanto ao possível planejamento de seus impactos sobre o ambiente. Há preocupação em realizar mapeamentos de seus atrativos e características ambientais, contudo, não há preocupação em usar esses mapeamentos para efetivo manejo da unidade.

A principal finalidade da trilha é conduzir o visitante ao ambiente natural ou a um atrativo específico, que permita o lazer controlado e/ou o aprendizado (Educação Ambiental) através da prática do ecoturismo, mediante um sistema de sinalização e recursos interpretativos (SALVATI, 2003). Porém, o que se vê é falta de planejamento efetivo quanto ao seu uso e aos impactos decorrentes, limitando-se apenas a conduzir visitantes, sem contato com atividades de Educação Ambiental ou com comunidades locais. Isso decorre de desconhecimento tanto da administração da Unidade de Conservação quanto do usuário, e os impactos são, muitas vezes, desencadeados pela visitação inadequada.

Assim sendo, neste capítulo pretende-se, a partir do conhecimento das características físicas e ambientais e dos impactos (atuais e potenciais) constatados em determinada região (no presente estudo, usando exemplos empregados em algumas Unidades de Conservação), propor medidas corretas de uso e manejo, através de técnicas e métodos que possibilitem alcançar esse objetivo.

Uma dessas técnicas e métodos é o geoprocessamento, uma geotecnologia muito empregada no planejamento e gestão ambiental, que pode ser articulada ainda em gabinete e vem sendo largamente usada por pesquisadores e até por órgãos gestores de Unidades de Conservação, não significando com isso que não tenha de ser calibrada por dados e/ou respostas provindos de pesquisas de campo.

Segundo Goes (1994), estudos sobre questões ambientais necessitam ser desenvolvidos, definidos e analisados sob duas óticas conceituais e metodológicas muito importantes, empregando técnicas de geoprocessamento:

A. **Planejamento ambiental** – em plano mais acadêmico, através da geração de base de dados (espaço-temporal), avaliações, registros e análises em conjuntos de cartogramas digitais, bem como prognósticos ambientais.

B. **Gestão ambiental** – processada no nível político-institucional, é considerada como módulo de ação/intervenção ambiental e social pelas comunidades político-administrativas, tendo-se por base as contribuições técnico-científicas previamente levantadas (diagnósticos e prognósticos), consolidadas e atualizáveis.

O Que É, para Que Serve e como Empregar as Tecnologias de Geoprocessamento e de Sensoriamento Remoto?

O termo *geotecnologia* (BITAR ET AL., 2000) serve para designar o conjunto de recursos tecnológicos e computacionais para geração e uso da informação geográfica (espacial) e está fundamentada nos seguintes componentes: hardware e seus periféricos, software e seus recursos e banco de dados (informações).

O debate mundial sobre a crescente degradação ambiental (aquecimento global) do planeta e o desafio do verdadeiro desenvolvimento sustentável estão demandando, cada vez mais, o desenvolvimento tecnológico dirigido ao monitoramento dos processos de impacto ambiental, entre os quais o detalhamento das características do meio físico-biótico associadas à ocupação territorial descontrolada, destacando-se os processos erosivos e escorregamentos em encostas ocupadas por diferentes tipos de uso do solo, principalmente em áreas de florestas (remanescentes) sob pressão antrópica (densamente ocupadas e urbanizadas). Tal desenvolvimento visa a contemplar métodos e técnicas de avaliação e controle desses processos, bem como de análise e gerenciamento de áreas de risco.

Com a tendência mundial do uso da tecnologia da informação, abre-se um campo sistemático para as múltiplas aplicações das geotecnologias, principalmente nas geociências. Nesse intuito, outro termo muito empregado é *geoprocessamento*.

Geoprocessamento é "*um conjunto de tecnologias de coleta, tratamento, manipulação e apresentação de informações espaciais, voltadas para um objetivo específico*" (RODRIGUES, 1995:116). Essa definição considera a *coleta de dados* apenas como uma etapa do geoprocessamento, sendo este um dos passos mais importantes, por ser a fonte de informações necessárias à implementação e atualização da base de dados, possibilitando consultas, análises, relatórios e, conseqüentemente, auxílio à tomada de decisão.

Surge, assim, outra questão, que é a necessidade de equacionar os problemas relacionados à degradação de Unidades de Conservação, particularmente dos componentes do meio físico-biótico. As dificuldades em mapear essas áreas, principalmente quando em regiões densamente ocupadas, são inúmeras: reduzidos recursos financeiros para compra de imagens de satélite, fotografias aéreas e hardwares/softwares necessários à elaboração de um cadastro georreferenciado de informações e montagem de banco de dados informatizado; capacitação de equipes no uso das geotecnologias, entre outras. Isso vem impossibilitando a obtenção de estudos em escala de detalhe, voltados principalmente à atualização ou confecção de diagnósticos e planos de manejo.

Dentre as ferramentas computacionais para geoprocessamento, incluem-se os Sistemas de Informação Geográfica (SIGs), *ou Geoprocessing Information System (GIS)*,[1] capazes de realizar análises ambientais complexas, ao integrar dados de diversas fontes e criar bancos de dados georreferenciados, tornando ainda possível automatizar a produção de documentos cartográficos.

Na perspectiva moderna de gestão do território, toda ação de planejamento, ordenação ou monitoramento do espaço deve incluir a análise dos diferentes componentes do ambiente, incluindo o meio físico-biótico, a ocupação humana e seu inter-relacionamento.

Bonham-Carter (1996) conceitua SIG como uma base de dados digitais georreferenciada que "*comporta muitas variáveis ambientais*". O SIG, para esse autor, é um sistema de computador para gerenciamento espacial dos dados. "Geográfico" implica que as locações relacionadas aos dados são conhecidas, ou podem ser calculadas em termos de coordenadas geográficas (latitude e longitude), algumas

---

1. Ver sobre *Geographic Information System* no site Wikipedia: <http://en.wikipedia.org/wiki/GIS>.

com capacidades tridimensionais (realizando Modelos Digitais do Terreno – MDTs). "Informação" implica que os dados são organizados para produzir conhecimentos traduzidos em mapas coloridos, imagens e também gráficos, tabelas, técnicas estatísticas e lógicas de análises espaciais. "Sistema" significa que um SIG é derivado de vários componentes ligados e inter-relacionados com funções diferentes.

Câmara e Medeiros (1998) indicam como principal característica do SIG a capacidade de inserir e integrar, numa única base de dados, informações espaciais provenientes de: dados cartográficos, censitários, cadastro urbano e rural, imagens de satélite, redes e modelos numéricos do terreno. Além disso, podem oferecer mecanismos para combinar as várias informações, através de algoritmos de manipulação e análise, bem como para consultar, recuperar, visualizar e plotar o conteúdo de base de dados georreferenciados.

Cavalcante (2001) apresenta o SIG como um sistema destinado ao tratamento de dados referenciados espacialmente, voltados para a coleta, armazenamento, recuperação, manipulação e apresentação de informações. Várias são, portanto, as características fundamentais que auxiliam a compreender melhor o universo de atuação dos SIGs: além de trabalhar com planos de informação (*overlays*, níveis, *layers*, camadas), lida com vários formatos de representação de dados cartográficos (vetores e rasters).

Fica, assim, evidente que, em um SIG, a apresentação de dados tem papel relevante na extração de informações. A tecnologia de SIG emprega, na maioria de suas aplicações, um banco de dados para armazenagem e recuperação de informações, o qual pode também ser aproveitado para gerar outras formas de análises de dados e facilitar a tomada de decisões. Informações complementares não espaciais podem ser utilizadas por um SIG, de modo a possibilitar novas formas de apresentação e análise de dados.

Através do SIG, o mundo real (o modo de perceber e representar a realidade terrestre) é mostrado em vários planos. Cada plano está relacionado a um conjunto de dados espacializados, georreferenciados (com coordenadas), a cada informação que é representada cartográfica e digitalmente. Nessa estrutura, o usuário de um SIG pode armazenar diferentes Planos de Informações (PIs) e gerar um banco de dados passível de ser manipulado e interagido, visando atender a determinados objetivos.

Hoje, a metodologia tradicional de manipulação e análise de dados ambientais, calcada principalmente em tratamentos estatísticos, vem dando lugar a metodologias mais pragmáticas voltadas, basicamente, para o geoprocessamento. De acordo com Góes (1991), recentemente, tem havido preocupação com a utilização de informações espaciais automatizadas e sistematizadas na realização de planejamento territorial, resultando em interesse crescente na aplicação de SIGs.

Os prováveis usuários do SIG voltado ao planejamento ambiental são: sistema institucional de gestão; técnicos e administradores de instituições centrais/governamentais e de instituições administrativas responsáveis por Unidades de Conservação; organizações civis de meio ambiente; comunidades envolvidas na gestão participativa; agentes econômicos e sociais; prefeituras e outros poderes locais; órgãos públicos setoriais relacionados à gestão da Unidade de Conservação; consultores; entidades e associações locais e regionais; pesquisadores; e iniciativa privada.

Suertegaray e Nunes (2001, APUD SAMIZAVA E NUNES, 2005:2) acreditam que vivemos o "tempo multidimensional", ou seja, "*o tempo com a preocupação do não esgotamento e dilapidação dos recursos naturais*", pois os RAPs (Relatórios Ambientais Preliminares), os EIA/RIMAs (Estudos e Relatórios de Impacto Ambiental) e outros relatórios técnicos marcam um "*tempo de respostas rápidas e são feitos a partir de modelos preestabelecidos*", alertando para a rapidez com que são realizados, a fim de conseguir a licença prévia ou definitiva dos empreendimentos, ainda mais com a ajuda das novas tecnologias que:

> "(...) *são produzidas para dar suporte analítico aos estudos da natureza, caso este, dos SIGs, que permitem a aceleração do registro especializado dos dados sobre diferentes áreas, favorecem a densificação da informação sobre o espaço e, por conseguinte, instrumentalizam políticas do que fazer*".

Outra tecnologia de geoprocessamento que tem avançado no uso sistemático de equipamentos cada vez mais sofisticados e de alta precisão e rapidez de análise é o *sensoriamento remoto (SR)*, cujo conceito é "*a aplicação de dispositivos que, colocados em aeronaves e satélites, permitem-nos obter informações sobre objetos ou fenômenos na superfície da Terra, sem contato físico com eles*" (ROCHA, 2000:115).

No desenvolvimento dessas tecnologias, o SR "*afastou-se fortemente de sua origem: a fotografia aérea. Os modernos dados de sensoriamento remoto provêm predominantemente de satélites e são imediatamente registrados digitalmente*" (BLASCHKE ET AL., 2005).

Os sistemas de SR compõem-se basicamente de sensores de processamento de dados (equipamentos que focalizam e registram a radiação eletromagnética proveniente dos objetos), que convertem dados brutos em variáveis físicas passíveis de ser interpretadas e convertidas em informações e possibilitam realizar análise (através do uso de SIG, que integra informações derivadas de SR e outras fontes).

Os sensores se dividem em: fotográficos, de radar, a laser, espectômetros, radiômetros, orbitais e satélites (meteorológicos, de aplicação hígrida e de recursos naturais). Estes últimos são capazes de captar e transformar "(...) *a freqüência, intensidade e polarização da energia eletromagnética em informação (imagem)"* (ROCHA, 2000:116). Temos uma variedade de sistemas disponíveis entre os satélites aplicados aos recursos naturais, a saber: LANDSAT, CBERS, IRS, RADARSAT, IKONOS, QUICKBIRD, SPOT, entre outros (Figura 1).

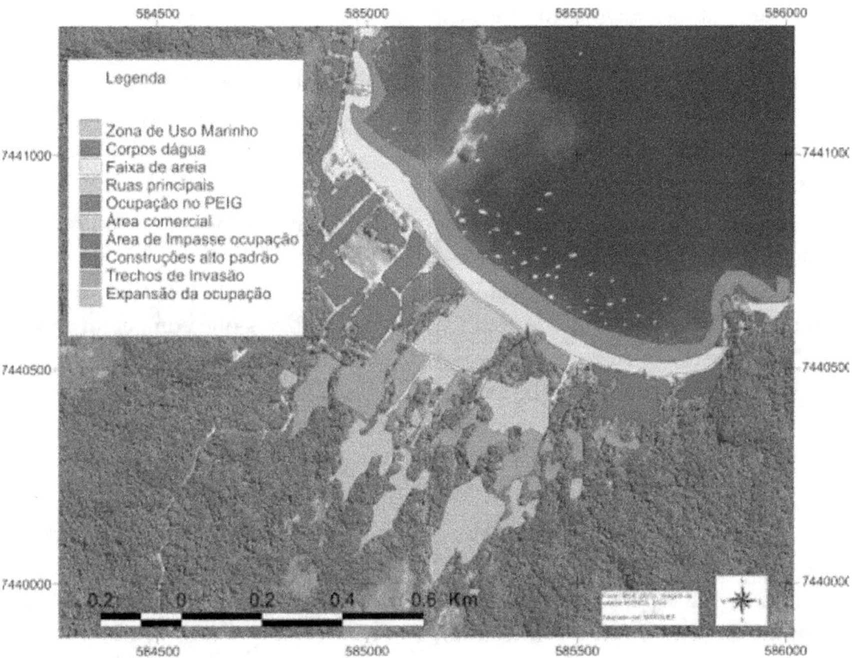

Figura 1   Exemplo de imagem de satélite IKONOS (2004), composição colorida, sendo manipulada através de SIG (Arcview GIS 3.2). Proposta de zoneamento baseada em percepção e interpretação ambiental dos moradores da Vila de Abraão (Ilha Grande, RJ). *Fonte:* Adaptado de Marques, 2005.

Cada um desses satélites possui sistema-sensor imageador, com características que produzem imagens bidimensionais diferentes, em termos de radiância, emitância ou retroespalhamento, produzindo resoluções espaciais (capacidade do sensor detectar objetos a partir de determinada dimensão), espectrais (tamanho da faixa de varredura do satélite), radiométricas (capacidade de diferenciar as intensidades de sinal ou número de níveis digitais, medidos em *bits* ou *bytes*), temporais (freqüência com que o satélite passa por uma área de interesse para imageá-la) e largura de faixa imageada (medida da largura de varredura que varia de acordo com o satélite), que são próprias de cada um (ROCHA, OP. CIT.).

No caso específico do sensoriamento remoto, já se tem registro de diversas contribuições em diferentes tipos de aplicações, principalmente no que concerne ao monitoramento de recursos naturais, como é o caso da vegetação e do uso do solo. Quanto ao monitoramento da vegetação, os estudos de efeito de borda, principalmente em Unidades de Conservação de uso público, onde as trilhas perpassam grandes fragmentos vegetacionais, estão sendo realizados com o auxílio de sensores óticos, como, por exemplo, o NDVI (Normalizede Diference Vegetation Index), que detectam os índices de vegetação para o monitoramento e quantificação da cobertura vegetal. Segundo Rocha e Cruz (2002) é através do NDVI que *"tem-se conseguido mapear áreas mais abrangentes em períodos de tempo mais ajustados às necessidades do problema"*.

A tecnologia tem avançado para proporcionar, não somente maior resolução espacial, mas também grandes mudanças na faixa espectral (detalhes na distância de captação dos objetos imageados pelo satélite). Atualmente, estão sendo desenvolvidos sensores hiperespectrais aerotransportados que competem com os satélites, como, por exemplo, os CASI (Compact Airborne Spectrographic Imager), que são usados para imagear grandes superfícies, cuja largura imageada é de aproximadamente 1,5 km, com 30 a 50 canais, altitude de vôo de 2.500 m e um *pixel* de 3 x 3 m (BLASCHKE *ET AL.*, 2005).

A redução sistemática dos habitats florestais tem estimulado o desenvolvimento de novas abordagens para o manejo dos recursos naturais, visando à conservação da floresta e à manutenção da biodiversidade. As áreas florestadas fornecem refúgio para a sobrevivência das espécies de plantas e animais de seus habitats. A fragmentação, ao mudar o microclima da floresta, torna-a mais iluminada e menos úmida, podendo favorecer o desenvolvimento das espécies pioneiras, comprometendo a estrutura dos fragmentos (TABANEZ, 1995). Para Forman e Godron (1996), um dos fatores que mais afetam os fragmentos é o efeito de borda, definido como alteração na composição e/ou na abundância relativa de espécies na parte marginal de um fragmento, causando alterações estruturais. A vegetação localizada nas bordas passa a ser afetada por aumento da radiação solar e de ventos, causando o aumento da temperatura e diminuição da umidade do solo. Por sua vez, as trilhas promovem e agravam a fragmentação de áreas naturais, aumentando principalmente o efeito de borda. Segundo Lieberg (2003), o impacto mais grave da fragmentação florestal em trilhas é a perda de diversidade na paisagem, pela mudança em sua estrutura física.

Portanto, o conhecimento da composição de espécies florestais é parte integrante do planejamento e implantação de uma política de manejo de recursos em Unidades de Conservação, e a fitocartografia automatizada, desenvolvida a partir de dados de sensoriamento remoto (integrados a uma base de dados geográficos), pode ter importante papel na categorização da distribuição das espécies de fauna e flora não só de toda a UC, mas também do entorno de suas trilhas, e pode auxiliar na identificação dos impactos decorrentes da fragmentação dessas espécies. Alguns programas vêm sendo desenvolvidos com o intuito de estudar melhor e calcular mais rapidamente o avanço de determinadas espécies ou a perda de vegetação para cultivos ou de saber como minimizar os efeitos de pragas em áreas cultivadas, a exemplo do DIVA-GIS, um SIG desenvolvido através de consórcio e parcerias entre a International Plant Genetic Resources Institute (IPGRI), a International Potato Center (CIP), a UC Berkeley Museum of Vertebrate Zoology, a Secretariat of the Pacific Community, entre outros parceiros, incluindo SINGER/ SGRP, FAO, USDA, SENASA e BMZ.[2]

Desse modo, as informações espaciais georreferenciadas, derivadas de dados multiespectrais de sensoriamento remoto, têm-se mostrado importantes para o manejo e gerenciamento de recursos naturais, principalmente face aos recursos tecnológicos atualmente empregados para torná-las disponíveis. Paralelamente, o desenvolvimento que caracteriza essa área do conhecimento (intensificado pelo uso crescente de computadores nos processos de extração e análise da informação espacial) fornece também instrumentos adequados aos estudos e monitoramento do meio ambiente.

A informação espacial é ferramenta essencial para desenvolver e rever planos e estratégias, além de possibilitar a análise e monitoramento dos recursos naturais, processos ecológicos e usos. Deve contribuir, ainda, para alcançar os objetivos de criação da UC e para sua gestão, direcionados à conservação ecológica.

Tanto a análise inicial quanto o monitoramento da informação podem ser realizados utilizando diversos tipos de dados e técnicas, incluindo: interpretação e análise de fotografias aéreas e imagens de satélite; análises meteorológicas e hidrológicas; radiotelemetria e levantamentos ecológicos de campo para estudar as comunidades de plantas e animais, etc. Alguns desses métodos são particularmente adequados para o processo de monitoramento da informação em uma UC, caracterizado como sendo a realização de observações sistemáticas nas condições dos recursos naturais, a fim de detectar mudanças e tendências para direcionar as ações de manejo e controle.

---

2. Mais informações, ver site do DIVA-GIS em http://www.diva-gis.org/.

Para Dias (1999, APUD MEIRELES, 1997), uma base de dados geográfica não se restringe ao mero armazenamento e à representação de todas as variações de certa classe de fenômeno, mas, principalmente, objetiva organizar o conhecimento de tal forma que informações mais complexas possam ser agregadas e derivadas das unidades básicas de informação nela contidas. Proporciona soluções para análises complexas, através da compilação de dados de diversas fontes, conduzindo à geração de documentos gráficos, cartográficos e/ou temáticos, contribuindo para maior compreensão do fenômeno estudado. Mapas vetoriais obtidos pelos SIGs (com pontos, linhas e polígonos georreferenciados) e informações em raster (como as imagens obtidas pelo SR), integrados a um banco de dados geográfico (BDG), permitem visualizar clara e objetivamente variáveis sócio-ambientais confiáveis (ROCHA, 2000).

A aquisição de dados, apesar de ser estágio essencial na gestão de uma UC, é apenas parte do processo, que inclui ainda os procedimentos de análise, elaboração do plano de manejo e sua aplicação. Uma vez que a maioria dos dados levantados tem natureza geográfica e pode ser espacialmente representada, qualquer tentativa de implantar uma abordagem sistêmica para o manejo dos recursos naturais implica a utilização de técnicas que integrem diferentes tipos de informação e fontes de consulta, armazenados em BDG (Figura 2).

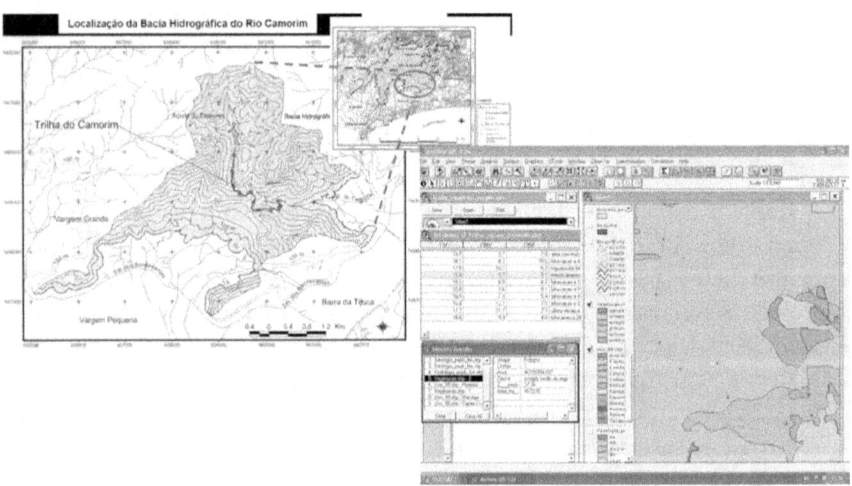

Figura 2 Exemplo de banco de dados geográfico (BDG) sobre o maciço da Pedra Branca (RJ). Mapa da bacia do rio Camorim e informações associadas à trilha do Camorim, com tabelas de atributos (tipos de solos, geologia, geomorfologia, etc.) sendo utilizadas no software de SIG Arcview 3.2 (ESRI). Fonte: Costa (2006).

Os trabalhos de ordenamento territorial objetivam normatizar a ocupação do espaço, buscando racionalizar a gestão do território, com vistas a um processo de desenvolvimento sustentado. Nesse cenário é realizada, hoje no Brasil, grande quantidade de iniciativas de zoneamento ambiental (MEIRELLES, 1997), algumas visando a planos diretores ou de manejo de Unidades de Conservação, como veremos a seguir.

ALGUNS EXEMPLOS DE UTILIZAÇÃO DE GEOPROCESSAMENTO (SIG E SR) NO PLANEJAMENTO AMBIENTAL DE TRILHAS

A metodologia utilizada para o planejamento ambiental de trilhas em Unidades de Conservação deve compreender o processo de caracterização ambiental, via SIG, com a determinação das trilhas inseridas em unidades da paisagem (como as bacias hidrográficas), sujeitas a atividades sócio-econômicas diversificadas. Deve também ter em vista os sistemas ambientais contidos nas áreas naturais, no que concerne à dinâmica dos processos ecológicos e de qualidade ambiental dos mesmos diante dos distúrbios naturais (erosão, inundação, entre outros) ou antrópicos (áreas de cultivos, retirada de areia, proximidade de pedreiras, destruição da mata ciliar, fragmentação da paisagem – perda de habitats para a biodiversidade, atividades humanas de caráter predatório, entre outros).

Tais estudos possibilitarão o exercício da valoração ecológica e sócio-econômica das áreas naturais dentro e no entorno próximo, com vistas ao planejamento e ao manejo ambiental, bem como dará subsídios à apreciação pública da paisagem e/ou dos pontos de atrativos presentes nas trilhas (pontes, mirantes, atributos histórico-culturais, cachoeiras, etc.).

O manejo de áreas naturais especialmente protegidas como as UCs – objetivando a manutenção não só da diversidade biológica, mas também os bens e serviços (dentre eles as atividades de lazer, recreação e ecoturismo desenvolvidas nas trilhas) que estas proporcionam à sociedade – necessita de grande volume de dados e informações prontamente utilizáveis, em escala apropriada, para planejamento das ações e para a tomada de decisões em bases confiáveis.

Neste contexto é primordial o uso de um banco de dados integrado a SIGs para entender as funções ecológicas dos sistemas ambientais em estudo, como forma de garantir e promover sua sustentabilidade. Essa ferramenta tem o objetivo de auxiliar o planejamento das pesquisas desenvolvidas no âmbito da UC e seu entorno imediato e solucionar conflitos, além de servir para monitoramento dos recursos naturais a ela associados, constituindo a base para o manejo de suas trilhas.

LEVANTAMENTO, IMPLANTAÇÃO E MONITORAMENTO DE TRILHAS UTILIZANDO OS SIGS

Vários trabalhos vêm sendo realizados por técnicos e pesquisadores de instituições e empresas privadas utilizando o SIG. Por isso, como foi ressaltado anteriormente, o uso de SIG nas Unidades de Conservação é tão importante.

Decanini (2001) propôs a utilização de tecnologia de SIG para dar suporte ao planejamento ambiental de trilhas, através do desenvolvimento de técnicas para localizar áreas com aptidão para a implantação de trilhas ecoturísticas, considerando as restrições ambientais, no Parque Estadual de Campos do Jordão.

O modelo de representação foi elaborado considerando o conceitual definido para a aplicação de SIG em planejamento de trilhas, bem como o aplicativo utilizado, no caso o Arc/Info 7.1.

O relevo foi também representado vetorialmente por esse autor, como "GeoCampo" do tipo *numérico,* instanciado como um TIN (MDT) e gerando classes de declividade.

Costa (2006) realizou estudos semelhantes que contribuíram para o planejamento e manejo das trilhas do maciço da Pedra Branca, que abriga a maior Unidade de Conservação urbana do município do Rio de Janeiro, o Parque Estadual da Pedra Branca, também realizando mapeamentos temáticos analíticos que culminaram na avaliação das trilhas mais vulneráveis aos impactos decorrentes dos processos erosivos, a partir de cruzamentos dos planos de informação. Para tal, utilizou-se o SIG Arcview 3.2 e 9.0 (ESRI), além de imagem de satélite, ortofotos para a classificação do mapa de uso do solo e cobertura vegetal, realizada no SPRING 4.3 (INPE).

Também elaboraram-se modelos digitais do terreno (MDT ou TIN), utilizando bases cartográficas em escala de detalhe (1:10.000, IPP-2000), sobrepondo vários *layers* (camadas ou planos de informação), como: drenagem, curvas de nível, logradouros, estradas, caminhos e trilhas, entre outros (Figura 3).

Para o visitante, quanto mais detalhadas forem as informações sobre seu destino ecoturístico, melhor, e mais prazeroso será desfrutar da experiência a que se propõe realizar. Portanto, os Parques vêm, cada vez mais, tentando se adequar às exigências dos ecoturistas ao publicar informações sobre a real condição de seus atrativos. Alguns têm publicado inclusive roteiros e informativos sobre suas trilhas e circuitos, a exemplo do que vem ocorrendo no Parque Nacional da Tijuca.

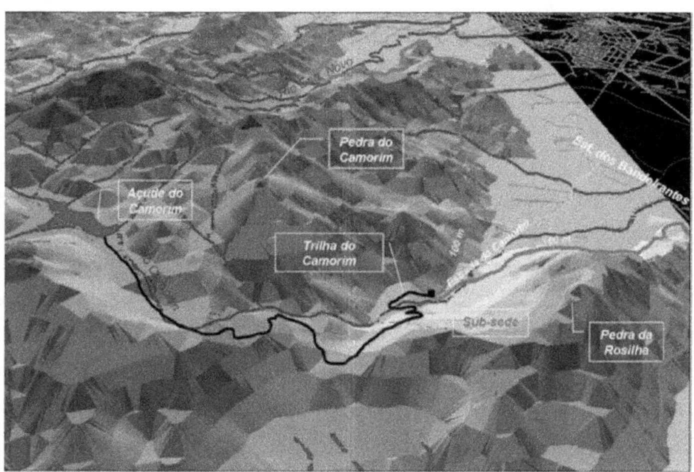

Figura 3   O modelo digital do terreno (MDT), elaborado a partir da extensão 3D Analyst (TIN) do Arcview 3.2, representando a trilha do Camorim (PEPB-RJ), auxilia na representação do relevo e na tomada de decisão quanto ao nível de dificuldade e tipos de atividades ecoturísticas em trilhas. *Fonte:* Costa (2006).

O PNT publicou um livro (guia) intitulado *Trilhas do Parque Nacional da Tijuca*, em parceria com a ONG Instituto Terra Brasil,[3] em sua 2ª edição (2006), no qual se preocupou em mapear (usando técnicas de geoprocessamento) todas as trilhas, atrativos e equipamentos (com arquivo fotográfico), através de GPS, com informações relevantes a respeito do: traçado, história, dicas de conduta em trilhas, flora/fauna, geologia, hidrologia e atividades esportivas, entre outros tópicos.

Esses três exemplos mostram o amplo uso de SIG no monitoramento das trilhas em UCs. Como os administradores de UCs vêem as trilhas como construções de "baixo nível" , ou seja, que não causam alteração significativa no meio ambiente, em geral são construídas praticamente sem planejamento formal, sem seleção de traçado nem compreensão das condições biofísicas da área onde serão implantadas. Contudo, o processo de planejamento de trilhas pode, sim, ser realizado de forma imprópria e freqüentemente tem resultado em impactos negativos, aumentando os custos de construção e manutenção. O sistema de trilhas raramente é integrado ao conhecimento geral das características físicas da área.

---

3. Informações on-line sobre o conteúdo do livro, mapas e fotos sobre os atrativos e trilhas, entre outros dados referentes à publicação e o PNT: http://www.terrabrasil.org.br.

Cole (1983) analisou que o planejamento é realizado de forma precária, acarretando a construção das trilhas de forma inadequada. Igualmente importantes são os impactos sociais do desenvolvimento e melhoramento de trilhas para as populações locais, usuários tradicionais, e para aqueles que manejam as áreas protegidas. Uma trilha aberta em área de pouca intervenção humana também exige planejamento em seu manejo e manutenção, pois, mesmo nesse caso, pode provocar impactos indesejáveis, tornando difícil alcançar os objetivos de conservação e/ou as condições futuras desejadas de uso ecoturístico e recreacional.

Se uma área não tem zoneamento, plano de manejo ou planejamento para qualquer tipo de infra-estrutura e de desenvolvimento de atividades ecoturísticas, deve-se tomar extremo cuidado no uso aberto ao público, e as decisões devem ser cuidadosamente avaliadas, de modo a não comprometer as ações futuras de manejo.

Construir ou realizar a manutenção de trilhas de maneira que permitam aos usuários superar os obstáculos naturais e ter experiências gratificantes aliadas à preservação da natureza requer, além do manejo, o planejamento adequado de seu traçado.

Segundo Rathke e Baughman (1997), alguns passos principais ajudarão a completar um projeto de sucesso na construção ou manejo de trilhas existentes. Costa (2006) readaptou esses passos, principalmente visando ordenar o plane-jamento de trilhas através do uso do geoprocessamento, são eles:

- Decidir o propósito da trilha. Para tal é preciso avaliar os recursos com base nos mapeamentos cartográficos preexistentes sobre a área, se houver (Figura 4). Se não existir detalhamentos, realizar trabalhos de campo utilizando técnicas cartográficas, como: metragem da trilha, localização de pontos notáveis na carta e/ou imagem de satélite da área, topografia por técnicas azimutais (uso de bússula e GPS, quando for o caso).

- Inventariar a área da trilha. Examinar o projeto do traçado da trilha (podendo ser avaliado pelas experiências dos usuários) e da construção da infra-estrutura que atenderá à visitação; verificar encostas declivosas, deslizamentos, cachoeiras, áreas alagadas, solos erodidos, queda de blocos, locais históricos, estradas e outras trilhas existentes que devam ser incorpo-radas ao desenho da trilha. Juntar essas informações ao mapeamento da área, aproximando-se da escala utilizada. Mapas topográficos são recursos essenciais para o *layout* da trilha, pois identificam rotas potenciais, áreas problemáticas, paisagens cênicas, estradas públicas e drenagem. Fotografias aéreas são valiosas ferramentas, especialmente usadas para localizar rodovias, tipos de vegetação, cursos d'água e uso do solo.

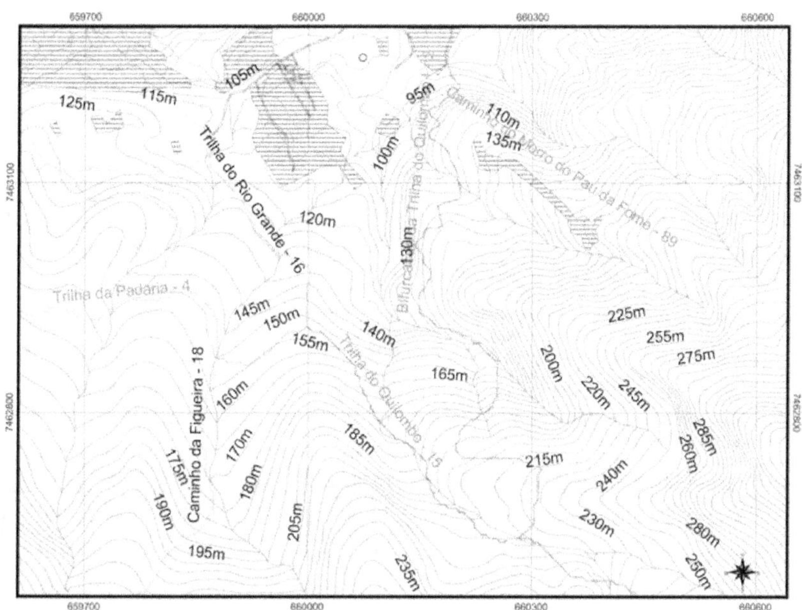

Figura 4   Exemplo de mapa topográfico contendo curvas de nível, drenagem, área com ocupação humana, estradas, caminhos, trilhas e toponímia. Banco de dados geográficos das trilhas do maciço da Pedra Branca, realizado no Arcview (ESRI). *Fonte:* Costa (2006).

- Desenhar a trilha. Desenvolver o desenho com as especificações da trilha, com base no tipo de uso. Determinar o padrão da trilha e a distância aproximada, nível máximo de esforço físico (dificuldade), grau de inclinação de declives e aclives, etc. Examinar cuidadosamente a área para rotas alternativas em pontos de interesse. Identificar trilhas potencialmente usáveis e mapeá-las ou, se for necessário criar novas rotas, identificar áreas de construção problemática, incluindo lagos e córregos, rodovias próximas e solos erosivos ou pobremente drenados. Para tal, deve-se empregar mapas de drenagem, uso do solo, pedologia, geologia e geomorfologia da área, se houver. Caso contrário, realizar o mapeamento utilizando SIGs calibrados com informações de levantamento em campo, cartas topográficas, imagens de satélite ou fotografias aéreas.

- Traçar o corredor da trilha. Andar sobre o corredor em ambas as direções da trilha proposta, usando uma bússola e um mapa (azimute) ou com auxílio de GPS (DOUGLAS *ET AL.*, 1999), se o local permitir (há problemas de falta de sinal de satélite em mata fechada, dias nublados ou com muitas nuvens, próximos de rochas ou de antenas de TV/rádio, entre outros obstáculos naturais ou antrópicos), ou de DGPS (GPS Diferencial). Identificar problemas potenciais (por exemplo: encostas declivosas com erosão ou perda de solo, água e rodovias que cruzam solos alagados, queda de blocos) e soluções de infra-estrutura. Quando finalmente for determinado o traçado, deve-se marcar a rota tracejada na carta (mapa) e na trilha, colocando fitas plásticas coloridas amarradas em árvores e galhos ou estacas de madeira fincadas no solo. No caso de GPS, pode-se usar a rota digitalmente armazenada e posteriormente passá-la para um software de aquisição (transferência) de dados. Há muitos no mercado, porém o mais utilizado é o GPS Track Maker, de acesso livre para *download* na internet (http://www.gpstm.com.br) e cuja transferência de dados pode ser realizada no seu próprio formato (.gtm) direto para o Google Earth (http://earth.google.com/) (Figura 5) ou exportado para outras extensões de softwares de SIG, como: Arcview (ESRI), Spring (INPE), entre outros. Também possui interface para registro e transferência de base de dados direto do GPS para o computador.

- Abrir a trilha. Começar a construção da trilha propriamente dita.

- Construção da trilha. Criar a superfície ideal para caminhar (corrigir pontos de difícil acesso e o traçado na carta ou no mapa digital).

- Marcar a trilha. Uma vez construída, uma trilha precisa ser marcada para que seu traçado esteja aberto em qualquer estação do ano (facilitando a manutenção) e deve-se desenvolver um projeto de sinalização preliminar e definitivo. Seu mapa digital deve ser impresso, constando o percurso e os respectivos pontos de atrativos e sinalização.

CONSIDERAÇÕES FINAIS

A atual fase do geoprocessamento, como conhecimento aplicado (tecnologia), permite-nos afirmar que têm surgido, cada vez mais, novos procedimentos de análise ambiental e espacial, utilizando conjuntos sofisticados de ferramentas que ajudam na melhoria da capacidade de tomada de decisão, com maior rapidez, qualidade e quantidade de informações, que podem ser disponibilizadas, inclusive, *on line* na Internet.

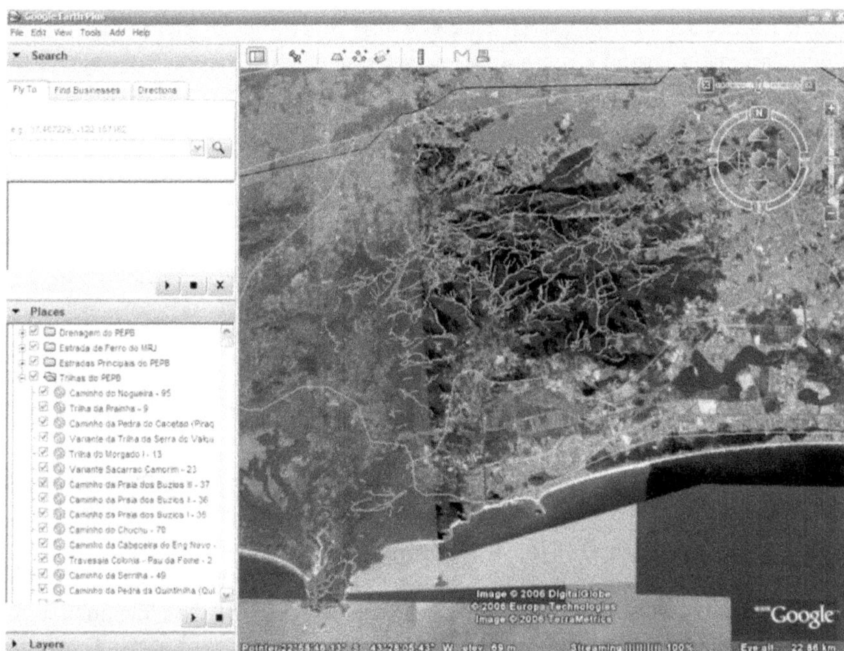

Figura 5   Planos de informação georreferenciados (drenagem, estrada de ferro, vias principais de acesso e trilhas do maciço da Pedra Branca, RJ) transferidos do software GPS Track Maker para o Google Earth, sendo possível visualizar na imagem de satélite cada plano de informação. *Fonte:* Costa (2007).

Além de a espacialização da informação estar sendo discutida por várias disciplinas das ciências, artes e filosofia, principalmente Geografia e Cartografia, o geoprocessamento tem proporcionado maior acessibilidade, precisão e velocidade na obtenção dos dados e no seu processamento. Ganha importância cada vez maior na elaboração e na implementação de planos e estratégias de planejamento e manejo de UCs, pois permite conhecer melhor o espaço e a sociedade que o produz e espacializar rapidamente as relações entre os dois, como subsídio à tomada de decisão. Neste trabalho, particularmente, isso ficou patente quando do uso do SIG no planejamento e manejo de trilhas em Unidades de Conservação.

Um problema a ser enfrentado no uso de geoprocessamento em trilhas é que, muitas vezes, o formato de dados geográficos tende a ser mais complexo que o de outros dados digitais, em razão da variedade de informações que precisam ser representadas na forma linear. Como interpretar e analisar a forma linear da trilha cruzando dados no formato areal, cuja informação se apresenta espacializada na estrutura poligonar (mapas temáticos de uso do solo e cobertura vegetal) ou matricial/raster (como é o caso das imagens de satélite e fotografias aéreas do sensoriamento remoto)?

Geralmente, a complexidade dessas estruturas também se deve ao formato digital imposto pelo software, que é criado com descrições de alto nível de complexidade, convenções e regras impostas pelos próprios indivíduos e organizações que usam o software. Alguns empregam software por questões econômicas, já que o custo de aquisição de licenças é alto, principalmente para pesquisadores de universidades públicas.

Alternativas como o Open GIS Consortium (OGC) têm criado novas padronizações técnicas e comerciais para garantir o acesso de maior público ao geoprocessamento com softwares gratuitos e com estruturas abertas de programação e linguagem. Parte dos membros da OGC tem visão positiva de uma infra-estrutura de informação global, na qual dados geográficos e recursos de geoprocessamento são distribuídos em versões *betas* (teste) ou *full* (completas) para aplicação e alimentação de informações dos usuários e estão completamente integrados com as mais recentes tecnologias de computação distribuída. Além disso, vêm sendo criados acessos às bases de dados, que se caracterizam por maior operacionalização, com o uso da internet, criação de linguagens e estruturas de transferência de informação mais acessíveis e megassistemas de gestão de dados compartilhados cliente-servidor, exigindo maior empreendimento das instituições, criando novos conceitos de *interoperatividade dos sistemas (interoperability)*.

Atualmente há vários exemplos de OpenSource cadastrados na OGC voltados ao uso de SIG, sensoriamento remoto e softwares de integração SIG e que disponibilizam mapas na internet (Webmapping). Cabe aqui destacar alguns, internacionais e nacionais, que podem ser utilizados para o planejamento ambiental de trilhas em Unidades de Conservação:

1. SIG ou GIS:

- Jump (JUMP Unified Mapping Platform) da Vivid Solutions: http://www.jump-project.org/; http://www.vividsolutions.com/JUMP/;
- OpenJump (JUMP em português) com alguns pluggins: http://www.openjump.org/; http://openjump.org/wiki/show/Plugins;
- uDig (User-friendly Desktop Internet GIS): http://udig.refractions.net/;
- DIVA-GIS desenvolvido pelo CIP (International Potato Center, Peru): http://research.cip.cgiar.org/confluence/display/divagis/Home; https://cropforge.org/projects/gcpdivagis (Informações do Projeto CropForge GCP DIVA-GIS);

- AGA-GIS (System for Automated Geoscientific Analyses) da SAGA User Group e.V: http://www.saga-gis.uni-goettingen.de/ html/index.php;
- GRASS GIS (Geographic Resources Analysis Support System): http://grass.itc.it/;
- Quantum GIS (QGIS): http://qgis.org/;
- gvSIG (Conselleria de Infraestructuras y Transporte e IVER Tecnologías de la Información S.A) – Espanha: http://www.gvsig.gva.es;
- QGIS Community: http://qgis.org/;
- SAGA GIS (A System for an Automated Geographical) – não é o do Prof. Xavier da UFRJ, mas é alemão e está em inglês: http://www.saga-gis.uni-goettingen.de;
- TerraView (DPI/INPE – Brasil): http://www.dpi.inpe.br/terraview.

2. Integração SIG e cliente-servidor (via WEBMAPPING):

- GeoServer (Open Gateway for Geospacial Data) da Free Software Fundation e da Open Planning Project (mantenedor principal): http://geoserver.org/;
- MapServer (University of Minnesota): http://mapserver.gis.umn.edu/;
- ALOV Map -TMJava. Free Java GIS: http://alov.org/index.html;
- TIME Map (Archaeological Computing Laboratory, University of Sydney): http://www.timemap.net/.

Os SIGs e *Webmapping* citados apresentam não só código aberto, mas também, através da internet e de seus sites, é possível encontrar manuais, tutoriais e fóruns de discussão para avaliá-los e dirimir dúvidas, além de se ter acesso a informações, exemplos, estudos de caso, apostilas e arquivos diversificados de banco de dados digitais e compartilhados, trocando experiências sobre essas novas tecnologias da informação.

O mundo está aberto a novas descobertas e o futuro será daqueles que procuram a geoinformação!

REFERÊNCIAS

ANDRADE, W. J. Manejo de trilhas para o ecoturismo. In: MENDONÇA, R.; NEIMAN, Z. (Orgs.). *Ecoturismo no Brasil*. Barueri, SP: Manole, 2005. p. 131-152.

BITAR, O. Y.; IYOMASA, W. S.; CABRAL Jr., M. Geotecnologia: tendências e desafios. *Perspec.*, São Paulo, v. 14, n. 3, jul./set. 2000.

BLASCHKE, T. et al. Processamento de imagens num ambiente integrado SIG/sensoriamento remoto – tendências e conseqüências. In: BLASCHKE, T.; KUX, H. (Org./Trad.). *Sensoriamento remoto e SIG avançados*: novos sistemas sensores, métodos inovadores. São Paulo, SP: Oficina de Textos, 2005. p. 11-18.

BONHAM-CARTER, G. F. *Geographic Information Systems for geoscientists*: modelling with GIS. Ottawa: Pergamon, 1996. 398 p.

CÂMARA, G.; MEDEIROS, J. S. de. *Geoprocessamento em projetos ambientais*. 2. ed. São José dos Campos: INPE, 1998. 4 p.

CAVALCANTE, S. G. *Áreas com necessidade de proteção ambiental na Reserva Biológica do Tinguá e sua borda (RJ) definidas por geoprocessamento*. 2001. Dissertação (Mestrado) – PGCAF, Instituto de Florestas, UFRRJ, Seropédica.

COLE, D. N. *Assessing and monitoring backcountry trail conditions*. Res. Pap. INT-303. Ogden, UT: U. S. Department of Agriculture, Forest Service, Intermountain Research Station, 1983. 10 p.

COSTA, V. C. da. *Propostas de manejo e planejamento ambiental de trilhas ecoturísticas*: um estudo no maciço da Pedra Branca – Município do Rio de Janeiro (RJ). 2006. v. 1, 325 f. Tese (Doutorado) – Programa de Pós-Graduação em Geografia, UFRJ, Rio de Janeiro.

CRUZ, R. de C. A. da. *Introdução à Geografia do Turismo*. 2. ed. São Paulo, SP: Roca, 2003. 125 p.

DECANINI, M. M. S. SIG no planejamento de trilhas no Parque Estadual de Campos do Jordão. *Revista Brasileira de Cartografia*, n. 53, p. 97-110, dez. 2001.

DIAS, J. E. *Análise ambiental por geoprocessamento do Município de Volta Redonda/Rio de Janeiro*. 1999. Dissertação (Mestrado) – PGCAF, Instituto de Florestas, UFRRJ, Seropédica.

DOUGLAS, et al. GPS como ferramenta para SIG. In: CONGRESSO E FEIRA PARA USUÁRIOS DE GEOPROCESSAMENTO DA AMÉRICA LATINA – GISBRASIL ´99, 5., 1999, Bahia. *Anais...* Bahia, 1999. CD-ROM.

FORMAN, R. T. T. *Land mosaics*: the ecology of landscape and regions. Cambridge: Cambridge University Press, 1995.

FORMAN, R. T. T.; GODRON. M. *Landscape ecology*. New York: Wiley, 1996. 619 p.

GOES, M. H. de B. *Diagnóstico ambiental por geoprocessamento do Município de Itaguaí (RJ)*. 1994. Tese (Doutorado) – Departamento de Geografia, UNESP, Rio Claro.

LIEBERG, S. A. *Análise sucessional de fragmentos florestais urbanos e delimitações de trilhas como instrumento de gestão e manejo no programa de uso público do Parque Ecológico do Guarapiranga, São Paulo*. 2003. 117 f. Tese (Doutorado) – Ciências Biológicas, UNESP, Rio Claro, SP.

MARQUES, N. P. *Enseada de Abraão, Ilha Grande (RJ)*: meio ambiente e ecoturismo no cotidiano de seus moradores. 2005. 98 f. Trabalho de Conclusão de Curso (Graduação em Geografia) – Universidade do Estado do Rio de Janeiro (UERJ), Rio de Janeiro.

MEIRELLES, M. S. P. *Análise integrada do ambiente através de geoprocessamento*: uma proposta metodológica para elaboração de zoneamentos. 1997. Tese (Doutorado) – IGEO, UFRJ, Rio de Janeiro.

RATHKE, D. M.; BAUGHMAN, M. J. *Recreational trail design and construction*. Minnesota: Minnesota Extension Service, University of Minnesota, 1997.

ROCHA. C. H. *Geoprocessamento*: tecnologia transdisciplinar. Juiz de Fora, MG: [s. n.], 2000.

ROCHA, S. P. da; CRUZ, C. B. M. Monitoramento da cobertura vegetal nas APAS da Mantiqueira e Serrinha do Alambari no Município de Resende com auxílio do sensoriamento remoto. In: ENCONTRO NACIONAL DE GEÓGRAFOS, 13., 2002, João Pessoa. *Anais...* João Pessoa: AGB, 2002. v. 1. CD-ROM.

RODRIGUES, M. *SIGs e suas circunstâncias no Brasil*. In: SIMPÓSIO BRASILEIRO DE GEOPROCESSAMENTO, 3., 1995, São Paulo. *Anais...* São Paulo, 1995. p. 11-23.

SALVATI, S. S. *Trilhas*: conceitos, técnicas de implantação e impactos. Disponível em: http://ecosfera.sites.uol.com.br/ trilhas.htm. Acesso em: 21 set. 2003.

SAMIZAVA, T. M.; NUNES, J. O. R. Geotecnologia e a análise empírica em geografia: uma abordagem aplicada ao planejamento ambiental. In: SEMANA DE GEOGRAFIA - A GEOGRAFIA E OS PARADIGMAS DO SÉCULO XXI, 6. *Resumos expandidos...* Disponível em: <http://www2.prudente.unesp.br/eventos/semana_geo/tiagosamizava.pdf>. Acesso em: 2005.

SUERTEGARAY, D. M. A.; NUNES, J. O. R. A natureza da geografia física na geografia. *Terra Livre*, São Paulo, n. 17, 2. semestre, p. 11-24, 2001.

TABANEZ, A. J. A. *Ecologia e manejo de comunidades em fragmento florestal na região de Piracicaba, SP*. 1995. 128 f. Dissertação (Mestrado) – Ciências Florestais, Instituto Escola Superior de Agricultura Luiz Queiroz, USP, Piracicaba.

11

GESTÃO E MANEJO DA RECREAÇÃO EM ÁREAS PROTEGIDAS: DO ZONEAMENTO À ORDENAÇÃO DAS TRILHAS[1]

Milton Dines & Anna Júlia Passold

INTRODUÇÃO

Com a popularização do turismo voltado à natureza, a visitação em áreas naturais vem crescendo significativamente desde a década de 1980. Essa modalidade de viagem busca lazer e recreação em contato com o ambiente natural, privilegiando áreas protegidas e Unidades de Conservação, com destaque para os parques nacionais e estaduais. Também ocorre em propriedades privadas que mantêm áreas naturais conservadas, onde se desenvolvem empreendimentos de ecoturismo e de turismo de aventura.

Essa demanda é reconhecida pelos meios de comunicação que mantêm forte divulgação sobre essas áreas, fixando-as como destino turístico por todo o país. Com o rápido crescimento dessa demanda, a gestão e o manejo da visitação, com foco na recreação e no lazer, tornam-se necessidade estratégica para compatibilizar a atividade turística com a conservação da natureza.

Os temas abordados neste capítulo referem-se aos aspectos da organização e do manejo da visitação em áreas naturais, como segue:

1. controle de visitantes;
2. instrumentos para organização e zoneamento das atividades recreativas e de lazer;
3. classificação e manejo de trilhas.

---

1. Baseado em consultoria sobre Estruturação da Capacidade de Suporte para Diferentes Atividades de Uso Público em Unidades de Conservação, desenvolvida para o IBAMA.

A visitação em áreas naturais protegidas com fins de recreação e lazer deve-se à supervalorização do ambiente natural conservado dada pelo público que o procura para desenvolver atividades que vão desde a simples observação da paisagem, na forma de breve passeio, ou banhos em rios e cachoeiras, até práticas recreativas de caráter esportivo como as caminhadas (também conhecidas por *trekking*), que podem se estender por mais de um dia.

Todas essas atividades dependem bastante da implantação de um sistema estruturado de trilhas, áreas para acampamento ou abrigos. Outras atividades podem integrar o leque de oportunidades recreativas de uma área natural, como a escalada em rocha, a observação da fauna e da flora e o turismo científico, que não serão abordados neste capítulo, mas que também dependem de trilhas de acesso devidamente estruturadas e outras infra-estruturas cujo manejo interfere na gestão dessas atividades.

Cabe aos responsáveis por esses locais adotar ferramentas de manejo e práticas de gestão que acomodem essa visitação e suas demandas, mediante o oferecimento de um conjunto variado de atividades recreativas ao ar livre, ao mesmo tempo em que preservam as condições naturais do ambiente.

O processo descrito neste texto constitui ferramenta de apoio às decisões e ações de manejo. O principal objetivo do processo é manter o controle das atividades de visitação, da intensidade e da distribuição espacial dos impactos decorrentes das atividades realizadas pelos visitantes.

Resumidamente, o processo inicia-se pela caracterização dos recursos disponíveis e pela determinação do espectro de oportunidades recreativas de uma área, seguidas pela classificação das trilhas em função das oportunidades recreativas que propicia e ao tipo de zona em que se insere. Apresenta-se também alguns procedimentos de manejo da visitação, como formas de controle e organização da visitação, complementados por um sistema simples e eficiente de informações para a visita.

Com a elaboração deste capítulo espera-se divulgar um conjunto de informações que possam auxiliar no direcionamento de iniciativas e servir de reflexão para os que trabalham com o manejo e o planejamento de trilhas, um conjunto de referências que deve ser incorporado circunstancialmente a cada local. Os métodos e os procedimentos apresentados neste trabalho podem ser utilizados tanto na fase de planejamento quanto na implantação e operação de uma trilha e da área que a cerca.

Conceitos para o Manejo do Uso Público em Áreas Naturais

Conceito de capacidade de carga recreativa e de capacidade de suporte

O conceito de *capacidade de carga* tem sido amplamente utilizado nas atividades e especialidades ligadas aos recursos naturais. A capacidade de carga recreativa é um conceito emprestado do manejo de pastagens e adaptado para buscar um número ideal de visitantes que uma área pode tolerar, enquanto fornece uma qualidade elevada de recreação.

As aplicações iniciais desse conceito voltavam-se aos impactos que a visitação causa aos recursos naturais, buscando encontrar meios de determinar o número máximo de turistas que podem ter acesso a um mesmo recurso sem causar danos irreparáveis a este. Em 1964, na monografia *The Carrying Capacity of Wild Lands for Recreation*, J. A. Wagar reconhece que a determinação da capacidade de carga deve abandonar a busca de um valor absoluto, visão voltada exclusivamente à avaliação das características biofísicas da área, e incluir no processo variáveis relativas aos seus parâmetros físicos, o manejo desses recursos e as expectativas e preferências dos usuários.

De acordo com Knafou (1999), a idéia de impor limites por receio da superpopulação ou da descaracterização da natureza indica filiação à corrente ideológica malthusiana que, desde o século XIX, identifica o aumento da população humana como responsável pela degradação e pela decadência de modo maniqueísta, como se essa degradação do meio natural (a idéia aplica-se também à cultura e aos destinos turísticos de massa) tivesse relação linear com um único elemento causal.

Para McCool (1996), citado por Takahashi (2004), esse paradigma da capacidade de carga fracassou principalmente porque se preocupava demasiadamente com a questão "Quantos visitantes eram demais?", enquanto várias pesquisas mostravam que muitos dos problemas do uso recreativo decorriam mais do comportamento inadequado dos visitantes do que do elevado número de pessoas.

Admitindo-se que a visitação é fator crescente, desde que incluída entre os objetivos de manejo de uma área natural, deve-se aceitar certo declínio ou mudança nas condições biofísicas e na qualidade da visita nos locais onde ocorrem mais intensamente. Mas quanto declínio ou mudança seria apropriado ou aceitável? Essa questão é fundamental para o estabelecimento da capacidade de suporte.

Reconhece-se, então, que muitos problemas advindos do uso recreativo das áreas naturais não são conseqüência do número de pessoas envolvidas, mas do comportamento dos visitantes, do manejo dos recursos e da capacitação para administrar essas questões. (FARREL, 2002)

Pode-se definir *capacidade de suporte* como a capacidade de acomodar o tipo e o nível de visitação que uma área pode receber, ao mesmo tempo em que se garantem alto nível de satisfação para os usuários e níveis aceitáveis de mudanças nos recursos[2] (adaptado de MILANO, 1986, e U.S. DEPARTMENT OF THE INTERIOR, 1997).

Atualmente, nota-se valorização desnecessária do método de cálculo da capacidade de carga, que dá muita ênfase ao estabelecimento de limites de visitação. Sob essa ótica, o estabelecimento de um "número mágico" baseado em fórmulas empíricas, principal característica desse método, disfarça a subjetividade das variáveis incorporadas sob o manto ilusório da objetividade científica de um resultado numérico. O método não permite incorporar a possibilidade de manejo dos demais fatores envolvidos e não tem obtido sucesso em minimizar os impactos sobre os recursos (FARREL E MARION, 2002; BARROS E DINES, 2000; MAGRO, 1999; COLE E HAMMITT, 1988). Abordagens alternativas preocupam-se principalmente em estabelecer relação otimizada entre os níveis de visitação e a conservação do ambiente natural.

A regulamentação específica e adequada aos locais, associada a um zoneamento eficiente (recurso de planejamento amplamente utilizado nos planos de manejo desenvolvidos para as Unidades de Conservação sob responsabilidade do IBAMA), apresenta-se muito mais produtiva do que o método numérico para o cálculo de capacidade de carga (WALLACE, 1997).

CAPACIDADE DE MANEJO

A capacidade de suporte das áreas naturais abertas à visitação também está ligada à capacidade de manejo por parte de seus responsáveis. Essa capacidade está menos vinculada ao número de funcionários do que ao seu preparo e às diretrizes adotadas para lidar com a visitação. Para essa capacitação, incluindo os parceiros e voluntários que podem desempenhar muitas funções administrativas e de manejo, é necessário treinamento que inclua técnicas de administração da visitação, tais como: projeto de implantação, manutenção e conservação de infra-estrutura, informação ao visitante, sinalização, monitoramento e patrulhamento.

---

2. Entende-se por recursos tanto os recursos biofísicos da área como a infra-estrutura instalada e planejada.

Wallace (1995) destaca a educação do visitante como outro aspecto importante que pode reduzir a intensidade dos impactos. O autor afirma:

> *"já que os impactos sobre os recursos de um parque geralmente são determinados pelo tipo e pelo comportamento dos visitantes, e não pela sua quantidade, uma educação que promova comportamentos que reduzam os impactos é parte integral daquilo que se entende por* **capacidade administrativa***"* (destaque do autor).

Para que se obtenha comportamento desejável do visitante de áreas naturais, é interessante divulgar e recomendar que o visitante adote códigos de conduta como o Pega Leve!,[3] que oferece indicações para a prática de mínimo impacto em uma variedade de atividades recreativas, incluindo caminhadas e acampamentos, visita a cavernas, escalada em rocha e corridas de aventura.

Sabemos que não há correlação direta entre o número de visitantes e os impactos negativos que afetam o solo, a vegetação, a vida selvagem e a experiência dos visitantes. O grau de impacto depende de muitas variáveis que se somam à quantidade de visitação, como o grau de consolidação do local (a construção de trilhas, mirantes, áreas de acampamento e desembarcadouros resistentes à erosão, por exemplo), os fatores de motivação e o comportamento dos visitantes (WALLACE, 1995:127).

Os impactos mais diretamente relacionados à visitação, como erosão, perda de cobertura vegetal, danos aos equipamentos e estruturas e insatisfação do visitante, são evidentes e necessitam de um conjunto coerente e articulado de ações de manejo e gestão para trazê-los de volta a um padrão mínimo aceitável. Somente depois da implantação dessas ações será possível estabelecer procedimentos de monitoramento dos impactos da visitação, para podermos aferir se essas ações são efetivas.

Dotar uma área natural de amplo leque de oportunidades de visitação, com a ajuda de ferramentas que aumentem sua capacidade de suporte, significa organizar e gerenciar o uso público de modo dinâmico. Nesses locais é possível obter informações detalhadas sobre as atividades recreativas disponíveis no local com o auxílio de pessoal bem capacitado para o relacionamento com os visitantes. Além disso, a oferta de folhetos e mapas detalhados serve para orientar o visitante em suas atividades e evitar os impactos causados ao meio natural pelo uso indevido de áreas não abertas ao público ou por atividades de resgate, em casos de acidentes causados pela falta de informações adequadas. Além dessas medidas, a capacidade

---

3. O Programa Pega Leve! – mínimo impacto em ambientes naturais – é uma iniciativa do Centro Excursionista Universitário (CEU). Pode ser encontrado em: http://www.pegaleve.org.br.

de suporte de uma área natural pode ser aumentada pela implantação de um sistema de sinalização eficiente e um programa consistente de manutenção de trilhas e demais equipamentos.

A questão da minimização do impacto da visitação norteia o manejo da visitação. A responsabilidade da administração da área com essa questão compreende a manutenção das trilhas, acampamentos e demais estruturas, a instalação e manutenção da sinalização de trilhas e atrativos e a organização da visita. Sempre que os impactos estiverem em desacordo com os padrões estabelecidos, um conjunto de ações deve estar à mão para contornar o problema e reduzir o impacto a níveis aceitáveis.

O monitoramento de impactos é utilizado para medir o sucesso das ações implementadas, fornecendo dados objetivos que podem justificar o uso de ações mais ou menos restritivas. Os impactos que poderão ser monitorados podem variar bastante de caso para caso e deverão ser determinados a partir do levantamento da realidade de cada local, expressa por indicadores, variáveis que podem representar as condições ambientais e experienciais que se deseja medir e avaliar (FREIXÊDAS-VIEIRA ET AL., 2000). Para identificar os problemas realmente relevantes que dificultam o manejo da área é preciso ter claro o que se pretende fazer. É importante ressaltar que o foco do trabalho deve ser os impactos, não às atividades. Isso significa que, uma vez detectado um impacto significativo, o foco do trabalho deve buscar soluções para reduzi-lo a um nível aceitável.

Muitas vezes, medir a intensidade do impacto é ação necessária para auxiliar na tomada de decisão sobre ações corretivas. Em outros casos, o impacto é tão evidente que um conjunto de ações pode ser adotado imediatamente após sua identificação, implantando-se o monitoramento como ferramenta para medir o acerto dessas ações. O monitoramento de impactos é atividade técnica que exige qualificação e familiaridade com a seleção e levantamento dos indicadores. Para mais informações sobre o tema ver Passold (2002) e Passold *et al.* (2004).

Princípios e Procedimentos para o Manejo da Visitação

O manejo da visitação baseia-se num conjunto de princípios que fornecem a base para a abordagem e para os métodos empregados nessa atividade. Esses princípios e alguns dos principais procedimentos de manejo estão listados a seguir.

Princípios de manejo da visitação

A listagem abaixo não apresenta qualquer hierarquia de valor ou importância, e seu conteúdo deve ser considerado em conjunto:

- O manejo da visitação não tem por objetivo eliminar os impactos, mas lidar com eles e controlá-los.

- O manejo deve controlar os impactos através da manipulação dos fatores que afetam seus padrões.

- Impacto é o resultado inevitável do uso. Portanto, não existe impacto zero: é importante estabelecer padrões realistas de impacto para cada situação.

- O manejo não visa interromper as mudanças, mas procura evitar, ou minimizar, impactos indesejados. É muito importante estabelecer limites objetivos para os tipos e a intensidade de mudanças que serão admitidas.

- As atividades de uso público (visitação, pesquisa, educação, etc.) ocorrem exclusivamente em locais inseridos nas zonas que as admitem.

- As alterações impostas por trilhas e áreas de acampamento, por exemplo, são toleráveis e previsíveis em áreas destinadas ao uso público.

- Essas atividades implicam impactos que podem ser minimizados com o manejo adequado e a orientação/educação do visitante.

- Um critério importante para decidir se um tipo de impacto é aceitável ou não é sua autolimitação: certos impactos tendem a se estabilizar com o tempo, quando se aproximam de sua máxima intensidade de mudança.

- Os impactos concentram-se sobre as atrações e os equipamentos (nós de uso) ou sobre os caminhos e trilhas (rotas de acesso).

- Mesmo podendo ser severos em alguns locais, os impactos geralmente ocorrem em áreas mínimas em relação ao restante (HAMMIT E COLE, 1998).

- Os impactos variam bastante com o tipo de uso e o meio de transporte utilizado (a pé, a cavalo, bicicletas, veículos motorizados).

- O uso misto de uma trilha (por exemplo, bicicletas + pedestres) é mais impactante que o uso exclusivo.

- Um grupo bem preparado pode ser menos impactante que um indivíduo mal preparado.

- O zoneamento e a organização do conjunto de oportunidades recreativas são importantes instrumentos para ordenar tipos e intensidades de uso.

DESCRIÇÃO DAS PRINCIPAIS ETAPAS DE TRABALHO

Etapa 1: Estabelecer uma equipe para o projeto e desenvolver estratégias para o envolvimento público

Esta etapa é muito importante, principalmente quando se trata de locais públicos, por se estar decidindo sobre o destino de áreas que podem ter influência sobre a vida e as atividades das comunidades que moram ou utilizam o local para suas atividades sócio-econômicas. Seja em áreas públicas ou privadas, é interessante que a equipe técnica seja composta por pessoas que tenham formação e experiência em planos de manejo e em gestão de uso público, além das que conhecem profundamente a área em estudo, geralmente os moradores locais. O envolvimento público gera maior compreensão e comprometimento com o trabalho em desenvolvimento, facilitando sua posterior implementação e gestão. A divulgação prévia do início dos trabalhos e o convite individual para que os principais atores envolvidos com atividades turísticas participem são uma estratégia simples que pode gerar interesse.

Etapa 2: Analisar informações e os objetivos de manejo da área

Esta etapa é realizada antes do trabalho de campo e inclui a consulta a documentos como: Planos de Manejo, Planos de Uso Público, Planos de Ação Emergencial, Planos Operativos, Planos Diretores Municipais, assim como documentos internos. Esses documentos, obrigatórios no caso de Unidades de Conservação, apresentam os objetivos gerais e específicos da área, que serão utilizados para definir as condições desejadas dos recursos naturais e da visitação.

Segundo Freixêdas-Vieira *et al.* (2000), outras informações necessárias para uma análise completa do uso público são: 1) demanda da visitação – dados de fluxo e perfil de visitantes; 2) registros – acidentes, animais atropelados, extração ilegal de recursos naturais; 3) questionários – percepção dos visitantes sobre a lotação e impacto do uso sobre os recursos da área.

Muitos autores enfatizam a importância de definir objetivos de manejo de forma clara e específica e apontam que a principal falha na maior parte dos Planos de Manejo é a falta de objetivos que permitam aos administradores demonstrar as condições desejáveis e medir seu desempenho com o intuito de atingir esses objetivos (GRAEFE ET AL., 1990). Sugerem que os objetivos de manejo devem ir além de certas generalidades como "proteger os recursos" ou "prover experiências satisfatórias" e precisam definir o tipo de experiência a ser provida em termos de condições ecológicas e sociais adequadas para a área.

Em outras categorias de áreas protegidas, públicas ou privadas, a determinação cuidadosa desses objetivos e um zoneamento que defina a intensidade de uso admissível para cada porção da área em estudo são condição mínima para passar à próxima etapa.

Etapa 3: Identificar e descrever oportunidades de uso público

Esta etapa consiste em caracterizar as zonas destinadas à visitação, previstas nos instrumentos de planejamento da área, de acordo com o seu zoneamento, classificando-as segundo o grau de intervenção e estabelecendo normas específicas de uso para cada zona.

O Roteiro Metodológico de Planejamento para Parques Nacionais e outras categorias de Unidades de Conservação (IBAMA, 2002) identifica a vocação das zonas de intensidade de uso, classificando-as segundo o grau de intervenção, como:

- Zonas Intangível e Primitiva – nenhuma ou baixa intervenção.
- Zona de Uso Extensivo e Histórico Cultural – média intervenção.
- Zonas de Uso Intensivo, Uso Especial, Recuperação, Uso Conflitante, Ocupação Temporária, Superposição Indígena, Interferência Experimental – alto grau de intervenção.

Segundo Hauff (2000), ao se tratar do planejamento de Unidades de Conservação, pode-se utilizar o método Recreational Opportunity Spectrum (ROS) (ou Espectro de Oportunidades Recreativas) para o planejamento da recreação e para a adequação e disposição de infra-estruturas nas diferentes zonas da unidade. O método ROS (CLARK E STANKEY, 1979) identifica diferentes tipos de atividades recreacionais, combinando condições físicas, biológicas, sociais e de manejo, e estende-se do ambiente urbanizado e desenvolvido para o primitivo e não desenvolvido. O mesmo procedimento pode ser adaptado para áreas naturais que não sejam necessariamente Unidades de Conservação.

Para Lechner (2006), o ROS é um método de planejamento que estabelece objetivamente as recomendações para a construção e disposição de equipamentos para recreação e lazer, compatibilizando as restrições do zoneamento com as várias possibilidades de atividades em ambiente natural e com a diversidade de expectativas do visitante em relação a essas atividades e aos atrativos da área. Assim, sugere-se o uso desse método para garantir que a implementação de atividades de uso público, assim como instalações e equipamentos, esteja de acordo com os objetivos e definições de cada zona.

No caso das Unidades de Conservação no Brasil, para efeito de adaptação do ROS ao zoneamento conforme a Lei do Sistema Nacional de Unidades de Conservação (SNUC), o diagrama da Figura 1 estabelece a correlação entre as classes de oportunidades do ROS e suas respectivas zonas. Nessa adaptação, a Zona de Uso Intensivo (SNUC) tem dupla correspondência com as categorias Natural e Rural (ROS), que devem ser empregadas de acordo com as características de cada local. Dessa forma, fica evidente como o zoneamento das atividades de visitação recreativa pode ser sobreposto sem conflitos ao zoneamento da área em estudo, determinando classes e intensidades de usos.

A Figura 1 hierarquiza as zonas de uso recreativo de acordo com o seu grau de naturalidade, que se estende de áreas primitivas até áreas urbanizadas, segundo o grau de intervenção admitido ou já desenvolvido em cada local. Tomando-se como exemplo a classe semiprimitiva do ROS, pode-se adequá-la às características da Zona de Uso Extensivo do SNUC, que admite grau médio de intervenção no ambiente natural.

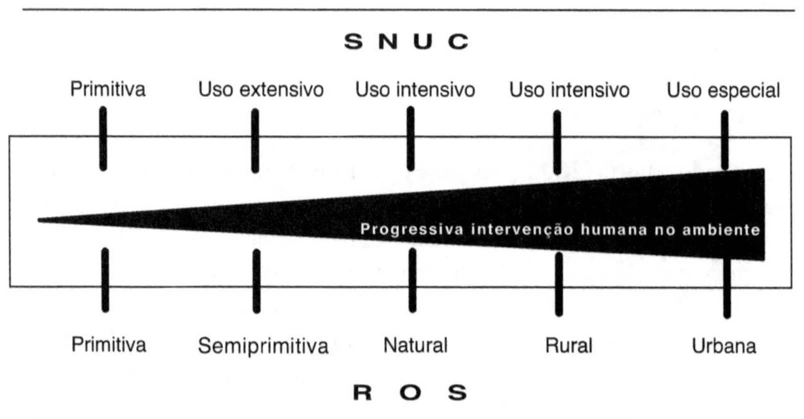

Figura 1 Zonas de uso recreativo adaptadas ao SNUC.

Buscando atender às expectativas daqueles que procuram atividades ao ar livre em áreas naturais protegidas, como os Parques Nacionais, através do método ROS a experiência da visitação pode ser separada em quatro cenários, nos quais: 1) o visitante se ocupa de certa ATIVIDADE; 2) em determinado AMBIENTE (com componentes físicos, biofísicos e sociais); 3) buscando alcançar certo tipo de EXPERIÊNCIA; e 4) por algum MOTIVO particular (CLARK E STANKEY, 1979). Para ilustrar, apresenta-se a questão em outras palavras: uma pessoa caminha até uma cachoeira (ATIVIDADE) em uma área completamente natural (AMBIENTE) pela satisfação de estar ao ar livre (EXPERIÊNCIA) para relaxar e aprender sobre a natureza (MOTIVO).

O Quadro 1 apresenta um exemplo de aplicação propositiva do método para a Parte Baixa do Parque Nacional do Itatiaia. Nesse setor do PNI, a área definida como Conjunto Natural no Plano de Uso Público (MAGRO ET AL., 2001) inclui trilhas curtas que levam às cachoeiras, piscinas do Maromba, Poranga, Itaporani e Lago Azul, bem como a trilha da Cachoeira Véu da Noiva, com extensões que variam entre 250 e 550 m.

Quadro 1   Principais características da Zona de Uso Intensivo de acordo com os critérios utilizados no método ROS (Recreational Opportunity Spectrum).

Método ROS - Parte Baixa do Parque Nacional do Itatiaia
Características das trilhas localizadas na Zona de Uso Intensivo ou Zona Natural
Proposta de Ordenamento

Características do ambiente

- Ambiente com aparência natural.

- Permitem-se alterações dos recursos e uso de práticas para salientar atividades de recreação específicas, como caminhadas por trilhas, banhos, e para manter o solo e a cobertura vegetal. Avistamentos e sons humanos evidentes, e moderada a alta interação entre os usuários.

- Infra-estrutura e equipamentos para grande número de pessoas.

- Possibilidade de densidade moderada de visitantes longe dos locais desenvolvidos.

- Uso motorizado permitido para acesso ao início das trilhas.

- Sistema de comunicação visual bastante presente, com placas indicativas e interpretativas, constituindo um conjunto visualmente coerente e articulado.

Critérios de naturalidade

- Distância mínima dos principais atrativos = 800 m da estrada de acesso.

Evidências humanas

- Âmbito natural com alterações evidentes ao observador motorizado.

- Forte evidência de estradas.

- Estruturas são dispersas e pouco evidentes.

Características da experiência dos visitantes

- Alta probabilidade de encontros entre grupos de usuários, mas mantendo a interação com o meio natural.

- Possibilita prática de atividades ao ar livre, sem grandes riscos e desafios.

- Possibilidade de uso de veículos.

Critérios de âmbito social

- Contatos com outros grupos com freqüência moderada a alta nas trilhas e atrativos.

Critérios de âmbito administrativo

- Regras e controle claros e intensivos, mas em harmonia com o meio natural.

Características das trilhas e atrativos

- As trilhas devem permitir visitação intensa durante o ano todo, prevendo tratamento para tráfego intenso de pessoas e todos os tipos de visitantes.

- O leito da trilha deverá ter até 1,20 m de largura (mínimo de 0,80 m em locais muito estreitos), prevendo-se a pavimentação com pedras em trechos onde a presença de água e/ou lama não pode ser evitada, e o escoramento de degraus nos trechos mais íngremes, a recuperação do leito em quase toda a extensão das trilhas e a construção de pequenas estruturas para controle de erosão e drenagem.

- As trilhas deverão ser dotadas de sinalização indicativa e placas de interpretação nos pontos mais significativos e nos atrativos. No início de cada trilha, é necessária uma placa que apresente ao menos um mapa esquemático, indicando distância, grau de dificuldade e advertências referentes a trombas d'água e condição da trilha.

A aplicação do ROS permite definir as características de visitação e as diretrizes de manejo que se pretende implantar em cada local. Isso somente é possível porque foi tomada decisão prévia de planejamento determinando que a área é uma Zona de Uso Intensivo (SNUC) correspondente à Zona Natural (ROS). Para mais detalhes em língua portuguesa sobre o método ROS e detalhamento do conjunto de critérios para determinr as classes de oportunidades recreativas, ver Lechner (2006).

Etapa 4: Classificação e manejo de trilhas

As trilhas costumam ser elementos ordenadores da visitação em áreas naturais, determinando percursos, facilitando o deslocamento de pessoas e distribuindo os visitantes pelos atrativos. A classificação de trilhas é um desafio ainda insuperado no Brasil e pode ser um auxiliar importante na ordenação e no manejo da visitação, determinando tipos e intensidade de usos, além de indicar procedimentos para sua implantação e manejo. A classificação proposta no Quadro 2 divide as trilhas em três categorias, voltadas a públicos diferenciados e a diferentes tipos de atividades ligadas ao lazer e à contemplação, ou às atividades de caráter esportivo ou de aventura. Essa classificação também se relaciona ao sistema de zonas estipulado pela lei do SNUC, de modo a se adaptar também às Unidades de Conservação.

Quadro 2   Classificação das trilhas.

As trilhas podem ser classificadas de acordo com a zona onde se inserem e o grau de desafio ou dificuldade que apresentam ao preparo físico e às habilidades do visitante. Recomenda-se adotar três categorias:

T1 – Caminho

Grau de dificuldade: fácil

Parâmetros: trilhas relativamente curtas (até 1.200 m de extensão) e bem constituídas, apresentando condições ótimas para vencer desníveis. Um trajeto que não requer preparo físico ou habilidades esportivas. Construídas para pessoas de todas as idades vestidas com calçados e roupas comuns, podendo ser percorridas em quase todas as condições de tempo e clima. Localizadas preferencialmente em zona de uso intensivo.

Diretrizes de manejo: alto nível de intervenção, com pavimentação ou endurecimento do leito (compactação, revestimento onde necessário, etc.) em trechos sujeitos ao tráfego intenso de pessoas e/ou alta erosão; aceitam movimentos de terra para diminuição da declividade e contenção de encostas; dotadas de lugares para descanso (podendo incluir bancos e estruturas de sombreamento) em intervalos regulares e em trechos de forte desnível. Largura do leito das trilhas de até 1,2 m; presença de estruturas como pontes, passarelas e escadas para facilitar a travessia de cursos de água e desníveis; sinalização intensiva e placas interpretativas bastante evidentes. Público-alvo: visitantes de variada faixa etária que não estejam em busca da prática de caminhada (*trekking*). Sem restrições de intensidade de uso; pode incluir remoção de obstáculos para utilização de cadeiras de rodas. Manutenção intensiva. Fiscalização ostensiva.

T2 – Trilha natural

Grau de dificuldade: médio

Parâmetros: trilhas com extensão média (até 5 km) que requerem algum preparo físico e habilidades esportivas. Podem apresentar desníveis pronunciados. Construídas para serem percorridas com calçados especiais para caminhadas e roupas esportivas apropriadas, embora possam apresentar algumas facilidades para vencer obstáculos, representadas por escadarias naturais (talhadas no solo) ou artificiais (pontes e passarelas). Destinam-se a pessoas com algum preparo físico, podendo ser desaconselhadas em condições adversas de tempo e clima. Localizadas em zona de uso intensivo e extensivo.

Diretrizes de manejo: médio nível de intervenção com endurecimento do leito em trechos sujeitos à alta erosão e/ou tráfego intenso de pessoas; largura do leito da trilha de até 1 m; utilização de estruturas onde for inevitável (preferência por dutos de água cobertos por terra para passagem de água sob a trilha); sinalização discreta apenas em entroncamentos e bifurcações; placas interpretativas próximas ao solo, ou em locais discretos nos mirantes e atrativos. Público-alvo: visitantes com intenção de aliar o passeio à atividade física. Pode ter limitação de intensidade de uso (número máximo de usuários por dia), embora essa estratégia deva ser utilizada com discrição, ou apenas em períodos de maior risco de impactos. Manutenção intensiva. Fiscalização de acordo com intensidade de uso (sazonal).

T3 – Picada

Grau de dificuldade: difícil

Parâmetros: trilhas com mais de 3 km de extensão que se acomodam ao terreno. Podem apresentar desníveis pronunciados e longos trechos íngremes. Sinalização muito discreta e pouca largura. Destinadas a pessoas fisicamente preparadas para atividades intensas em ambiente natural e com experiência em *treking*. Necessárias noções de navegação terrestre. Totalmente dependentes das condições de tempo e clima. Localizadas preferencialmente em zona de uso extensivo ou zona primitiva

Diretrizes de manejo: baixo nível de intervenção, com atenção para a manutenção de pontos de drenagem e locais sujeitos à erosão. Tráfego necessariamente de baixa intensidade, com largura do leito da trilha de até 60 cm; utilização de estruturas simples apenas onde estritamente necessárias (como escadarias escavadas no próprio leito da trilha); sinalização muito discreta (apenas sinais com cores ou grafismos diferenciados, sem inscrições) onde absolutamente imprescindível; pressupõe-se navegação com auxílio de croquis ou mapas; sem placas interpretativas (esta função deverá ser apoiada por folheteria); Público-alvo: praticantes de *trekking* com equipamento adequado. Pode ter limitação de intensidade de uso; pode apresentar áreas pequenas para camping silvestre. Manutenção sazonal. Fiscalização incerta. A picada poderá ser precedida por trilhas com maior intensidade de controle em ambas as extremidades.

Manutenção e reparos: para todas as categorias, a manutenção periódica deve ser feita ao menos uma vez ao ano. A atividade de manutenção de trilhas e reparos de estruturas é uma excelente oportunidade para estruturar um programa de voluntariado nos parques.

PROCEDIMENTOS PARA O MANEJO DA VISITAÇÃO

Entre os procedimentos para organizar as atividades de visitação em áreas naturais, podemos listar alguns que não pretendem esgotar o tema, mas consistem em um conjunto básico de ações:

I. Organizar e manter em condições aceitáveis a infra-estrutura relacionada à oferta de oportunidades recreativas e de lazer que a área proporciona

As trilhas caracterizam-se como a principal infra-estrutura necessária para boa parte das atividades terrestres, e sua manutenção periódica é imprescindível para evitar processos de erosão do solo, perda de vegetação e deterioração de estruturas de contenção e drenagem. A manutenção da sinalização indicativa dos atrativos e destinos das trilhas também contribui para minimizar os impactos da visitação, como a abertura de trilhas ou desvios indesejados.

II. Manter o controle dos locais designados para uso público e das atividades aí realizadas

Esse controle pode ser organizado a partir da elaboração de tabelas que relacionem todos os locais designados para utilização pelo público e os fatores que afetam sua manutenção e manejo, como períodos de maior procura, tipo de público que freqüenta cada local, tempo médio de percurso necessário para atingir o local e outros dados pertinentes.

Para o controle de fluxo de visitantes, é interessante organizar um gráfico de freqüência de uso para cada trilha e para cada atrativo, de modo a obter dados que possam orientar o manejo de cada local. No caso de superutilização de algum local, esse procedimento simples permite que se adotem medidas para incentivar o uso de local alternativo.

Também é possível estabelecer cotas de visitantes para os locais mais procurados, evitando aglomerações onde não seja conveniente.

É sempre importante manter um registro diário de quantas pessoas estão utilizando cada trilha, para o controle de entrada e saída dos visitantes e para eventuais situações de emergência.

III. Manter um registro constantemente atualizado das condições de cada local aberto à visitação

Busca-se, aqui, manter uma listagem dos fatores que afetam a visitação e também dos fatores que podem causar impactos indesejados no ambiente natural ou na experiência do visitante. A listagem deve ser elaborada a partir de um elenco de indicadores de impactos biofísicos e de impactos sociais que podem ser monitorados a intervalos regulares.

Em muitos locais, a fenologia de espécies vegetais ou os ciclos reprodutivos da fauna local podem ensejar ações de redução da intensidade de visitação. Esses fenômenos naturais carecem de um registro e uma agenda que possa ser utilizada anualmente. Paralelamente, um controle de ocorrências também deve ser mantido de modo a se registrarem e adotarem medidas corretivas para eventos emergenciais como deslizamentos de terra, inundações ou cabeças d'água, acidentes com animais peçonhentos, etc.

IV. Manter um registro atualizado do perfil do visitante e de suas demandas e desígnios em relação às atividades desenvolvidas na área

Esse registro pode ser realizado mediante coleta de ficha de visitantes, contendo dados sobre a origem do visitante, faixa etária e escolaridade, locais que pretende visitar e atividades que espera realizar. Um questionário mais detalhado, que pode ser aplicado por processo de amostragem, pode levantar dados mais detalhados sobre hábitos dos visitantes e as demandas de visitação, percepção sobre impactos e qualidade da visita, avaliação dos serviços prestados diretamente ao visitante ou por parceiros, avaliação da visita realizada e outros que forem de interesse da administração da área e de seus parceiros.

V. Ter condições de organizar essa informação e utilizá-la nas decisões de gestão e manejo do uso público em recreação e lazer

A organização constante dos dados coletados na forma de tabulações, gráficos e diagramas, além do mapeamento e plotagem de trilhas e atrativos da área, constitui o conjunto de informações e interpretações da realidade local que deverão servir de base para a tomada de decisões sempre que um evento necessitar de alguma ação mitigadora ou corretiva, ou para programar ações de manutenção da infra-estrutura e de manejo da visitação, contribuindo para a gestão eficaz das atividades recreativas.

O uso de computadores e de planilhas eletrônicas e sistemas eletrônicos de informações geográficas podem facilitar muito essas tarefas e permitir que se mantenha o quadro de informações constantemente atualizado. Para isso é necessário que os funcionários da área, ou seus parceiros, tenham formação e capacitação adequada. O esforço necessário para atingir essa qualificação traz benefícios tanto para a conservação da natureza como para o desenvolvimento da atividade turística local, além de gerar vocações e aptidões para o trabalho cada vez mais especializado com o manejo da visitação em áreas naturais. Em outras palavras, a capacidade de suporte da área é ampliada pelo aumento da capacidade de gestão de seus responsáveis e parceiros.

Considerações Finais

O responsável por uma área natural aberta à recreação adota ferramentas de planejamento e manejo que exigem a aplicação detalhada de métodos específicos, como o monitoramento de impactos da visitação, mas também desenvolve sua capacidade de gestão, ao encarar o manejo de visitantes com atividade adaptável aos recursos humanos e financeiros de que se dispõe e às demandas que se apresentam a cada momento. Trata-se de exercício permanente que exige postura voltada ao constante aprimoramento da gestão da visitação, de modo a não romper o compromisso entre a oferta de oportunidades recreativas e a conservação da natureza. Os resultados mais esperados são a sensibilização do visitante para a importância da preservação dos remanescentes de nossas áreas naturais e o compromisso de cada cidadão com as ações de conservação.

Referências

BARROS, M. I.; DINES, M. Mínimo impacto em áreas naturais: uma mudança de atitude. In: SERRANO, C. (Org.) *A educação pelas pedras*: ecoturismo e educação ambiental. São Paulo: Chronos, 2000. p. 47-84.

CLARK, R.; STANKEY, G. H. *The recreation opportunity spectrum*: a framework for planning, management, and research. Washington: USDA, Forest Service, Pacific North Forest and Range Experiment, 1979. 32 p. (General Technical Report PNW, 98).

COLE, D. N.; HAMMITT, W. E. *Wildland recreation*: ecology and management. New York, NY: John Wiley & Sons, Inc., 1998.

FARREL, T. A.; MARION, J. L. The Protected Area Visitor Impact Managent (PAVIM): a simplified process for making mangement decisions. *Journal of Sustainable Tourism*, v. 10, n. 1, p. 31-49, 2002.

FREIXÊDAS-VIEIRA, V. M.; PASSOLD, A. J.; MAGRO, T. C. Impactos do uso público: um guia de campo para utilização do método VIM. In: CONGRESSO BRASILEIRO DE UNIDADES DE CONSERVAÇÃO, 2., 2000, Campo Grande. *Anais...* Campo Grande: Rede Nacional Pró Unidade de Conservação e Fundação O Boticário de Proteção à Natureza, 2000. p. 296-305.

GRAEFE, A. R.; KUSS, F. R.; VASKE, J. J. *Visitor impact management*: the planning framework. Washington: National Park and Conservation Association, 1990.

HAUF, S. N. Aplicação do Espectro de Oportunidades de Recreação (Recreation Opportunity Spectrum - ROS) para as Unidades de Conservação brasileiras. In: CONGRESSO BRASILEIRO DE UNIDADES DE CONSERVAÇÃO, 2., 2000, Campo Grande. *Anais...* Campo Grande: Rede Nacional Pró Unidade de Conservação e Fundação O Boticário de Proteção à Natureza, 2000. p. 270-278.

IBAMA – Instituto Brasileiro de Meio Ambiente e dos Recursos Naturais Renováveis. *Roteiro metodológico de planejamento. Parque Nacional, Reserva Biológica, Estação Ecológica.* Brasília: MMA-IBAMA, 2002.

KNAFOU, R. Turismo e território: por uma abordagem científica do turismo. In: RODRIGUES, A. B. *Turismo e geografia*: reflexões teóricas e enfoques regionais. 2. ed. São Paulo: Hucitec, 1999. p. 62-74.

LECHNER, L. Planejamento, implantação e manejo de trilhas em Unidades de Conservação. *Cadernos de Conservação*, Curitiba: Fundação O Boticário de Proteção à Natureza, ano 3, n. 3, jun. 2006.

MAGRO, T. C.; FREIXÊDAS-VIEIRA, V. M.; ESSOE, B.; BARROS, M. I. A. *Plano de uso público do Parque Nacional do Itatiaia*. Brasília: DIREC/IBAMA/MMA, 2001. (Mimeo).

MAGRO, T. C.; FREIXÊDAS-VIEIRA, V. M.; KOURY, C. G. *Manejo do uso público no Parque Nacional do Itatiaia*. Piracicaba, 1999. v. 1. (Relatório Final – Mimeo).

MILANO, M. S. Mitos no manejo de Unidades de Conservação no Brasil, ou a verdadeira ameaça. In: In: CONGRESSO BRASILEIRO DE UNIDADES DE CONSERVAÇÃO, 2., 2000, Campo Grande. *Anais...* Campo Grande: Rede Nacional Pró Unidade de Conservação e Fundação O Boticário de Proteção à Natureza, 2000. v. 1, p. 11-25.

PASSOLD, A. J. Seleção de indicadores para o monitoramento do uso público em áreas naturais. 2002, 75 f. Dissertação (Mestrado) – Escola Superior de Agricultura "Luiz de Queiroz", Universidade de São Paulo, Piracicaba.

PASSOLD, A. J.; MAGRO, T. C.; COUTO, H. T. Z. do. Comparing indicators effectiveness for monitoring visitor impact in Intervales State Park, Brazil: park ranger-measured versus specialist-measured experience. *In:* INTERNATIONAL CONFERENCE ON MONITORING AND MANAGEMENT OF VISITOR FLOWS IN RECREATIONAL AND PROTECTED AREAS, 2., 2004, Rovaniemi, Finland. *Anais...* Rovaniemi, Finland, 2004. p. 51-56.

TAKAHASHI, L. Y. *Uso público em Unidades de Conservação*. 2. ed. Curitiba: Fundação O Boticário de Proteção à Natureza, 2004. v. 1.

U. S. DEPARTMENT OF THE INTERIOR – National Park Service. *VERP – The Visitor Experience and Resource Protection Framework*: a handbok for planners and managers. Denver: USDI- NPS-Denver Service Center, 1997.

WALLACE, G. N. A administração do visitante: lições do Parque Nacional de Galápagos. In: LINDBERG, K.; HAWKINS, D. E. (Eds.) *Ecoturismo*: um guia para planejamento e gestão. São Paulo: Editora Senac São Paulo, 1995. p. 94-142.

Manejo de Trilhas: Mais que Fechar Atalhos e Construir Degraus, uma Abordagem Transdisciplinar

Flávio Augusto Pereira Mello

Apresentação

Dividido entre promover o crescimento econômico e preservar a biodiversidade e paisagens locais, dentre outros parâmetros de sustentabilidade, o ecoturismo pressiona as áreas naturais com uma multidão de consumidores cada vez mais aparelhados e numerosos.

Dos muitos aspectos relevantes para o crescimento e manutenção do ecoturismo, aqueles que utilizam trilhas para a venda de serviços e acesso aos atrativos são os mais sensíveis às variações de qualidade e operação. Sendo a trilha a infra-estrutura mais próxima do usuário, seu estado e qualificação refletem as variáveis que interferem diretamente na oferta de serviços, assim como os patamares de preservação do patrimônio natural local em questão.

Entretanto, de modo geral, os sinais exibidos passam despercebidos aos visitantes menos atentos e muitas vezes são tolerados e mesmo minimizados pelas operadoras de ecoturismo e por administrações de Unidades de Conservação (UCs) deficitárias de recursos humanos e financeiros.

Para o ecoturismo, tão dependente da qualidade e do volume de experiências que paisagens, lugares e biodiversidade podem proporcionar, o crescimento da demanda e oferta de serviços representa sério risco para sua própria integridade e sobrevivência. De fato, a compreensão do significado estratégico da malha de trilhas para a gestão dos serviços ofertados e suas conseqüências ao somatório natural define sua importância como ferramenta de gestão.

Introdução

A Conferência Global de Ecoturismo, realizada pela International Ecotourism Society (TIES),[1] na qual foi elaborada a "Declaração de Oslo", fez referência a 2002, ano eleito pelas Nações Unidas como o "Ano Internacional do Ecoturismo", ressaltando, entre outros pontos, que:

- Muitos dos espaços naturais no mundo continuam ameaçados, a perda progressiva da biodiversidade mundial persiste e os recursos necessários para sua proteção seguem inadequados e insuficientes.

- Os fluxos turísticos mundiais, desde então, aumentaram em 23% e se prevê que dupliquem até 2020.

- As mudanças climáticas globais se tornaram uma ameaça crescente para os recursos sobre os quais o ecoturismo (áreas naturais, comunidades locais e tradicionais) se mantém. Este evento tem aumentado a consciência sobre a contribuição das operações e serviços do turismo de hoje e de amanhã para a mitigação desse fenômeno.

- Reconhece-se o papel crítico que a indústria turística desempenha como apoio ao desenvolvimento sustentável e cumprimento dos objetivos de desenvolvimento do milênio, especialmente quanto ao tema de redução da pobreza.

- O ecoturismo tem adotado os princípios de sustentabilidade na indústria de viagens e de turismo, sendo importante protagonista.

Em 2004, o Brasil recebeu mais de 4,5 milhões de turistas internacionais. O Ministério de Turismo projetou atrair 9 milhões de turistas até 2007 e a OMT estima que o Brasil atraia 14 milhões de turistas estrangeiros em 2020, crescendo a um ritmo médio de 5,2% ao ano desde 2000. Contudo, como atividade econômica e social, a conseqüência imediata do ecoturismo é o aumento da pressão da visitação e a descaracterização de muitos atrativos, tanto pelo aumento das infra-estruturas de suporte[2] quanto pela perda da biodiversidade e das características responsáveis por sua vocação inicial. Cabe destacar ainda que essas alterações ambientais caracterizam um passivo cujo custo não é pago por aqueles que o geram, mesmo afetando a terceiros, conforme salienta Motra (1998). Esse autor cita ainda que esse processo de apropriação do capital natural não se preocupa com os possíveis usuários excluídos (presentes ou futuros), que rotineiramente são

---

1. Em Oslo, Noruega, de 14 a 16 de maio de 2007: http://www.ecotourismglobalconference.org.

2. Placas, painéis, *decks*, escadas, rampas, guarda-corpos, quiosques e centros de visitantes, entre outros.

ignorados e podem passar despercebidos ou subestimados, uma vez que o preço pelo uso de recursos ambientais não é reconhecido no mercado, embora seu valor econômico exista, pois seu uso altera o nível de produção e de consumo dos bens de serviço atrelados a eles.

O *Momentum* Atual

Atualmente, o ecoturismo ainda é considerado atividade de pequeno porte no contexto da economia brasileira (representa menos de 1% do mercado de turismo). Já nos países desenvolvidos, representa parcela mais significativa do mercado turístico como um todo (de 10% a 15%, segundo Meirelles Filho, 2005). Se você está perguntando: afinal, o que isso tem a ver com as trilhas? A resposta é direta e objetiva: as trilhas são as infra-estruturas sobre as quais se dão a gestão de visitantes e lugares e, conseqüentemente, o uso e a preservação do "patrimônio" natural. Tudo o que passa sobre as trilhas e para onde levam é suficiente para priorizá-las como objeto de atenção: do seu traçado ao seu manejo, principalmente quando utilizadas para atividades ecoturísticas e de lazer, tanto consolidadas quanto em expansão, principalmente.

Ao lado das referências sobre o comportamento dos visitantes e operadores, há também metodologias de diagnóstico e monitoramento tanto para as trilhas quanto para as atividades que poderão ser bem melhor exercidas se adequadamente planejadas, quais sejam: Capacidade de Carga Turística; ROS – Espectro de Oportunidades Recreativas; LAC – Limites Aceitáveis de Mudança; VIM – Gerenciamento de Impactos da Visitação; VERP – Processo de Gerenciamento da Visitação; TOMM – Modelo de Otimização do Gerenciamento Turístico; e VAMP – Processo de Gerenciamento da Visitação. Estes são alguns exemplos de metodologias que subsidiam a gestão da visitação, da conservação e da preservação do patrimônio natural e a concessão de serviços. Guardadas as devidas limitações de cada metodologia ou associação destas, podem ser muito eficientes para apontar relações custo-benefício das atividades desenvolvidas, assim como os limites de uso para a conservação e a preservação.

Avaliar os impactos do uso nas trilhas e as conseqüências para o conjunto geográfico e social da unidade de conservação nos conduz a horizontes maiores, como a percepção da qualidade da visitação, da perda de biodiversidade e da alteração de paisagens. Embora amiúde seja a justificativa para a criação de áreas protegidas, por serem de avaliação e quantificação mais trabalhosas, as informações que podem ser coletadas pelo monitoramento e ajuste desses impactos de modo geral são relegadas a segundo plano.

A Importância das Trilhas

As trilhas, embora mais relacionadas a fins recreativos, permitem o acesso aos atrativos e às áreas mais diversas das Unidades de Conservação e ambientes naturais sob visitação, servindo tanto para o planejamento e manejo do uso público como para o rápido acesso aos serviços de conservação e fiscalização. Como definiu Costa (2004:9): *"as trilhas devem ser criteriosamente localizadas, planejadas, construídas e manejadas de modo a permitir a conservação dos recursos naturais e a realização de contatos adequados pelos visitantes"*. Como em toda infra-estrutura, os impactos decorrentes de seu uso são rapidamente percebidos ao longo do tempo, e um dos aspectos mais relevantes é a descaracterização de sua paisagem ou até perda dos atrativos para onde conduzem (Costa e Mello, 2005), sendo grande indicador das condições de uso, intensidade da visitação, qualidade e segurança de serviços oferecidos. Andrade (2005) *apud* Costa (2006) menciona que as trilhas são os únicos meios de acesso às Unidades de Conservação e que elas oferecem oportunidade do contato efetivo com a natureza. Costa (2006) destaca ainda que:

> *"o turismo participa, com suas diversas modalidades (dentre elas o ecoturismo), da produção do espaço geográfico, nele introduzindo objetos definidos e/ou aproveitando os recursos preexistentes, que permitam viabilizar as práticas previstas implicando, inevitavelmente, a reorganização espacial em função de nova demanda"* (p. 4).

Assim, temos que a demanda por atrativos criada pelo turismo é grande indutora da formação de trilhas, contudo, as limitações e características intrínsecas destas (geomorfológicas, geológicas, flora, fauna, históricas e sociais) são responsáveis diretas pela qualificação e dimensionamento da visitação aos lugares e atrativos operacionalizados, assim como as discrepâncias de função e utilização, provocadas pelo desconhecimento ou não respeito às peculiaridades e vocação das trilhas, e, principalmente, seu sobreuso são os responsáveis diretos pela deterioração e descaracterização desses lugares e, conseqüentemente, das funções e serviços ofertados. Embora a tendência seja considerar como atrativos naturais de potencial ecoturístico e mesmo de Educação Ambiental apenas os pontos de grande impacto visual, como mirantes e cachoeiras (os mais utilizados para ecoturismo e Educação Ambiental), Costa e Costa (2005) apontam outros aspectos que convergem para a formação da paisagem e sensibilização dos visitantes, como aspectos da flora em suas diferentes manifestações (tonalidades das folhas, flores, troncos com características únicas) e a visualização da fauna, que são as ocorrências mais marcantes na memória de nossos visitantes urbanos, tão distantes da natureza.

Trilhas e qualidade de experiência dos visitantes

O sucesso das trilhas como ferramentas de manejo, ecoturismo e Educação Ambiental decorre da avaliação positiva da experiência da visitação principalmente em relação à quantidade e qualidade dos atrativos naturais presentes ou sugeridos. Para dimensionamento e avaliação da qualidade da visitação, as trilhas se colocam como grande anfiteatro ao qual se somam os lugares como atrativos e as áreas de serviço (centros de visitantes, museus, áreas de exposição, áreas de camping, etc.). Para seu conseqüente uso como ferramenta de gestão, algumas metodologias foram desenvolvidas, e dentre estas Stigliano e César (2005) destacam VERP, TOMM e VAMP.

A importância do manejo de trilhas e a biodiversidade

Quanto maior a biodiversidade presente nas trilhas ou nos lugares a que estas conduzem, maiores são as chances educacionais, de lazer e de serviços. Athayde (2006),[3] em artigo de opinião, destaca:

> *"Um leão africano pode ser comprado por US$ 25 mil no mercado. No seu habitat natural, o mesmo leão pode gerar cerca de US$ 1,5 milhão/ano, amealhados por pacotes de viagem e clicks dos milhares de turistas que buscam vivenciar o ambiente na presença do rei da selva. As ações de preservação dos parques africanos, regulamentadas pelo Estado e constantemente divulgadas por instituições sustentáveis como a National Geographic, estão cada vez mais entrosadas com atividades empresariais que financiam as caras estruturas conservacionistas"* [s/p].

Contudo, a subutilização do potencial ecoturístico quanto ao manejo se deve basicamente à:

- falta de planejamento da malha de trilhas qualitativa e quantitativamente;[4]
- focalização em atrativos pontuais utilizados como referências de roteiros;
- redução dos roteiros ao consumo cênico de paisagens;
- interpretação superficial em termos de valores e utilidade do meio natural;

3, *Quanto vale um "click" da vida silvestre?* Eduardo Athayde, diretor do WWI-Worldwatch Institute no Brasil: http://www.ecolnews.com.br/quanto_vale_um_click.htm.

4. De modo geral, as ofertas de serviços e propostas de conservação se desenvolvem sob malhas de trilhas já existentes. Raramente ocorrem avaliações sobre a eficiência dos traçados em função de objetivos estabelecidos para essas áreas.

- marketing excessivo de aventuras e fortes emoções depreciando outras opções.

- preservacionismo restritivo por dificuldades técnicas e operacionais.

Essa visualização menor, característica da "roteirização massificada dos atrativos" e da trilha como apenas um acesso ao atrativo-fim, torna a experiência do visitante mais pobre e embota a percepção de operadores e gestores de Unidades de Conservação, ignorando as oportunidades de interpretação ambiental e, conseqüentemente, de valoração biológica, econômica e de serviços. A adequada utilização do potencial ecoturístico e a percepção da importância da preservação da biodiversidade são aspectos extremamente relevantes na construção e manutenção de trilhas, dado o fato de que o crescimento desordenado da malha de trilhas e/ou a construção de traçados sem critérios promovem e agravam a fragmentação de áreas naturais. Segundo Azevedo et al. (2003), o impacto mais grave da fragmentação florestal é a perda de diversidade na paisagem através da modificação de sua estrutura física.

Neste ponto se estabelece uma encruzilhada nessa "trilha": como não fragmentar as áreas naturais, comprometendo a biodiversidade e a paisagem, e ao mesmo tempo promover oportunidades de lazer, de serviços e ainda confirmar os objetivos preservacionistas? O conceito de deserto verde aplicado às monoculturas de pinho e eucalipto pode ser muito adequado às áreas utilizadas para lazer e ecoturismo cuja percepção de fauna e flora é reduzida, restrita não raro à visualização de poucas espécies de aves e insetos. Essa restrição tem relação direta com o grau de degradação do ambiente local e, mesmo em áreas mais preservadas, no que se denomina "efeito de borda", promove o comprometimento dos mecanismos de sucessão ecológica responsáveis pela resiliência ambiental local, conforme observa Costa (2004). Para os visitantes e gestores, alterações nas bordas são mais perceptíveis, como alargamento da trilha, acidentes erosivos e talvez a composição diferenciada de flora. A intensidade do efeito de borda vai depender do tipo de atividade praticada (caminhadas, *mountain bike*, *trekking*, etc.), comportamento dos visitantes, resiliência local, entre outros fatores. Essas alterações podem não ser percebidas pelos visitantes com a intensidade necessária para julgar a qualidade da trilha, dependente então da percepção ambiental do visitante, mais determinado no consumo das paisagens e das emoções, contudo, esses aspectos dizem respeito diretamente ao patrimônio de flora e, principalmente, da fauna.

Os efeitos da fragmentação sobre a fauna são particularmente sentidos em vertebrados, que apresentam mais exigências e peculiaridades, como raridade e distribuição diferencial num ambiente (Laurence, 1994). Dentre os vertebrados, os mamíferos são os mais vulneráveis à fragmentação, principalmente pelo fato de grande parte das espécies ser ecologicamente exigente e especialista quanto à qualidade de habitat, dieta e área de vida (WILCOX, 1980; LOVEJOY ET AL., 1986). Dessa forma, a fragmentação induzida pelas trilhas pode comprometer uma gama de serviços e produtos atrelados à fauna, desde a justificativa da criação de uma unidade de conservação para preservar determinada espécie animal até a venda de serviços, como a observação de aves, por exemplo.

ASPECTOS DA RECUPERAÇÃO DE ÁREAS DEGRADADAS E O RESGATE DO PATRIMÔNIO NATURAL E DE SERVIÇOS

É comum interpretar como área de manejo apenas o leito e o corredor da trilha (Figura 1), isto é, aquela faixa contígua ao leito que sofre operações de limpeza (clareamento). Essa faixa, de modo geral, é o alvo da atenção dos esforços de conservação das administrações e voluntários e de diagnósticos imediatos de impactos da visitação. Dentre as metodologias aplicadas, as mais rotineiras são o cálculo da Capacidade de Carga Turística, o LAC e o VIM. Stigliano e César (2005) relatam que o método CC (Capacidade de Carga) aplicado a atividades de lazer focaliza de modo geral dois parâmetros, referindo-se à parte física da trilha e à qualidade da experiência de lazer do visitante.

O método LAC, criado em 1985 por Stankey *et al.*, pesquisadores vinculados ao U.S. Forest Service, objetiva definir o nível de modificação aceitável em um local, através do estabelecimento de padrões quantitativos considerando as ações gerenciais apropriadas para prevenir efeitos negativos futuros e apresentar procedimentos para o monitoramento e avaliação do desempenho gerencial da área em questão. Conforme Stigliano e César (*op. cit.*), o lazer é apenas uma das finalidades das áreas naturais protegidas e é uma proposta que pode ser buscada apenas à medida que o caráter natural da área é mantido. Ou seja, o uso deve ser monitorado e mantido em função da preservação e qualidade da área. Para tanto são estabelecidos referencias de condições desejáveis do ambiente natural que se pretende manter ou atingir, assim como as ações necessárias para tal.

O VIM foi desenvolvido por Graefe, Kuss e Vaske, pesquisadores do U.S. National Park Service e da ONG Conservation Association, em 1990. São avaliados três elementos: condição do problema, fatores causais e estratégias administrativas potenciais, através da revisão da legislação e políticas; identificação de problemas naturais e sociais; e análise e julgamento. Stigliano e César (op. cit.) destacam o VIM como um processo flexível passível de aplicação a uma grande variedade de ambientes, focalizado na compreensão dos fatores causais para identificar estratégias gerenciais em tempo real e não para condições futuras.

Embora essas metodologias mormente sejam usadas para identificar os impactos na trilha e seu entorno imediato, entendido como o corredor da trilha, não devemos desconsiderar os espaços de áreas degradadas nos quais as trilhas possam interferir e assim avaliar as possibilidades das ações de recuperação, preservação e conservação.

Diferentes níveis de recuperação de áreas degradadas podem ter efeito de valoração econômica ambiental ao agregar ou recuperar atrativos naturais e incrementar a manutenção e oferta de novos serviços, com conseqüências bem específicas não só em relação à biodiversidade e recomposição de paisagens como também na geração de renda para as Unidades de Conservação, comunidades de entorno e demais profissionais, diferenciando-se assim dos processos mais comuns de restauração. A conservação e a preservação do meio ambiente são defendidas com base em argumentos diversos, muitos deles não econômicos (BASILI E VERCELLI, 1998). Nogueira e Medeiros (1997:62) destacam ainda outros aspectos:

> *"Razões éticas, culturais, religiosas, estéticas e políticas, entre outras, estão presentes no debate ambiental contemporâneo. Apesar de serem razões não econômicas, elas podem ter conseqüências economicamente significativas. Pessoas, instituições e países podem estar dispostos (ou podem ser forçados) a sacrifícios provocados pela realocação de recursos escassos e pela redução do consumo presente ou da renda disponível em favor da conservação ou da preservação de bens ou serviços ambientais".*

Assim, a recuperação de áreas degradadas e o planejamento e manejo das trilhas e visitantes podem interferir no patrimônio ambiental local e sua conseqüente valoração, mas também as estratégias de recuperação, em que condutas pouco criteriosas visam somente ao verde, podem ser danosas tanto biológica e financeiramente ao patrimônio natural como também socialmente, pois afetam, por exemplo, a oferta de serviços, como a observação de aves e a promoção de roteiros interpretativos para escolas e turistas.

Como exemplo bem-sucedido temos a criação da Reserva Natural Salto Morato,[5] presente na Área de Proteção Ambiental de Guaraqueçaba, PR, da "Fundação O Boticário de Proteção à Natureza", enquadrando-se na categoria Reserva Particular do Patrimônio Natural (RPPN). Antes voltada principalmente à pecuária e agricultura, com a recuperação de áreas degradadas e ordenamento de seu

---

5. Biodiversidade protegida – Anuário 2005. Prêmio Expressão de Ecologia: http://www.expressao.com.br/ecologia/anuarios_eletronicos/anuario2005/conteudos/florestas.htm.

uso, tornou-se referência em administração e manejo, conciliando a proteção integral de áreas naturais com a oferta de espaço adequado para a realização de cursos e pesquisas sobre conservação da natureza.

Neste ponto, cabe estabelecer a diferença entre os conceitos de recuperação e de restauração, termos que até a promulgação da Lei nº 9.985, de 18/07/2000, que instituiu o Sistema Nacional de Unidades de Conservação (SNUC), não eram claramente definidos. Tal lei visa regulamentar o art. 225, § 1º, incisos I, II, III e VII da Constituição Federal. O processo de recuperação é descrito como restituição de um ecossistema ou de uma população silvestre degradada a uma condição não degradada, podendo ser diferente da original. A restauração é a restituição de um ecossistema ou de uma população silvestre degradada o mais próximo possível da sua condição original (DIÁRIO OFICIAL, 19/07/2000). Diferencia-se também a revegetação, processo simplista de fazer crescer ou manter a cobertura verde de áreas, como nas monoculturas e reflorestamentos, pouco criteriosos quanto à diversidade de espécies e recuperação da resiliência ambiental, daqueles que estimulam os mecanismos de interação flora e fauna, conforme Reis *et al.* (1999).

Na recuperação de áreas degradadas, a seleção de espécies é fundamental para nova resiliência ambiental. Reis *et al.* (*op. cit.*) sugerem que entre as espécies selecionadas estejam presentes diferentes formas de vida (ervas, arbustos, lianas, árvores e epífitas). É necessário envolver distintas síndromes de polinização e dispersão de sementes, de forma a garantir durante todo o ano a presença de animais na área. A recuperação de áreas degradadas visa acelerar os processos de sucessão ecológica. Turner e Collet (1996), *apud* Tanizaki e Moulton (2000), relacionam alguns mecanismos de degradação dos ambientes florestais e perda das espécies associadas:

1. Distúrbios associados ao desmatamento, a retirada de recursos vegetais, caça predatória, alterações no curso dos rios, intrusão de fogo e fumaça em fragmentos.

2. Diminuição das populações (fauna e flora) pela perda de área e endocruzamento.

3. Redução na imigração: muitas espécies relutam em cruzar as áreas abertas entre fragmentos.

4. Efeito de borda: as condições normalmente encontradas no interior da floresta se tornam mais secas e quentes pelo aumento da radiação solar e de ventos, causando o aumento da temperatura e diminuição da umidade

do solo, à medida que se aproxima das bordas do fragmento, podendo provocar a morte de espécies arbóreas e animais.

5. Perda de elos da cadeia trófica de alta ordem: a perda de determinada espécie de carnívoro pode provocar sua substituição por outros carnívoros que provocam alterações significativas na composição faunística das espécies locais.

6. Invasão de espécies exóticas: a invasão de espécies adaptadas às áreas alteradas ou degradadas pode competir nas áreas de borda dos fragmentos com as espécies nativas, provocando o desaparecimento destas.

Tanizaki e Moulton (*op. cit.*) indicam que, ao utilizar os Centros de Alta Diversidade,[6] mesmo que não correspondam ao único passo no processo de recuperação, deve-se incluir as formas de vida das espécies vegetais e suas adaptações aos estágios sucessionais (pioneiras, oportunistas, climácicas, ervas, arbustos, arvoretas, árvores, lianas e epífitas). Devem ser consideradas as adaptações aos processos de polinização e dispersão (anemofilia, zoocoria) e de fenofases (principalmente floração e frutificação), distribuídas em todo o ano.

É possível que se garantam floração e frutificação em diferentes épocas do ano, assegurando oportunidades de alimento para diferentes espécies animais durante todo o ano, que ao visitante será traduzido como aumento das probabilidades de encontros com a fauna e as diferentes manifestações da flora (aumento da qualidade na paisagem cênica). Os poleiros secos também podem ser utilizados, visto que muitas aves características de locais abertos, tais como bem-te-vis, siriris e sabiás, preferem pousar em galhos secos que dominem a região. A colocação de varas secas ao longo de áreas degradadas oferece esse recurso para essas aves, que, por sua vez, ao ficarem pousadas mais tempo nesses poleiros artificiais, deixarão sobre o solo sementes trazidas em seu intestino. Essas sementes poderão ser utilizadas também nos centros de alta diversidade.

---

6. Centro de Alta Diversidade é uma das estratégias de recuperação de áreas degradadas em que se busca selecionar espécies que possam atrair diferentes polinizadores e dispersores durante todo o ano. Por exemplo: a) espécie arbórea com frutificação nos meses de junho/julho/agosto; b) espécie arbórea com frutificação nos meses de março/abril; c) espécie arbórea com frutificação nos meses de dezembro/janeiro/fevereiro; d) epífita arbórea com floração em maio; e) espécie herbácea com floração nos meses de setembro/outubro/novembro; f) liana com floração nos meses de maio/junho. [REIS, A.; ZAMBONIM, R. M.; NAKAZONO, E. M. *Recuperação de áreas florestais degradadas utilizando a sucessão e as interações planta-animal.* 1999. p. 22. (Série Recuperação, Caderno 14).]

Valoração Econômica Ambiental no Manejo de Trilhas

Na valoração econômica ambiental, o valor econômico de um recurso ambiental é estimado a partir do valor monetário de um bem ou serviço disponível na economia. Com a utilização dessa referência monetária, segundo Boyle e Bishop (1985), é possível distinguir seis tipos de valores para um recurso ambiental: o valor de uso consumível (como pescar e caçar); o valor de uso não consumível (como observar aves e um cenário natural); o valor da possibilidade de um recurso ambiental provir serviços indiretos (através de filmes de cinema, programas de televisão, etc.); o valor de existência (as pessoas podem ter satisfação pelo simples fato de uma espécie ou de um habitat existir); o valor de herança (mesmo que o indivíduo não consuma um serviço provido pelo recurso ambiental, ele pode estar interessado em garantir sua existência, isto é, para ele é desejável que o recurso esteja disponível para outras pessoas agora ou no futuro); e o valor intrínseco (direito das espécies e habitats continuarem existindo).

Nesse sentido, as estratégias de recuperação/restauração de áreas degradadas nas áreas naturais, particularmente as afetadas por trilhas ecoturísticas, estão diretamente relacionadas à amplitude de valoração econômica ambiental do patrimônio local e de serviços disponíveis ou possíveis. Nogueira et al. (1998) destacam que a maioria dos ativos ambientais não tem substitutos. Conforme Marques e Comune (1995:633-634), a inexistência de sinalização de "preços" para seus serviços distorce a percepção dos agentes econômicos, induzindo os mercados a falhas na sua alocação eficiente e evidenciando "*divergência entre os custos privados e sociais*".

Essa "ausência" de preços induz ao uso excessivo dos recursos ambientais (e dos serviços por eles prestados), podendo conduzir a uma tardia criação "espontânea" desses mercados, quando eles estiverem irreversivelmente degradados, ou à situação de mercados não serem criados nunca, levando à extinção completa do recurso antes mesmo de se estabelecerem.

Como exemplo, Russell A. Mittermeier, presidente da mesa-redonda sobre "Conservação Internacional", durante a 8ª Conferência das Partes da Convenção sobre Diversidade Biológica (COP8), ocorrida de 20 a 31/03/2006 em Curitiba, PR, cita o exemplo da Ilha de Madagáscar, que, depois de perder mais de 85% de sua cobertura florestal original, vem apostando na criação de áreas protegidas para a preservação de espécies e deve ter no turismo, dentro de alguns anos, sua principal fonte de renda:

> *"Em Madagáscar, há associações de guias que trabalham em áreas protegidas e que ganham 10 a 20 vezes mais do que a população em geral. Eles tiram muito proveito da biodiversidade"* [s/p].[7]

Considerando-se a possibilidade de inexistência de substitutos, ações próativas são necessárias para não se confirmarem essas possibilidades ou, no mínimo, ser adotado o que se chama de Principio da Precaução,[8] formalmente proposto na Conferência Rio-92, cuja definição, criada em 14 de junho de 1992, é:

> *"O Princípio da Precaução é a garantia contra os riscos potenciais que, de acordo com o estado atual do conhecimento, não podem ser ainda identificados. Este Princípio afirma que a ausência da certeza científica formal, a existência de um risco de um dano sério ou irreversível requer a implementação de medidas que possam prever este dano".*

A necessidade de conceituar e qualificar o valor econômico ambiental, desenvolvendo metodologias e técnicas para sua quantificação, visa à adoção de medidas e critérios de utilização sustentável do recurso. Tal demanda induz à estimativa dos custos de oportunidade de exploração dessas riquezas para evitar os "erros dispendiosos" cometidos no passado nos países industrializados, reduzindo antecipadamente os custos sociais totais em vez de adotar medidas corretivas a posteriori (HUFSCHMIDT ET AL., 1983). Nesse sentido, as tentativas de "precificar" os recursos ambientais com foco na exploração racional utiliza-se de métodos (ou técnicas) de valoração econômica ambiental fundamentados na teoria neoclássica do bem-estar. Desse modo, a dicotomia da disponibilidade de recursos ambientais combinada com a necessidade de explorá-los de maneira sustentável, apta a gerar fluxo de riquezas baseado em capital reprodutível, passa necessariamente pela sua mensuração econômica.

Nogueira *et al.* (*op. cit.*) citam que os métodos e técnicas de valoração econômica ambiental são instrumentos analíticos com aplicações que se expandiram de recreação ao ar livre (*outdoor recreation*) para bens públicos, tais como vida selvagem, qualidade do ar, saúde humana e estética (HANLEY E SPASH, 1993). Neste contexto pode-se inferir a importância do manejo de trilhas face o já exposto.

---

7. Carolina Schwartz. In: *Terra Noticias*: "Para especialistas, biodiversidade é chave para ecoturismo". http://noticias.terra.com.br/ciencia/interna/0,,OI937543-EI299,00.htmlb.

8. José Roberto Goldim. In: *O principio da precaução*. http://www.ufrgs.br/bioetica/precau.htm.

Entretanto, Hufschmidt *et al.* (1983:5) destacam ainda a "imperfeição" de imputar valores monetários a bens e serviços não transacionados em mercados com métodos empíricos e conceitos disponíveis, e a observação fundamental desses autores é que "*também existem aspectos da qualidade ambiental e sistemas naturais (ecossistemas) que são importantes para a sociedade, mas que não podem ser prontamente valorados em termos econômicos*".

Considerações Finais

O ecoturismo em trilhas se estende muito além do uso direto de seus recursos cênicos, experienciais ou da análise superficial e imediata de seu custo-benefício. Com crescente tendência de massificação dos roteiros e aumento dos investimentos em áreas naturais para construção de mais trilhas e infra-estruturas de apoio,as variáveis a serem consideradas na gestão dessas áreas devem incluir necessariamente parâmetros como a preservação e conservação da biodiversidade e paisagens, salientando que existem elementos aos quais não podemos aferir um "suposto valor" ou "utilidade", mas que devem ser considerados conforme estabelecido pelo Princípio da Precaução ou do Valor de Existência, por exemplo.

Embora a utilização de termos como recursos, riquezas e patrimônio possam, a princípio, induzir à percepção de reducionismo utilitarista da natureza, a intenção dessa abordagem visa, a princípio, criar um denominador comum, facilmente compreendido por indivíduos, instituições e governos, em que a relação com a natureza e a percepção das complexas relações entre os diferentes atores ambientais somente são percebidas em função de análises custo-benefício imediatas e muitas vezes somente destacadas em situações de catástrofes ou escassez, em que as possibilidades de lucros com serviços ou de prejuízos por perdas de "patrimônio" tendem a ser mais quantificáveis e aceitáveis quando se discutem variáveis que podem requerer compreensão maior da vida e, sobretudo, dos direitos de uso dos outros habitantes deste planeta.

O planejamento, a construção e, principalmente, o manejo de trilhas devem ser priorizados e reconhecidos como a parte fundamental do manejo de visitantes e ferramenta de conservação e preservação de áreas naturais abertas à visitação. Os impactos nas paisagens, na flora, na fauna e, conseqüentemente, na qualidade dos serviços ofertados devem ser reconhecidos dentro de sua importância para o estabelecimento de fato dos conceitos de sustentabilidade do ecoturismo, tão facilmente apregoados, mas raramente implantados. Recursos técnicos e profissionais pouco a pouco estão se consolidando no Brasil. Que os operadores, as Unidades de Conservação e os gestores de políticas públicas e privadas dêem a devida atenção é o estimulo necessário ao incremento da produção científica nacional e da qualificação profissional específica no planejamento e manejo de trilhas e, conseqüentemente, nos esforços de preservação, conservação e Educação Ambiental.

REFERÊNCIAS

ATHAYDE, E. Quanto vale um "click" da vida silvestre? *Econews*. Disponível em: http://www.ecolnews.com.br/quanto_vale_um_click.htm. Acesso em: 15 jul. 2006.

AZEVEDO, T. S. M.; FERREIRA, A. G.; MARCOS, C. As perturbações ambientais sofridas pelos fragmentos de matas ciliares no setor da Alta Bacia do Rio Passa Cinco, Ipeúna – SP: uma abordagem baseada em ecologia da paisagem e caracterização fisionômica da vegetação. In: CONGRESSO DE ECOLOGIA DO BRASIL, 6., 2003, Fortaleza. *Anais...*Fortaleza, 2003. p. 87.

CIFUENTES, M. A. *Determinación de capacidad de carga turística en areas protegidas.* Programa de Manejo Integrado de Recursos Naturales, 1992. 28 p. (Série técnica. Informe Técnico n. 194.)

COSTA, N. M. C. da; COSTA, V. C. da. Educação ambiental pelo ecoturismo, em Unidades de Conservação: uma proposta efetiva para o Parque Estadual da Pedra Branca (PEPB) – RJ. PEDRINI, A. de G. (Org.). *Ecoturismo e educação ambiental.* Rio de Janeiro: Papel Virtual, 2005. p. 39-65.

COSTA, S. M. *As trilhas e o seu papel na dinâmica de uma unidade de conservação:* o caso do Maciço Gericinó – Mendanha. 2004. Dissertação (Mestrado) – PPGG, UFRJ, Rio de Janeiro.

COSTA, V. C. da; MELLO F. A. P. Manejo e monitoramento de trilhas interpretativas. Contribuição metodológica para a percepção do espaço ecoturístico em Unidades de Conservação. In: SIMPÓSIO NACIONAL DE PERCEPÇÃO AMBIENTAL, 1., 2005, Londrina. *Anais...* Londrina, 2005. CD-ROM.

COSTA, V. C. da. *Propostas de manejo e planejamento ambiental de trilhas ecoturísticas:* um estudo no maciço da Pedra Branca – Município do Rio de Janeiro (RJ). 2006. 325 f. Tese (Doutorado) – Programa de Pós-Graduação em Geografia (PPGG), UFRJ.

EM QUESTÃO. Secretaria de Comunicação de Governo e Gestão Estratégica da Presidência da República, n. 216, Brasília, 29 de julho de 2004. Disponível em: http://www.brasil.gov.br/emquestao/eq217.htm.

Goldim, J. R. O *princípio da precaução*. Disponível em: http://www.ufrgs.br/bioetica/precau.htm. Acesso em: 18 ago. 2006.

LECHNER, L. *Curso de planejamento e implantação de trilhas:* Reserva Natural de Salto Morato. Fundação O Boticário de Preservação à Natureza, 2004. 89 p. (Apostila de Curso).

MEIRELLES FILHO, J. O equilíbrio entre a atividade econômica e a sustentabilidade socioambiental. In: NEIMAN, Z.; MENDONÇA, R. (Orgs.). *Ecoturismo no Brasil.* São Paulo: Manole, 2005. p. 41-61.

MOTTA, R. S. da. *Manual para valoração econômica de recursos ambientais.* Brasília: Ministério do Meio Ambiente, dos Recursos Hídricos e da Amazônia Legal/IPEA/CNPq, 1998. p. 13-24.

NOGUEIRA, J. M.; MEDEIROS, M. A. A. de. Quanto vale aquilo que não tem valor? Valor de existência, economia e meio ambiente. In: ENCONTRO BRASILEIRO DE ECONOMIA, 25., 1998, Recife. *Anais...* Recife: ANPEC, 1998.

REIS, A.; BECHARA, F. C.; ESPÍNDOLA, M. B. de; KOEHNTOPP, N.; SOUZA, L. L. de. Restauração de áreas degradadas: a nucleação como base para incrementar os processos sucessionais. *Artigos Científicos Natureza & Conservação*, Curitiba, v. 1, n. 1, p. 37-46, abr. 2003.

REIS, A.; ZAMBONIM, R. M.; NAKAZONO, E. M. *Recuperação de áreas florestais degradadas utilizando a sucessão e as interações planta-animal.* 1999. p. 13-22. (Série Recuperação, caderno 14).

SCHWARTZ, C. Para especialistas, biodiversidade é chave para ecoturismo. *Terra Noticias.* Disponível em: http://noticias.terra.com.br/ciencia/interna/0,,OI937543-EI299,00.htmlb. Acesso em: set. 2006.

STIGLIANO, B. V.; CESAR, P. de A. B. Métodos de gerenciamento da visitação em áreas naturais: possibilidades e limitações. In: CONGRESSO BRASILEIRO DE PESQUISA EM AMBIENTE E SAÚDE, 5., 2005, Santos. *Anais...* Santos, 2005. CD-ROM.

TABANEZ, A. J. A. *Ecologia e manejo de comunidades em um fragmento florestal na região de Piracicaba, SP.* 1995. 85 f. Dissertação (Mestrado em Ciências Florestais) – Escola Superior de Agricultura Luiz de Queiroz, Universidade de São Paulo, Piracicaba.

TANIZAKI, K; MOULTON, T. P. A fragmentação da Mata Atlântica no Estado do Rio de Janeiro e a perda de biodiversidade. In: A fauna ameaçada de extinção do Estado do Rio de Janeiro. Rio de Janeiro: EDUERJ, 2004.

TNI (Transnacional Institute). *Aonde as arvores são um deserto.* Publicação da FASE-ES e Carbon Trade Watch, Transnational Institute. Disponível em: http://www.tni.org/reports/ctw/trees-p.pdf. Acesso em: 15 out. 2005.

TIES (International Ecotourism Society). *Declaração na Conferência Global de Ecoturismo.* Disponível em: http://www.box.net/shared/static/1y42fcjg0r.pdf. Acesso em: 23 jul. 2006.

Parte IV

Pelas Trilhas dos Biomas Brasileiros

Turismo Arqueológico e Cultural no Parque Nacional da Serra da Capivara, PI

Gabriela Ries

Há enorme interesse da mídia em divulgar os achados arqueológicos de nosso país, mas não o suficiente para chamar a atenção do público em geral para esse tema. Os agentes culturais e arqueólogos, por seu lado, numa tentativa de desenvolver estratégias mais eficazes para atingir o público leigo em geral, vêm procurando diferentes caminhos de comunicação, particularmente os de natureza educativa. O estudo arqueológico e paleontológico no Brasil tem trazido resultados significativos, com inúmeros sítios arqueológicos já abertos à visitação. Mesmo assim, ainda são poucos os brasileiros, turistas ou não, que realmente têm conhecimento sobre a beleza natural e cultural que o país oferece. A elaboração de roteiros ecoturísticos, implantados com bases em critérios de sustentabilidade, pode vir a cumprir o papel de aproximar especialistas do público interessado em conhecer um pouco mais da ciência arqueológica.

O ecoturismo no Brasil cresce a cada ano com a incorporação de novas localidades com atrativos ideais para essa atividade. Muitas operadoras de turismo vêm desenvolvendo roteiros menos usuais, visando proporcionar às pessoas experiências diretas de contato com a natureza e com as culturas locais. Assim, essa modalidade de turismo pode, quando bem realizada, promover uma interface do ser humano com a natureza de maneira segura e controlada, como também aumentar a consciência sobre a importância da preservação dos recursos naturais, proporcionando maior desenvolvimento dos aspectos cultural e social.

Muitas são as regiões brasileiras que possuem relevantes aspectos históricos e importantes manifestações folclóricas e culturais, algumas únicas no mundo. Este capítulo discutirá a importância da divulgação desse patrimônio com vistas a ampliar o conhecimento sobre o significado da conservação, através do fomento da visitação de turistas brasileiros e estrangeiros a essas regiões.

O turismo arqueológico tem grande potencial no Brasil, porém, por falta de divulgação, o interesse do público brasileiro por esse tipo de atividade é quase nulo. Apenas para ilustrar, vale citar que cerca de 90% dos visitantes de dois parques brasileiros com ocorrência de sítios arqueológicos (Serra da Capivara e Sete Cidades) são estrangeiros. Além desses, há muitas outras localidades com relevantes aspectos arqueológicos espalhados pelo país, com diferentes características, tais como pinturas rupestres (no Agreste do Brasil – Minas Gerais, Bahia e Nordeste), sambaquis (no Vale do Ribeira-SP/PR e sul do País) e fósseis de dinossauros (em várias localidades do Nordeste), além de resquícios pré-históricos das culturas indígenas encontradas em todo o Brasil. Cada sítio encontra-se numa região diferente, com paisagens e potenciais próprios.

Um turismo qualificado, que interprete o patrimônio arqueológico, permitindo melhor compreensão da paisagem visitada, pode promover visão mais holística da natureza ao mesmo tempo em que resgata aspectos de nossa tradição e de nosso passado. Os sítios brasileiros podem se tornar grandes aliados do ecoturismo.

Para Entendermos a Arqueologia

Quem nunca ouviu falar da arqueologia e seus mistérios? Quem nunca assistiu aos filmes de *Indiana Jones* e quis ser arqueólogo por um dia? Até hoje esses arquétipos pulsam em muitos de nós, mas essa ciência não apresenta o caráter "aventureiro" disseminado pelas criações da indústria do entretenimento. Nada de tesouros e grandes descobertas (que às vezes até são encontrados), mas sim um cotidiano de trabalho que requer muita paciência, com situações inusitadas e cheias de surpresas. A visão que algumas obras de ficção difundem a respeito desse campo de pesquisa é, normalmente, limitada e ultrapassada, e quase nunca esclarece que, como em toda área do conhecimento humano, essa também é uma ciência em que tudo se transforma: teorias, métodos e as próprias tecnologias que auxiliam nas descobertas e em suas interpretações.

A arqueologia pode ser definida como a ciência que estuda o passado humano a partir dos vestígios e restos materiais deixados pelos povos que habitaram a Terra. Auxilia, de certa forma, a compreensão do que somos hoje. No Brasil, já em 1834, o dinamarquês Peter Lund escavou as grutas de Lagoa Santa (MG), onde foram encontrados ossos humanos misturados com restos animais datados de 20 mil anos.

O Instituto do Patrimônio Histórico e Artístico Nacional (IPHAN) já registrou 8.562 sítios arqueológicos no Brasil. Entre eles, destaca-se o da Pedra Furada (PI), onde a pesquisadora brasileira Nième Guidon localizou, em 1971, restos de alimentos aparentemente produzidos por humanos associados a resquícios de carvão, provavelmente de antigas fogueiras, com datação de 48 mil anos. Essas observações causaram (e ainda causam) grande polêmica no meio científico, pois vêm contrariar a tese até então aceita de que o homem teria chegado à América apenas há cerca de 12 mil anos, atravessando o Estreito de Bering, entre a Sibéria e o Alasca, em eras em que o mar se encontrava congelado, permitindo a caminhada entre os dois continentes. Numa visita à região de São Raimundo Nonato, município mais próximo ao Parque Nacional da Serra da Capivara, muitas respostas sobre a povoação do Brasil e das Américas podem ser obtidas, pois lá foram encontrados vestígios humanos com mais de 40.000 anos, o que motivou grande discussão científica e a formulação de novas teorias.

A arqueologia no Brasil vem crescendo em volume e importância. A cada dia mais sítios e vestígios são descobertos em regiões diferentes. Esse crescimento permite que aspectos do nosso passado se revelem, aproximando-nos de nossa cultura ancestral que floresce com os novos achados. A compreensão das origens traz elementos fundamentais para entendermos a nós mesmos no presente. O homem americano não foi meramente um "índio colonizado pelos europeus". Nossos povos pré-históricos tinham uma tradição e uma cultura muito ricas, que foram praticamente aniquiladas pelos colonizadores. Resgatar essa "arca perdida" é importante para que nós brasileiros possamos nos entender como indivíduos completos, oriundos de uma multiplicidade de aspectos históricos e culturais. Uma das melhores maneiras de tomar consciência sobre a importância da preservação desse patrimônio, desse passado, pode ser através do turismo arqueológico, ecológico ou cultural.

TURISMO CULTURAL: ARQUEOLOGIA COMO ATRATIVO ECOTURÍSTICO

Mesmo partindo-se do pressuposto de que todo turismo é, de certa forma, cultural, é importante realçar que o que mais caracteriza esse tipo de turismo não é exatamente o que o turista vê, mas sim a forma como ele o faz. O turismo convencional tende a considerar como patrimônio cultural aquele que se presta a certos tipos de atividades, como museus, cidades históricas ou roteiros temáticos. Para o turismo cultural, além de seu valor específico, os bens materiais têm outra importância, por serem objetos indispensáveis cujo consumo constitui a base de sustentação da própria atividade. O turismo cultural valoriza o patrimônio cultural em si, pelo menos é o que se espera, mas infelizmente não é o que se observa atualmente.

A cultura constitui fonte direta e indireta de empregos, projeta uma imagem positiva e contribui para o atrativo territorial. Quando adota projetos culturais regionais, o turismo cultural acaba por contribuir de maneira mais concreta, pois produz benefícios econômicos diretos. Por esse motivo, o setor cultural deveria ser mais explorado pelo turismo com o fim de reforçar e diversificar o potencial de desenvolvimento local e regional.

O patrimônio cultural (no caso deste capítulo, a arqueologia), entendido como atrativo turístico, pode ter sua preservação como causa e conseqüência do turismo, através da valorização, preservação e recuperação das tradições locais e dos bens culturais. Usar o patrimônio arqueológico como ferramenta para promover o turismo (o bem cultural é um meio e o turismo é o fim) exige, no entanto, que não se esqueça de que o mesmo é testemunho do passado que se quer conservar, sendo a sua visitação apenas uma forma de buscar recursos para sua preservação, objetivo-fim dessa atividade. Esse deve ser o ponto de partida para a execução do turismo arqueológico no ecoturismo. A partir desse entendimento podem-se traçar alguns desafios e objetivos para que o patrimônio arqueológico ganhe, de fato, potencial turístico.

Dado seu caráter natural, cultural, paisagístico, ecológico e educativo, o turismo arqueológico insere-se na perspectiva de desenvolvimento e preservação ambiental dos sítios arqueológicos do Brasil, se for priorizado o respeito à capacidade de suporte dos sistemas naturais e, ao mesmo tempo, se incentivar o desenvolvimento sustentável dos sistemas econômicos e sociais. Nesse sentido, é objetivo do turismo arqueológico promover compreensão integrada do meio ambiente em suas múltiplas e complexas relações, envolvendo aspectos físicos, biológicos, sociais, econômicos, tecnológicos, culturais, científicos e éticos.

Unir ecoturismo e arqueologia é a melhor forma de divulgar essa ciência e expô-la ao público. Partindo do pressuposto de que o ecoturismo tem por objetivo a preservação da natureza e a sustentabilidade, os atrativos arqueológicos no Brasil podem ganhar notoriedade e visibilidade através dessa atividade, desde que haja o apoio da comunidade, das instituições privadas e particulares que, unidas, poderão alavancar, de maneira sustentável, a arqueologia no Brasil.

MERCADO

O ecoturismo, em especial, configura-se no momento como importante alternativa de desenvolvimento econômico sustentável, utilizando racionalmente os recursos naturais sem comprometer sua capacidade de renovação e sua conservação. Nesse segmento, como visto em outros capítulos deste livro, diversos nichos de mercado são identificados, como, por exemplo, a observação de aves e flora, safáris fotográficos, entre outras atividades.

Do ponto de vista mercadológico, o segmento de ecoturismo tem crescido a um ritmo considerável ao longo dos anos. Apesar da ausência de estatísticas oficiais relativas à dimensão desse mercado, estima-se que 10% dos viajantes sejam ecoturistas. A inexistência, porém, de uma definição globalmente aceita para o ecoturismo e o conseqüente enquadramento das atividades nesse segmento vêm dificultando estudos abalizados e conclusivos sobre a matéria.

Além dos fatores mencionados, a conscientização da sociedade relativamente às questões ambientais tem contribuído para o crescimento da demanda por atividades ecoturísticas (vide Capítulo 1). De fato, a forte percepção mundial acerca da necessidade urgente de proteção e recuperação dos recursos naturais, originária, principalmente, da disseminação dos movimentos conservacionistas empreendidos por grupos ambientalistas, forças políticas e meios de comunicação, acaba por influenciar a escolha dos destinos. Entretanto, a oferta dos destinos ecoturísticos depende essencialmente da existência de áreas de elevado valor ecológico e cultural, da maneira como essas áreas são geridas, da existência de infra-estruturas adequadas e da disponibilidade de recursos humanos capacitados.

Para que o ecoturismo possa efetivamente constituir uma estrutura sólida, acessível e permanente, é preciso que esteja alicerçado em diretrizes coerentes com o mercado, tecnologicamente adequadas e democraticamente discutidas, de forma a acomodar as peculiaridades de cada ecossistema e de cada traço da cultura popular brasileira.

Parque Nacional Serra da Capivara: Um Exemplo a Ser Seguido

O Parque Nacional da Serra da Capivara foi criado em 1979, sendo a primeira Unidade de Conservação (UC) federal brasileira a preservar uma área virgem da caatinga, um bioma ameaçado de extinção, riqueza da humanidade. Graças à boa administração do Parque e à sua grande importância para a história do surgimento do ser humano nas Américas, foi tombado pela Organização das Nações Unidas para Ciências, Educação e Cultura (Unesco), que declarou o local como sendo Patrimônio Cultural da Humanidade. Atualmente, ele está sob a responsabilidade do Instituto Chico Mendes e da Fundação Museu do Homem Americano (FUNDHAM). O Parque conta também com o apoio do Ministério da Cultura, que, inclusive, instalou em Teresina, PI, uma sub-regional do Instituto do Patrimônio Histórico e Artístico Nacional (IPHAN) para controlar as pesquisas em

São Raimundo Nonato, PI. Segundo Diva Figueiredo, diretora do IPHAN, só o Banco Interamericano de Desenvolvimento (BID) havia liberado, até 2007, aproximadamente US$ 2 milhões para ações no Parque. Todos esses incentivos contribuíram para que o Parque implantasse uma grande infra-estrutura, que chega até a contrastar com a pobreza da população e da cidade onde fica sua sede. Vale ressaltar, no entanto, que a interação da comunidade local com o projeto do Parque Nacional Serra da Capivara tem conseguido minimizar a pobreza local. Para quem vive no entorno, a esperança de uma vida melhor parece mais próxima, visível e palpável, mas é claro que os problemas não se foram com os "ventos da caatinga".

A imponência do Parque impressiona, tanto quem convive com ele como quem o vê pela primeira vez, não só por sua riqueza natural (fauna, flora e geomorfologia), mas pelo fato de seu passado estar registrado em cada rocha, em cada toca, em cada rosto da região. É como se a pré-história ainda estivesse lá: viva, inteira, presente. A cada lugar que se conhece, descobre-se um pouco de seu passado.

Desenvolvimento da Comunidade Local

Destaca-se, no Parque Nacional da Serra da Capivara, o envolvimento das comunidades, dotadas de instrumentos de discernimento para que possam conviver harmoniosamente com as mudanças que o mesmo trouxe ao modo de vida local, visando à preservação não só do meio ambiente como de suas estruturas sócio-culturais. Para que isso fosse possível, foi necessário preparar as comunidades para a existência da UC, ajudando-as a encontrar os caminhos para conciliar o tradicional e o novo. Usar a vocação turística de uma localidade visando primeiramente aos interesses de sua população e não à especulação improdutiva é a melhor maneira de aproximar o turismo da comunidade local, principalmente quando se trata do turismo cultural, em que o resgate da tradição e cultura são pontos extremamente delicados e sensíveis às mudanças. Nem sempre uma comunidade deseja mudar suas antigas tradições por conta do desenvolvimento do turismo. E alguns membros das comunidades nem sequer conhecem seu passado e sua história, o que dificulta a implementação de um turismo cultural inclusivo.

Os maiores deslizes do chamado turismo cultural referem-se às tradições "reinventadas" ou introduzidas sem que haja consonância com os desejos das comunidades locais. O turismo costuma valorizar aspectos da cultura que a própria comunidade não reconhece como importantes, esquecendo-se, às vezes, de outros aspectos que são mais caros à população. A má gestão no aproveitamento dos recursos para o turismo pode descaracterizar ou destruir o patrimônio cultural, principalmente no caso de sítios arqueológicos, pois sua abertura à visitação pode implicar risco, por sua fragilidade e sutileza, se algumas regras não forem seguidas.

Segundo depoimento da doutora Niéde Guidon, para conscientizar e integrar a população na preservação e manutenção do Parque Nacional, foi preciso oferecer melhorias da qualidade de vida da comunidade. A FUNDHAM implementou estruturas de apoio que desenvolvem ação assistencial à população da periferia. Quatro núcleos de apoio à comunidade fornecem assistência no plano educacional, saúde pública e ensino profissionalizante. Há, também, projetos para a melhoraria da renda das famílias da região, entre os quais se podem citar a produção alternativa, a apicultura e a produção de papel reciclado, cerâmica e outros objetos artesanais. A seguir, algumas dessas medidas são apresentadas em mais detalhes.

A CRIAÇÃO DO MUSEU DA FUNDHAM (PLANO EDUCACIONAL)

O museu faz parte do Centro Cultural Sérgio Mota, espaço destinado a integrar crianças e jovens às atividades de cultura e lazer. Biblioteca, videoteca, fototeca, laboratórios, gabinete para pesquisadores, espaço para atividade artísticas e auditório possibilitam que ações educacionais sejam realizadas. Além de contribuir para a melhoria da educação da comunidade local, o museu, por meio de visitas monitoradas de estudantes de outras regiões, estimula jovens e crianças a se inteirarem da arqueologia, uma ciência que poucos no país conhecem. Outras ciências, como a geografia, a geologia, a história, a física, a química, a biologia e até a matemática, são abordadas de maneira multidisciplinar.

CRIAÇÃO DE UM CENTRO DE PRODUÇÃO DE CERÂMICA DA CIDADE (PRODUÇÃO ALTERNATIVA)

Capacitada por especialistas em cerâmica vindos da Europa, especialmente contratados pela FUNDHAM, a comunidade local foi estimulada a produzir e comercializar objetos com temas relacionados ao Parque Nacional da Serra da Capivara. Fabricada artesanalmente, de muito bom gosto e qualidade, 80% da produção de cerâmica tem por destino as lojas de decoração das grandes capitais, inclusive no Sul e Sudeste brasileiros. Todas as peças são feitas a partir de réplicas de pinturas rupestres encontradas nos sítios arqueológicos locais.

Essa iniciativa incentivou o desenvolvimento da cidade de São Raimundo Nonato, gerou mais empregos para a população carente e, o mais importante, trouxe para perto da comunidade uma arte regional perdida, além de tornar a pré-história acessível e compreensível, uma vez que ao criar a cerâmica com desenhos rupestres a história da região se faz sutilmente presente em forma de trabalho artesanal.

Capacitação da comunidade local para arqueologia (ensino profissionalizante)

A pobreza da população de São Raimundo Nonato já não representa o marco mais visível da cidade. Antes, a atividade principal era a roça. Hoje, com a arqueologia, roceiros, apelidados carinhosamente de *Tarzans* ou *Mondrongos*, são treinados e capacitados e se tornaram parte do projeto do Parque Nacional da Serra da Capivara. Foi criado, também, para esses cidadãos e suas famílias, o "Sitio do Mocó", uma vila com toda a infra-estrutura necessária para abrigá-los – desde escolas até centro médico. Isso colaborou não só para a melhoria da qualidade de vida desses ex-roceiros como também os incentiva a buscar uma nova atividade, mais digna, justa e valorizada pela sociedade.

Aos jovens com mais escolaridade e que demonstraram interesse pela arqueologia foram dadas capacitações mais específicas, focadas nos aspectos básicos dessa ciência e nos patrimônios dos sítios locais. Os jovens foram preparados para fazerem parte da equipe encarregada da conservação e limpeza dos sítios, para que as pesquisas possam ser melhor realizadas. Trata-se de trabalho muito técnico e delicado, pois, para que possam ser fotografadas e estudadas com precisão, todas as pinturas rupestres devem ficar limpas e nítidas. Assim, o trabalho dessa equipe é extremamente importante para a preservação e conservação dos sítios.

O exemplo do Parque Nacional Serra da Capivara mostra que é possível integrar as comunidades do entorno na implementação de UCs, desde que as mesmas façam parte de todo o processo produtivo e de tomada de decisão.

O Ecoturismo na Serra da Capivara

A gestão do Parque, realizada em parceria entre a FUNDHAM e o Instituto Chico Mendes, tenta adotar uma política dinâmica que busca minimizar as distorções e perversões comuns à administração burocrática estatal.

Mais do que uma atração internacional, o objetivo é transformar o Parque num grande pólo de ecoturismo no Brasil. Nos moldes do que já ocorre em alguns parques africanos, nos quais se realizam grandes safáris, almeja-se implantar infra-estrutura hoteleira qualificada. A construção de *resorts* temáticos possibilitaria aos turistas a prática de diversas atividades, como o turismo de observação de fauna e flora, os passeios de jipe pelas trilhas para chegar aos atrativos arqueológicos, as caminhadas de diversos graus de exigências, entre outras atrações. Para que isso se torne realidade, seriam necessárias a construção de um aeroporto em São Raimundo Nonato e a liberação de recursos.

Rosa Takalo, responsável pelo projeto turístico do Parque, faz menção a algumas premissas importantes do plano de manejo para o desenvolvimento do turismo, dentre as quais destaca a sugestão de construção do aeroporto. Esse plano de manejo, apesar de ter sido redigido já há alguns anos, não redundou em ações concretas no sentido de sua real implantação, a despeito dos esforços dos dirigentes do Parque. Hoje, o deslocamento é feito exclusivamente por estradas, cuja manutenção é precária, já que o aeroporto mais próximo fica em Petrolina, PE. Assim, visitar o Parque acaba se tornado um programa muito caro, pois exige o aluguel de *vans* .

Alguns hotéis e pousadas em São Raimundo Nonato estão aptos a receber os visitantes. O Hotel Serra da Capivara, por exemplo, é muito agradável e aconchegante, mas pode não corresponder ao padrão de um viajante mais exigente, seja ele estrangeiro ou não.

A população local e os turistas devem apreciar o Parque pelo que ele é e pelo que pode lhes oferecer, individualmente. Pelos primeiros deveria ser percebido como uma fonte de possibilidades econômicas a ser protegida e valorizada. Aos turistas o Parque deveria possibilitar o contato com um patrimônio pré-histórico de grande valor, em uma diversidade de lugares de rara beleza, com infra-estrutura hoteleira e gastronômica que justifique o deslocamento até regiões tão longínquas e ainda pouco freqüentadas.

Conclusão

O turismo arqueológico pode revelar-se muito importante e interessante, tornando-se um grande segmento no Brasil. Nos países desenvolvidos já há exploração muito lucrativa dessa modalidade, o que contribui para a conservação de suas riquezas e tradições. Esse sucesso deve servir de modelo para que valorizemos a cultura pré-histórica nacional através desse tipo de turismo no Brasil.

Estudos de arqueólogos e pesquisadores brasileiros também podem contribuir para a implementação do turismo arqueológico, desejável para todo o território nacional, incorporando ao rico acervo histórico-cultural o conhecimento de páginas muito antigas da história da evolução desse fragmento da Terra. Tornar o turismo arqueológico acessível é fundamental para despertar o interesse do turista e levá-lo a esses locais. Sem dúvida, trata-se de missão muito árdua e de longo prazo, considerando-se a grandiosidade e diversidade do acervo arqueológico disponível no Brasil.

Quando se preserva o patrimônio cultural, conserva-se a memória do que fomos e do que somos: a identidade da nação. O suporte básico de uma sociedade é a cultura de seu povo, que delimita seu perfil, e seus traços culturais fortalecem a união e a sobrevivência dos membros, daí a relação íntima direta entre a cultura como um todo e a sociedade que ela forma. Um povo cuja cultura foi aniquilada perde sua identidade, isto é, perde sua "alma", e essa desagregação cria condições para seu fim.

A conscientização cultural deve ser criada e estimulada nas escolas, nas artes e nos meios de comunicação como um todo, propiciando a todos a oportunidade de desenvolvê-la, formando uma sociedade moderna consciente de sua tradição. O turismo cultural associado ao ecoturismo surge como ferramenta de reintegração do homem com essa tradição e cultura que ficou enterrada pelo nosso próprio povo e pela história. Grande parte dos costumes encontrados aqui foi trazida por europeus, asiáticos e africanos, porém, foram adaptados ao nosso estilo brasileiro de ser e nos tornarmos uma nação rica em cultura, embora sem consciência dela.

Uma preocupação dos estudiosos nas ciências arqueológicas é o fato de a grande maioria da população brasileira ignorar não só a existência e a importância do rico patrimônio pré-histórico aqui existente, mas também a situação em que se encontram. Grande parte dos vestígios arqueológicos existentes no Brasil no início deste século perdeu-se para sempre. A falta de verba e de incentivo à pesquisa arqueológica no Brasil faz com que um grande número de arqueólogos desista de seus estudos e, portanto, deixe para trás um legado histórico importantíssimo que poderia reativar a memória cultural de cada região do nosso país. A maioria dos Estados brasileiros não conhece seu próprio patrimônio e faltam arqueólogos para realizar trabalhos nos sítios já cadastrados. Não por incompetência dos estudiosos da área, mas porque não há incentivo do governo na abertura de mais cursos que aprimorem os técnicos de apoio.

Para que novos projetos de turismo arqueológico sejam alavancados, é muito importante que, primeiramente, identifique-se a potencialidade turística dos recursos patrimoniais, com posterior divulgação na mídia. É inútil desejar transformar um sítio arqueológico em atração turística se ele não tem potencial para tal e não desenvolveu um marketing próprio, ou seja, não traz em sua paisagem a curiosidade, o novo, o inesperado. Os sítios arqueológicos devem instigar o público e despertar o interesse para que o turismo seja desenvolvido na localidade.

Defendemos aqui que uma das principais preocupações na gestão de sítios arqueológicos deveria ser a de torná-los acessíveis a todos os indivíduos que compõem a sociedade, recorrendo para isso à criação de uma estratégia de acesso público. Se a sociedade paga para que o patrimônio cultural seja protegido, também lhe assiste o direito de apreciá-lo e interpretá-lo de forma adequada. O Parque

Nacional da Serra da Capivara é um bom exemplo de sucesso na criação de belíssima e eficiente infra-estrutura para receber os visitantes. Eis um tipo de modelo em falta no país.

A sociedade precisa se conscientizar de que a perda da memória cultural é absolutamente irreparável. Ao contrário de outros bens que podem ser substituídos, o passado de um povo não pode ser recuperado quando perdido, e sua manutenção é tarefa duradoura, que depende de cada indivíduo. Temos de respeitar os vestígios dos tempos passados que são nossa história. Ao menor sinal de ameaça a essas marcas devemos, sempre, protestar. Um país com uma história colonial tão recente não pode prescindir dos milhares de anos de sua "pré-história", e sua preservação deve ser objeto de preocupação de todo cidadão brasileiro.

Contemplação da Fauna no Cerrado Brasileiro: Uso Sustentável para o Ecoturismo

Simone B. Mamede & Maristela Benites

> *"Enfim, cada um o que quer aprova, o senhor sabe:*
> *Pão ou pães, é questão de opiniães...*
> *O sertão está por toda a parte."*
> Guimarães Rosa

O Cerrado brasileiro, reconhecido como a maior formação de savanas da região Neotropical, constitui-se em mosaico de formações vegetais onde predominam as formações abertas do Brasil Central (campo limpo, campo sujo, cerrado sentido restrito e campo rupestre), com presença também marcante de formações florestais, tais como: vereda, floresta de galeria, cerradão e mata mesofítica (Ab'Saber, 1983; Rizzini, 1997). É o segundo maior bioma da América do Sul e do Brasil, com área original correspondente a 21% do território brasileiro (1,8 milhão de km²), estendendo-se diagonalmente pelo país no sentido nordeste-sudoeste (Aguiar *et al.*, 2004) (Figura 1).

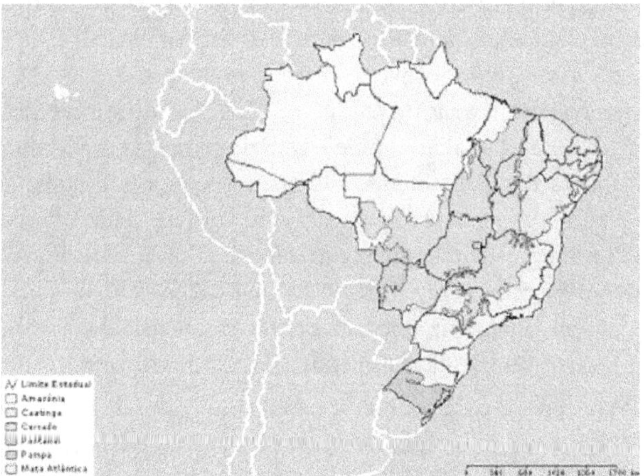

Figura 1   Mapa dos biomas brasileiros. *Fonte:* MMA, 2007.

Não meramente lhe é atribuído o título de região ou berço das águas por representar uma das principais fontes de água doce do continente americano. De fato, o Cerrado abriga as nascentes de importantes bacias hidrográficas da América do Sul: Platina, Amazônica e São Francisco (DIAS, 1992; WWF-BRASIL, 2000). No Cerrado as estações do ano se dividem em seca e chuvosa, sendo três a cinco meses secos em oposição a seis ou sete meses chuvosos. As temperaturas médias anuais variam de um mínimo de 20 a 22°C ao máximo de 24 a 26°C (AB'SABER, 2003), com precipitação média anual oscilando de 1200 a 1800 mm.

O Cerrado é um dos biomas da América do Sul menos conhecidos cientificamente, ainda que sua extensão territorial seja superada apenas pela Floresta Amazônica, que apresenta 3,5 milhões de km² (SILVA, 1995). A biodiversidade é tão surpreendente que o número de espécies pode chegar a 33% da diversidade biológica do Brasil (AGUIAR ET AL., 2004) e 5% da biota mundial (MMA, 1999). Embora o grau de endemismos seja considerado baixo para os grupos animais, 44% das quase dez mil espécies de plantas vasculares são consideradas endêmicas, ou seja, de ocorrência exclusiva nesse bioma (MYERS ET AL., 2000). Além disso, há comprovações científicas das propriedades fitoterápicas das plantas do Cerrado.

Apesar de toda a sua abrangência e riqueza biológica, restam cerca de 20%, apenas, de sua cobertura vegetal nativa, uma vez que os demais foram substituídos, em grande parte, por lavouras de monocultura, pastagens para a criação de gado bovino, dentre outras formas de uso antrópico (KLINK ET AL., 1995; MYERS ET AL., 2000; DUARTE, 2002; LE BOURLEGAT, 2004). Até meados da década de 1990 presumia-se que mais de 50% da área total tivesse sofrido alterações antrópicas, conforme aponta Silva (1995), mas, passados apenas cinco anos, novas estimativas indicam que um percentual não inferior a 80% da área original do Cerrado já deveria ter sido convertida em áreas antrópicas, restando muito pouco daquelas consideradas originais ou pouco perturbadas (MYERS ET AL., 2000). O que antes fora coberto por extensas áreas de vegetação aberta, hoje é cenário para grandes lavouras, pastagens exóticas e fragmentações. Atualmente, o Cerrado corresponde a uma das 25 regiões mundiais de alta biodiversidade sob ameaça e ao lado da Mata Atlântica compreendem os dois biomas brasileiros que compõem essa lista internacional. Os *hotspots*, assim considerados, consistem em regiões que concentram alta biodiversidade e endemismos, porém seriamente ameaçadas em conseqüência dos avançados níveis de degradação aos quais vêm sendo submetidas (MYERS ET AL., 2000).

Uma das propostas para conservar o que ainda resta da diversidade biológica do Cerrado é a criação de Unidades de Conservação (UCs), que, segundo Felfili *et al.* (2001) e Cavalcanti (2000), ainda são reduzidas em número e restritas a poucas regiões, representando pouco mais de 2% de toda a extensão do Cerrado (KLINK E MACHADO, 2005). Contudo, a conservação do Cerrado só poderá ser concretizada e os efeitos da devastação detidos se, associadas aos programas de conservação, estiverem também presentes ações efetivas e contínuas de Educação Ambiental, além da implementação de políticas públicas correlatas.

É na educação das comunidades, na sensibilização dos diversos atores da sociedade, é na busca da mudança de atitudes, no fortalecimento do amor que temos às nossas vidas e a de todos os seres vivos que nos rodeiam, só então poderemos assumir novos desafios com perspectivas menos frustrantes e mais sustentáveis. E quando abordamos a educação, estamos nos referindo ao seu mais ínfimo significado, a educação para o todo: ambiente, social, biológico, para o relacionamento, cultura, valores, ética, respeito, enfim para os elementos e virtudes que nos moldam, nos movem e que nos fazem seres realmente humanos e solidários (MAMEDE, 2005). Educação, respeito e responsabilidade, sem dúvida alguma, são alguns dos componentes fundamentais para o desenvolvimento do turismo de contemplação da fauna e sustentabilidade do ecoturismo.

> *"O sertão se conhece só por alto... O sertão é dentro da gente."*
>
> Guimarães Rosa

COMO ENXERGAR O CERRADO?

Como transformar olhares para o reconhecimento do Cerrado? Algumas experiências nos permitem arriscar que se trata da ausência de orientação e vivência junto ao Cerrado. As ocupações diárias e a incessante sobrecarga mental não têm permitido o contato humano com o ambiente, do qual a espécie humana é apenas mais um elemento.

Para Soulé (1997), cada um de nós é uma lente exclusiva, fundamentada e polida por temperamento e educação. E nossas respostas à natureza – ao mundo – são tão diversas quantos nossas personalidades, embora cada um, em momentos distintos, possa ficar atônito, horrorizado, deslumbrado ou simplesmente entretido pela natureza.

Portanto, como fazer alguém se deleitar com as maravilhas naturais do Cerrado?

A orientação mais simples e primordial para se encantar com o Cerrado é permitir se assombrar com cada detalhe por ele apresentado. Mas para que isso aconteça as emoções e sentimentos devem ser estimulados, instigados e aperfeiçoados, devendo o aprendiz estar sensível, predisposto a ter uma experiência pessoal que resulte em vínculo vitalício ao Cerrado. Dessa forma, faz-se necessário estímulo externo, para o qual o *ecoturismo* se presta muito bem, enquanto elo entre os desejos de conhecer, pertencer, admirar e as belezas naturais que contêm em si e por elas mesmas importância e valor, estando ao alcance de olhos e pensamentos que as estimem.

Em se tratando de diversidade biológica e cultural, o Cerrado nada deve a outros biomas eminentemente florestais, havendo várias possibilidades para o ecoturismo sustentável. Podemos mencionar o *turismo das águas*: as maiores e mais importantes bacias hidrográficas nascem na região de domínio dos Cerrados; o *turismo florístico ou de flora*: apresenta a savana mais rica em espécies de plantas do mundo; o *turismo cultural ou voltado à cultura*: neste se incluem a diversidade de povos e etnias, o uso das plantas do Cerrado na culinária, na medicina popular e na confecção de artesanatos; o *turismo de aventura na natureza*: de posse de geologia, geomorfologia e hidrografia privilegiadas, o Cerrado proporciona locais ideais para esse tipo de atividade; e o *turismo de contemplação da fauna*, no qual se destaca pela riqueza e abundância das mais diversas espécies. A conjunção de todas essas formas de turismo pode traduzir em contexto mais amplo e profundo o que é o Cerrado e suas belezas naturais.

O turismo de observação ou de contemplação da natureza envolve, além da conscientização, sensibilização e conservação ambiental, a observação mais criteriosa de alguns elementos específicos da biodiversidade, como: aves, mamíferos, espécies vegetais, paisagens e outros.

A observação de aves (*birdwatching*), por exemplo, é uma das atividades mais antigas e difundidas no que se refere à contemplação de fauna, destacando-se os Estados Unidos, Inglaterra, Alemanha, Espanha e Japão. Essa atividade tem atraído cada vez mais adeptos em todo o mundo, congregando milhares de pessoas em diversas regiões para a prática de um turismo mais atento à riqueza e beleza desse grupo animal. A observação de aves pode significar momentos de real sintonia e reconhecimento de pertencer à biodiversidade, uma vez que são realizados longos percursos para observação, seja do comportamento ou simples registro das espécies.

O Cerrado, não surpreendentemente, tem revelado alto potencial para o desenvolvimento dessa atividade por vários motivos, dentre eles a diversidade de paisagens e ecossistemas e a alta diversidade de aves. São mais de 840 espécies conhecidas cientificamente, terceiro bioma brasileiro com maior riqueza de aves no país.

Quanto aos mamíferos, são quase 200 espécies descritas pela ciência, algumas das quais de ocorrência somente no Cerrado (endêmicas). Por exemplo, a raposinha-do-campo (*Lycalopex vetulus*), várias espécies de roedores e alguns mamíferos de grande porte que apresentam alta densidade no bioma, como: tamanduá-bandeira (*Myrmecophaga tridactyla*), lobo-guará (*Chrysocyon brachyurus*), tatu-canastra (*Priodontes maximus*), entre outros. É evidente que, apesar das agressões, o Cerrado ainda apresenta relevante riqueza e potencial para uso sustentável de sua biodiversidade.

Como a comunidade local pode praticar o ecoturismo e proteger o patrimônio natural que abriga?

O ecoturismo não deve estar restrito a um tipo de visitação elitizada aos ambientes naturais; ele precisa e deve ser acessível à comunidade local, pois é esta quem manteve, pode manter, convive mais permanentemente com aquele local determinado e dele depende para continuar vivendo.

O atrativo turístico, quando reconhecido como legado cultural, possibilita sua perpetuação no tempo, constituindo-se em patrimônio para as futuras gerações, assim como fonte de renda e emprego para aqueles envolvidos com a prática do turismo (SEABRA, 2003). Na verdade, antes mesmo de os atrativos turísticos serem comercializados, é necessário que a comunidade local entenda sua importância nesse processo, reconheça a biodiversidade como benefício real e se envolva em ações de conservação para que os recursos naturais não sejam exauridos em curto espaço temporal, podendo resultar em desequilíbrios de ordem ambiental, cultural e financeira. Por essa razão é extremamente importante levar conhecimento à comunidade, incentivar sua participação efetiva para que possa compreender e valorizar o que tem em mãos.

O ecoturismo evoca a simplicidade, percepção, sentimentos, dentre os quais o de pertencimento da natureza. E não é necessário viajar longas distâncias para perceber e se perceber no ambiente. Olhar o que está a sua volta, valorizar as belezas naturais que o rodeiam, são algumas das possibilidades de ecoturismo local, regional e bem-sucedido. Com esse comentário queremos despertar a visão e o interesse daqueles que moram na região do Cerrado e que em vários momentos apontam a falta de opção para a prática do ecoturismo nesse bioma.

Tomemos como exemplo o Grupo de Observadores e Protetores da Biodiversidade do Cerrado (GOB), formado em 2005 a partir da demanda dos moradores da região contemplada pelo Projeto Municípios do Corredor de Biodiversidade Cerrado – Pantanal (Figura 2).

Figura 2   Atividade de campo do Grupo de Observadores e Protetores da Biodiversidade do Cerrado (GOB).

Esse grupo, composto por crianças, adolescentes, jovens e adultos, solicitou orientação e auxílio para conseguir ver ("olhar com os olhos de ver") a biodiversidade, como identificar, amar, reconhecer o valor, sentir a importância de elementos que estão presentes no Cerrado, no seu cotidiano, mas que não enxergavam. A partir desse diagnóstico deu-se início a um trabalho de Educação Ambiental voltado ao reconhecimento da biodiversidade do Cerrado em dois municípios de Goiás: Mineiros e Serranópolis, tendo como principais objetivos: i) levar a comunidade a conhecer, reconhecer e valorizar as espécies de mamíferos e aves que ocorrem em áreas naturais dos municípios, como estratégia de conservação, instrumento de educação e interpretação ambiental; ii) aliar pesquisa científica, geoprocessamento e Educação Ambiental buscando a integração entre os mesmos, facilitando o acesso e a compreensão dos dados de pesquisa pela comunidade; iii) incentivar o ecoturismo regional; e iv) permitir aos membros dos grupos sentirem-se integrantes da biodiversidade (BENITES E MAMEDE, no prelo).

Os resultados do GOB foram além da simples concepção de importância da natureza e de suas espécies silvestres, servindo como veículo de sensibilização, reordenação de valores e de novas atitudes em relaçõ ao meio. Conforme sugerido por Guimarães (2005), só a compreensão da importância da natureza não tem levado à sua preservação, sendo necessário sensibilizar, envolvendo também o sentimento, o amar, o ter prazer de cuidar como se cuida dos filhos e daqueles a quem se atribui alto valor; é promover o sentido de doação, de integração, de pertencimento à natureza.

ÉTICA NO TURISMO DE CONTEMPLAÇÃO DA FAUNA DO CERRADO

Para o planejamento, gestão, prática e monitoramento do ecoturismo, há que se aprender a distinção entre ecoturistas e biopiratas ou pilhadores da natureza e, nesse exercício, a ética dos profissionais do ecoturismo é de extrema importância. O mal uso da biodiversidade, inclusive pelo ecoturismo, pode levar a significativos impactos ambientais e até mesmo à falência dos recursos naturais e das comunidades receptoras.

É muito comum, por exemplo, a prática do ecoturismo em áreas de nidificação colonial de aves aquáticas. Na concepção do empresário ou responsável pela atividade, ao levar o turista para visitar essas áreas, está-se promovendo o ecoturismo, quando na verdade há visível má utilização daquilo que poderia ser um atrativo para o ecoturismo. Contemplar um momento tão especial e sublime como esse, que vai desde o acasalamento, construção dos ninhos e cuidado dos adultos sobre os filhotes, não é algo proibitivo, contudo, a atividade pode ser extremamente danosa se feita de forma equivocada. De fato, trata-se de espetáculo natural de rara beleza, mas extremamente frágil, podendo levar os adultos a abandonar ninhos e filhotes, à morte dos filhotes por predação e mesmo à extinção local das espécies. Surge, então, a dúvida: a visitação a esses locais deve ser evitada?

A visita durante o período de reprodução é comprovadamente danosa quando realizada sem critérios e sem as devidas precauções e instrumentação. Ruídos de motores de barco e vôos a baixas altitudes das aeronaves também constituem agentes de forte impacto sobre as populações de aves nesse período. De posse de equipamentos como binóculos e lunetas, não há qualquer necessidade de aproximação direta à área dos ninhais. Tais cuidados em nada podem comprometer a atividade ecoturística. Além disso, o visitante que se propõe a observar aves deve estar ciente de alguns impactos negativos resultantes de sua ação, como a aproximação exagerada aos locais de alimentação e/ou de reprodução.

Um exemplo claro de como o ecoturismo pode gerar impactos negativos à biodiversidade é o uso de ceva, que consiste em alimentar direta (com a mão) ou indiretamente animais silvestres dispondo itens alimentares (que nem sempre compõem sua dieta natural) em locais estratégicos (preferencialmente próximos a áreas de permanência dos turistas), para atrair os animais e deleitar os visitantes. Tudo pelo mero prazer humano, pelo lucro financeiro, mas onde ficam a satisfação e o bem-estar animal?

Rubem Alves (1992:25) apresenta a seguinte opinião:

> *"Detesto exibições de animais amestrados. Por quanto sofrimento aquelas pobres criaturas têm de passar a fim de dar uns poucos momentos de prazer a homens vazios de qualquer pensamento ou sentimento por elas".*

Esse hábito, ao mesmo tempo em que interfere na ecologia, no comportamento animal e até mesmo no metabolismo – visto que nem sempre o alimento oferecido é o mesmo consumido pelo animal em vida livre –, impede o visitante de acompanhar o processo natural que ocorre no ambiente. Além disso, perde-se a chance de vivenciar momentos especiais, como ao se deparar, naturalmente, com um lobo-guará ou um tamanduá-bandeira em busca de suas presas em seu habitat. Somente percorrer, paciente e prazerosamente, áreas naturais em busca da contemplação de alguma espécie animal já traz satisfação ao visitante, tornando-se uma experiência válida com todo o seu encanto.

Há poucos anos, recebemos convite de um empresário, locado na região de transição entre Pantanal e Cerrado, para conhecermos seu empreendimento de "ecoturismo" às margens dos rios Perdido e Apa, local de beleza fascinante e de rica biodiversidade, próximo a um parque natural de valor cênico incalculável. Quando indagamos sobre as atividades desenvolvidas voltadas ao ecoturismo, descobrimos que se resumia a andar em trilhas em uma área natural e, ao final da caminhada, ser "premiado" por pesca na cachoeira, inclusive quando os peixes estavam em pleno período de reprodução. Nesse período, conhecido por piracema, os peixes sobem à cabeceira dos rios para a desova, tornando-se, portanto, altamente vulneráveis à predação. As áreas de cachoeiras e corredeiras são de extrema importância e fragilidade biológica, sendo protegidas por lei, e a pesca é terminantemente proibida nesses locais. Infelizmente, essas cenas estarrecedoras demonstram ambição desmedida, falta de conhecimento do verdadeiro significado do "ecoturismo" e falta de comprometimento com o ambiente e sua manutenção.

Tais equívocos praticados pelo ecoturismo controverso devem ser combatidos veementemente, do contrário, será mais uma forma de depredação perversa da natureza.

Percebe-se uma linha muito sutil que separa o ecoturismo do "eco-oportunismo". Olhos atentos para que o turismo não se torne uma indústria apenas sem chaminés (SEABRA, 2003), mas com efeitos igualmente arrasadores.

O ecoturismo é uma atividade de extrema importância para a conservação ambiental das áreas naturais, pois, no desejo de levar consigo recordações, o visitante consciente e sensível sabe que a melhor maneira de guardar as imagens observadas é através de fotografias reais ou imaginárias. Estas, aliás, podem ficar armazenadas eternamente na memória e são, portanto, de fácil acesso a qualquer momento da vida. Além disso, o visitante ciente do seu papel e responsabilidade com o meio deve entender que o elemento observado só tem função no seu habitat natural, original, e reconhecer que se, porventura, quiser apropriar-se indevidamente o encanto e a beleza serão total e definitivamente aniquilados.

Para sucesso do ecoturismo, em especial do turismo de contemplação, o visitante deve antes de tudo despir-se e esvaziar-se de pensamentos, planos secundários ou algo do gênero. A oportunidade é de interagir com a natureza e usufruir das belezas que o meio pode oferecer naquele instante. E quando a saudade apertar, basta retornar ao local para reviver os momentos. Mas na ausência de oportunidade, as lembranças guardadas na memória são também formas de revitalizar e imortalizá-las. Pode haver algo mais especial e encantador?

O QUE E ONDE CONTEMPLAR A FAUNA DO CERRADO?

Ainda que a abordagem, neste capítulo, evidencie aves e mamíferos, não há como ignorar as plantas do Cerrado, de riqueza e beleza raras. Além disso, as plantas provêem abrigo e alimento para a fauna durante o ano inteiro. Em retribuição, várias espécies animais levam as sementes a longas distâncias da planta-mãe, contribuindo para sua dispersão, verdadeiros viveiristas naturais.

A resistência ao fogo, a notável adaptação à alta incidência luminosa e à falta de água nos períodos mais secos do ano podem ser conferidas pela textura das folhas, porte, feições do caule e profundidade das raízes. A flora do Cerrado guarda ainda a delicadeza das flores, algumas das quais emergem em resposta ao fogo. Embora de aparência arrasadora, o fogo é benéfico à manutenção do Cerrado, desde que praticado com os devidos critérios.

Todas essas particularidades das plantas do Cerrado associadas à fauna demonstram o encanto e a riqueza de um bioma interpretado por muitos como pobre de beleza e de vida. Mas para observadores sensíveis e atentos, essa constatação não é verdadeira, visto que o Cerrado a todo instante surpreende, seja com uma flor, seja com uma espécie animal que surge repentinamente diante dos olhos, contrastando-se à paisagem e desafiando os mais incrédulos.

Da mesma opinião compartilham Proença *et al.* (2006:25):

"Quem conhece o Cerrado intimamente não se cansa de elogiar a delicada beleza e o surpreendente exotismo dessa vegetação tão acessível e convidativa ao homem, em que as folhas, flores e frutos se apresentam quase sempre ao alcance da mão ou do olhar curioso".

Mais do que o olhar curioso, acrescenta-se o olhar sensível e assombrável às belezas naturais do Cerrado. Conforme aponta Ab'Saber (2003), no aspecto geoecológico do Brasil intertropical, não há comunidade biológica mais flexível e dotada de poder de sobrevivência em solos pobres do que a do Cerrado.

Ao contrário das florestas, que naturalmente inspiram mistério, estórias e encantamento, o Cerrado parece puro estranhamento: ele constrói sua imagem sutilmente, sem pressa, e aos poucos seduz com seu incrível poder cênico (NEIMAN E RABINOVICI, 2002).

O pôr-do-sol no Cerrado é algo de singularidade espetacular: o *degradê* das cores, a brisa, a troca de turno das espécies animais. De fato, quando cessa a luz natural do dia, dando espaço à vida noturna e ao brilho das estrelas, é que começa a atividade da maioria das espécies de mamíferos. O crepúsculo representa o acordar para várias espécies. Corujas e bacuraus também iniciam suas atividades naturais pela sobrevivência.

Rubem Alves, ao destacar a beleza nas pequenas coisas, depõe:

"Não basta viver. É preciso que haja beleza. Uma gota de orvalho não me faz viver ou morrer. Mas sua magia me enche de gratidão, e penso que valeu a pena o universo ter sido criado por causa daquele milagre fugaz".

A aproximação dos animais silvestres e a observação de seus comportamentos naturais podem ser utilizadas para a Educação Ambiental e sensibilização do visitante, constituindo-se em uma das mais fascinantes experiências que o Cerrado pode proporcionar (NEIMAN E RABINOVICI, 2002). Além da observação direta, a interpretação ambiental por meio de evidências indiretas, como, por exemplo, o canto das aves, pegadas, fezes de mamíferos e outros vestígios, são constatações que podem jamais frustrar as expectativas do visitante sensível (MAMEDE E ALHO 2002).

Alguns dos momentos e acontecimentos mais comuns vivenciados por turistas quando em visita a áreas naturais é, além da curiosidade em saber a espécie observada, conhecer as possibilidades de visualização das espécies animais conforme a paisagem visitada. Dessa forma, buscando contribuir com a observação do visitante, são apresentados exemplos de associação de animais, os mais comuns entre aves e mamíferos, aos ambientes no Cerrado (Tabela 1).

Tabela 1   Lista de espécies conforme o tipo de ambiente no Cerrado brasileiro.

		AMBIENTES		
ESPÉCIE	NOME POPULAR	ABERTO	FLORESTAL	AQUÁTICO
Amazona aestiva	Papagaio-verdadeiro	X	X	
Amazona xanthops	Papagaio-galego	X		
Anhinga anhinga	Biguatinga			X
Antilophea galeata	Soldadinho		X	
Ara ararauna	Arara-canindé	X	X	
Ardea alba	Garça-branca-grande			X
Ardea cocoi	Garça-cinza			X
Basileuterus flaveolus	Canário-do-mato		X	
Basileuterus leucophrys	Pula-pula-de-sobrancelha		X	
Buteo albicaudatus	Gavião-de-cauda-branca	X		
Buteogallus meridionalis	Gavião-caboclo	X		
Cabassous unicinctus	Tatu-de-rabo-liso	X	X	
Campephilus melanoleucos	Pica-pau-de-topete-vermelho		X	
Cariama cristata	Seriema	X		
Cebus apella	Macaco-prego		X	
Cerdocyon thous	Lobinho, cachorro-do-mato	X	X	
Chrysocyon brachyurus	Lobo-guará	X		
Coendou prehensilis	Ouriço-caxeiro		X	
Colaptes campestris	Pica-pau-do-campo	X		
Columba cayennensis	Pomba-galega	X	X	
Columba picazuro	Asa-branca	X	X	
Conepatus semistriatus	Jaratataca	X		
Cyanocorax cristatellus	Gralha-do-campo	X		
Cypsnagra hirundinacea	Bandoleta	X		
Dasypus novemcinctus	Tatu-galinha	X	X	
Dendrocygna viduata	Irerê			X
Egretta thula	Garça-branca-pequena			X
Eira barbara	Irara	X	X	
Elaenia flavogaster	Guaracava-de-barriga-amarela	X	X	
Elanus leucurus	Gavião-peneira	X		
Euphractus sexcinctus	Tatu-peba	X		
Falco femolaris	Falcão-de-coleira	X		

Tabela 1   Lista de espécies conforme o tipo de ambiente no Cerrado brasileiro (*continuação*).

		AMBIENTES		
ESPÉCIE	NOME POPULAR	ABERTO	FLORESTAL	AQUÁTICO
Falco sparverius	Quiri-quiri	X		
Galbula ruficauda	Ariramba		X	
Glaucidium brasilianum	Corujinha-caburé		X	
Gnorimopsar chopi	Pássaro-preto	X	X	
Hemitriccus margaritaceiventer	Sebinho-de-olho-de-ouro	X	X	
Herpetotheres cachinnans	Acauã	X	X	
Himantopus himantopus	Pernilongo			X
Hydrochaeris hydrochaeris	Capivara		X	X
Lontra longicaudis	Lontra		X	X
Melanopareia torquata	Tapaculo-de-coleira	X		
Momotus momota	Udu-de-coroa-azul		X	
Mymecophaga tridactyla	Tamanduá-bandeira	X		
Neothraupis fasciata	Cigarra-do-campo	X		
Nyctidromus albicollis	Curiango	X	X	
Ozotoceros bezoarticus	Veado-campeiro	X		
Phalacrocorax brasilianus	Biguá			X
Piaya cayana	Alma-de-gato		X	
Pitangus sulphuratus	Bem-te-vi	X	X	
Platalea ajaja	Colhereiro			X
Polyborus plancus	Gavião-carcará	X	X	
Pseudoleites guirahuro	Chopim-do-brejo	X		
Ramphastos toco	Tucanuçu	X	X	
Rhea americana	Ema	X		
Rhyncops rufescens	Perdiz	X		
Saltator atricollis	Batuqueiro	X		
Sicalis flaveola	Canário-da-terra	X		
Tachybaptus dominicus	Mergulhão-pequeno			X
Tamandua tetradactyla	Tamanduá-mirim	X	X	
Tangara cayna	Saíra-amarela	X	X	
Tapirus terrestris	Anta		X	X
Thamnophilus doliatus	Choca-barrada	X	X	
Tigrisoma lineatum	Socó-boi			X
Tityra cayana	Anambé-branco-de-rabo-preto		X	
Turdus leucomelas	Sabiá-barranco		X	
Turdus rufiventris	Sabiá-laranjeira	X	X	
Volatinia jacarina	Tiziu	X		

Essa lista, embora bastante resumida, é apresentada por dois motivos. Primeiramente, com o propósito de facilitar as observações, a busca e as possibilidades de encontro com as espécies em seu habitat natural. Depois, pela necessidade de convencer o visitante de que não basta visualizar as mais diversas espécies animais sem considerar o seu ambiente, a paisagem e o ecossistema em que se encontram. A compreensão da relação espécie–habitat pode ajudar a entender melhor a natureza. Por isso, para conservar uma espécie, deve-se prioritariamente conservar o ambiente onde vive.

Conservação do Cerrado para e Através do Ecoturismo

E o que fazer diante de dados e evidências da acentuada devastação e mesmo estimativas de desaparecimento em tão pouco tempo? Se uma das características e destaques do ecoturismo é a existência de áreas naturais conservadas, o Cerrado mais uma vez pode deixar de experimentar uma forma de uso sustentável dos seus recursos e conquistar adeptos de suas belezas. As áreas com maior grau de conservação encontram-se sob a forma de Unidades de Conservação, muitas das quais isoladas em meio às extensas áreas intensamente antropizadas. Eis o grande dilema enfrentado pelo Cerrado: ou mantém o uso da terra, até agora de forma insustentável, através da agricultura mecanizada, que se encontra seriamente ameaçada pelo esgotamento dos recursos naturais (dependência cada vez maior de insumos químicos e irrigação), ou assume-se o desafio de investimentos em outra forma de crescimento econômico, sob a ótica da sustentabilidade, tal como o ecoturismo. Mas para isso é necessário, em caráter de urgência, conservar o que ainda resta.

Uma cultura cada vez mais aparente é a de exploração de novas áreas sem antes ter conseguido racionalizar o uso das atuais, o que, segundo Veiga (2003), tem o mesmo efeito de estimular uma prática que mais se aproxima da mineração do que da própria agricultura. O mesmo autor sugere que o fato de o Cerrado ser considerado uma "floresta de cabeça para baixo" talvez explique a ausência de significativas campanhas públicas voltadas para sua preservação, relegando-o a segundo plano.

A fragmentação do Cerrado age sobre a fauna de forma extremamente negativa. Prova disso são as várias espécies ameaçadas de extinção e isoladas em fragmentos de tamanho insuficiente para mantê-las, tais como: tamanduá-bandeira, lobo-guará, tatu-canastra, onça-pintada, onça-parda, jaguatirica, entre outras.

Mesmo biblicamente, a fauna e a Criação, de forma geral, sempre foram objetos do cuidado e proteção de Deus para usufruto e deleite do homem. O exemplo clássico está na passagem bíblica sobre o dilúvio, quando animais foram abrigados em grande embarcação de madeira (Arca de Noé), de modo a não serem eliminados da natureza pelas chuvas torrenciais e enchentes arrasadoras. Porém, se nos dias atuais houvesse novo dilúvio e uma arca, esta certamente ficaria quase vazia (de animais silvestres), dada a extinção de várias espécies por influência das ações humanas.

A diversidade biológica, além de constituir um dos componentes básicos da qualidade ambiental, representa um recurso de real ou potencial utilidade e de valor para a humanidade, compreendendo uma das categorias de recursos ambientais, fornecendo produtos para a exploração e consumo da humanidade e prestando serviços ambientais de uso indireto, essenciais à manutenção dos diferentes sistemas econômicos de uso da terra (DIAS, 2001).

O ecoturismo, por meio da Educação Ambiental, pode (e deve) desenvolver no visitante vínculo afetivo com o ambiente. Entre os *valores utilitários* oferecidos pela natureza e os *valores intrínsecos* – espirituais, éticos, vitalícios (SOULÉ, 1997) –, o ecoturismo tem no Cerrado, e no meio natural como um todo, a oportunidade de exercer os dois, mas nossa opinião e experiência pessoais sugerem que o mesmo deva primar pelo segundo valor, o que certa e naturalmente facilitará o exercício do primeiro.

Há quem afirme que o Cerrado se encontra serrado. Pode-se dizer que tal processo, de fato, é visível e facilmente identificável. Mas para se enxergar o Cerrado, os olhos não devem estar cerrados, é preciso olhar com Olhos de Ver. O Cerrado precisa ser conservado não apenas por ser benéfico ao ser humano, mas principalmente porque é belo!

REFERÊNCIAS

AB'SABER AN. O domínio dos cerrados: introdução ao conhecimento. *R. Serv. Pub.*, Brasília, v. 111, p. 41-55, 1983.

______. *Os domínios de natureza no Brasil*: potencialidades paisagísticas. São Paulo: Ateliê Editorial, 2003.

AGUIAR, L. M. S.; MACHADO, R. B.; MARINHO-FILHO, J. A diversidade biológica do Cerrado. In: AGUIAR, L. M. S.; CAMARGO, A. J. A. (Eds.). *Cerrado*: ecologia e caracterização. Planaltina, DF: Embrapa Cerrados/Embrapa Informação Tecnológica, 2004. p. 17-40.

ALVES, R. *O amor que ascende a lua*. Campinas: Papirus, 2002. 214 p.

BENITES, M.; MAMEDE, S. B. Mamíferos e aves como instrumentos de educação e conservação ambiental em corredores de biodiversidade do Cerrado, Brasil. *Revista de Mastozoología Neotropical*. no prelo.

______. Grupos de observadores de aves e mamíferos como estratégia para a conservação da biodiversidade do Cerrado. In: CONGRESSO REGIONAL DE EDUCAÇÃO AMBIENTAL PARA A CONSERVAÇÃO DO CERRADO, 1., 2005, Quirinópolis, GO. *Artigos...* Quirinópolis, GO, 2005. p. 55-58.

CAVALCANTI, R. B. Modelagem e monitoramento de estrutura da avifauna em ambientes fragmentados: exemplos do Cerrado. In: ALVES, M. A. S.; DA SILVA, J. M. C.; VAN SLUYS, M.; BERGALLO, H. G.; da ROCHA, C. F. D. (Eds.). *A Ornitologia no Brasil*: pesquisa atual e perspectivas. Rio de Janeiro: EdUERJ, 2000. p. 17-24,

DIAS, B. Cerrados: uma caracterização. In: *Alternativas de desenvolvimento dos Cerrados*: manejo e conservação dos recursos naturais renováveis. Brasília: Funatura/IBAMA, 1992. p. 11-26.

______. Demandas governamentais para o monitoramento da diversidade biológica brasileira. In: GARAY, I. E. G.; DIAS, B. F. S. (Orgs.). *Conservação da biodiversidade em ecossistemas tropicais*. Petrópolis: Vozes, 2001. p. 17-28.

DUARTE, L. M. G. Desenvolvimento sustentável: um olhar sobre os cerrados brasileiros. In: Duarte, L. M. G.; Theodoro, S. H. (Orgs.). *Dilemas do Cerrado*: entre o ecologicamente (in)correto e o socialmente (in)justo. Rio de Janeiro: Garamond, 2002. p. 11-24.

FELFILI, J. M.; SILVA-Jr, M. C.; REZENDE, A. V.; HARIDASAN, M.; FILGUEIRAS, T. S.; MENDONÇA, R. C.; WALTER, B. M. T.; NOGUEIRA, P. E. O projeto do bioma Cerrado: hipóteses e padronização da metodologia. In: GARAY, I. E. G.; DIAS, B. F. S. (Orgs.). *Conservação da biodiversidade em ecossistemas tropicais*. Petrópolis: Vozes, 2001. p. 157-173.

GUIMARÃES, M. A natureza do problema – educação e gestão de problemas socioambientais. In: CONGRESSO REGIONAL DE EDUCAÇÃO AMBIENTAL PARA A CONSERVAÇÃO DO CERRADO, 1., 2005, Quirinópolis, GO. *Artigos...* Quirinópolis, GO, 2005. p. 27-29.

KLINK, C. A.; MACHADO, R. B. A conservação do Cerrado brasileiro. *Megadiversidade*, v. 1, p. 147-155, 2005.

______. MACEDO, R. H.; MUELLER, C. *De grão em grão o Cerrado perde espaço*. Documento para discussão. Brasília: WWF, 1995.

LE BOURLEGAT, C. A. 2003. A fragmentação da vegetação natural e o paradigma do desenvolvimento rural. In: COSTA, R. B. (Org.). *Fragmentação florestal e alternativas de desenvolvimento rural na região Centro-Oeste*. Campo Grande: UCDB. p. 1-25.

MAMEDE, S. B. Desafios e estratégias de conservação e educação ambiental no bioma Cerrado. In: CONGRESSO REGIONAL DE EDUCAÇÃO AMBIENTAL PARA A CONSERVAÇÃO DO CERRADO, 1., 2005, Quirinópolis, GO. *Artigos...* Quirinópolis, GO, 2005. p. 14-18.

MAMEDE, S. B.; ALHO, C. J. R. *Turismo de contemplação de mamíferos do Pantanal*: alternativa para o uso sustentável da fauna. Disponível em: http://www.repams.org.br/publicacoes. php?cod=29. 2002. Acesso em: 11 jun. 2007.

MMA (Ministério do Meio Ambiente). *Ações prioritárias para a conservação da biodiversidade do Cerrado e Pantanal*. Brasília: MMA, 1999.

MYERS, N.; MITTERMEIER, R. A.; MITTERMEIER, C. G.; FONSECA, G. A. B.; KENT, J. Biodiversity hotspots for conservation priorities. *Nature*, v. 403, p. 853-858, 2000.

NEIMAN, Z.; RABINOVICI, A. O Cerrado como instrumento para Educação Ambiental em atividades de ecoturismo. In: NEIMAN, Z. (Org.). *Meio ambiente*: educação e ecoturismo. Barueri: Manole, 2002. p. 135-158.

PROENÇA, C. E. B.; OLIVEIRA, R. S.; SILVA, A. P. *Flores e frutos do Cerrado*. 2. ed. revisada. Brasília/São Paulo: Editora UnB/Imprensa Oficial do Estado de São Paulo, 2006.

RIZZINI, C. T. Tratado de fitogeografia do Brasil. 2. ed. Âmbito Cultural Edições Ltda., 1997.

SEABRA, L. Turismo sustentável: planejamento e gestão. In: CUNHA, S. B.; GUERRA, A. J. T. (Orgs.). *A questão ambiental*: diferentes abordagens. Rio de Janeiro: Bertrand Brasil, 2003. p. 153-189.

SILVA, J. M. C. Birds of the Cerrado region, South América. *Steenstrupia*, v. 21, p. 69-92, 1995.

SOULÉ, M. E. Mente na biosfera; mente da biosfera. In: WILSON, E. O. (Ed.). *Biodiversidade*. Rio de Janeiro: Nova Fronteira, 1997. p. 593-598.

VEIGA, J. E. Agricultura. In: TRIGUEIRO, A. (Coord.). *Meio ambiente no século 21*: 21 especialistas falam da questão ambiental nas suas áreas de conhecimento. Rio de Janeiro: Sextante, 2003. p. 199-213.

WWF-BRASIL. *Expansão agrícola e perda da biodiversidade no Cerrado*: origens históricas e o papel do comércio internacional. Brasília, 2000.

ECOTURISMO, CORREDORES ECOLÓGICOS E UNIDADES DE CONSERVAÇÃO: O ESTUDO DE CASO DO PROJETO CORREDORES ECOLÓGICOS NO ESPÍRITO SANTO[1]

JAYME HENRIQUE PACHECO HENRIQUES

Corredores ecológicos são grandes extensões de terras que contêm ecossistemas considerados prioritários para a conservação da biodiversidade. Sua função é prevenir ou reduzir a fragmentação das florestas existentes, por meio de uma rede composta por diferentes modalidades de áreas protegidas (MMA, 2000), ou seja, são áreas planejadas com o objetivo de conectar remanescentes florestais e proporcionar o deslocamento de animais entre os fragmentos e a dispersão de sementes, aumentando a cobertura vegetal e possibilitando a conservação dos recursos naturais e da bio e sociodiversidade.

O Projeto Corredores Ecológicos é uma parceria entre órgãos governamentais e instituições da sociedade civil que tem por principais objetivos:

- Redução da fragmentação, mantendo, restaurando e/ou recuperando a conectividade da paisagem e facilitando o fluxo genético entre populações.
- Introdução de estratégias mais adequadas do uso da terra e conservação ambiental através de planejamento, ação participativa e descentralizada.
- Promoção de mudanças de comportamento dos atores sociais envolvidos.
- Criação de oportunidades de negócios e de incentivo a atividades que promovam a conservação ambiental agregando o viés ambiental aos projetos de desenvolvimento.

---

1 Parceiros: Instituto Capixaba de Ecoturismo/IEMA-ES/Projeto Corredores Ecológicos-MMA/IBAMA-ES/IDAF-ES. Equipe corredores ecológicos: Antonio Junior, Erica Munaio, Evie Negro, Sandra Ribeiro, Felipe Martins, Gerusa Bueno, Claudia Machado, Viviane Lube, Franciele Ramalho e Cibele Alves.

Para alcançar esses objetivos, as principais estratégias para formação de corredores ecológicos são:

- recuperação de Áreas de Preservação Permanente (APP) e reservas legais;
- implantação de sistemas agroflorestais;
- criação de novas Unidades de Conservação (UCs);
- incentivo à criação de Reservas Particulares do Patrimônio Natural (RPPN);
- fiscalização e monitoramento da cobertura florestal;
- estímulo a atividades que geram menor impacto ambiental, como ecoturismo, turismo sustentável, agroecologia e agricultura orgânica.

Figura 1   Esquema de propriedade modelo no corredor (MMA, 2002).

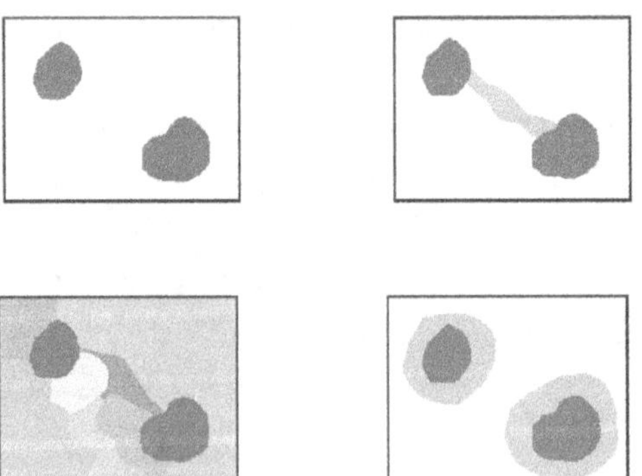

Figura 2   Evolução do conceito e formas de implantação de corredores ecológicos (MMA, 2002).

Nesse contexto, o ecoturismo tem importância e caráter estratégicos, pois se pode, através das atividades ecoturísticas, trabalhar e desenvolver elementos ligados à geração de renda para as comunidades e contribuir para a sustentabilidade, visibilidade e integração entre as UCs e as comunidades vizinhas ou moradoras.

O CORREDOR CENTRAL DA MATA ATLÂNTICA (CCMA)

O Estado do Espírito Santo, juntamente com o Estado da Bahia, faz parte do Corredor Central da Mata Atlântica. No Espírito Santo, a área de abrangência dos corredores ecológicos inclui toda a área continental, alem de áreas marinhas até o limite da plataforma continental. Na Bahia, além da marinha, essa área compreende grande parte continental sul e extremo sul baiano, áreas estas que garantem grande diversidade de ecossistemas, culturas e belezas cênicas e relevante quantidade de áreas protegidas, em especial Unidades de Conservação.

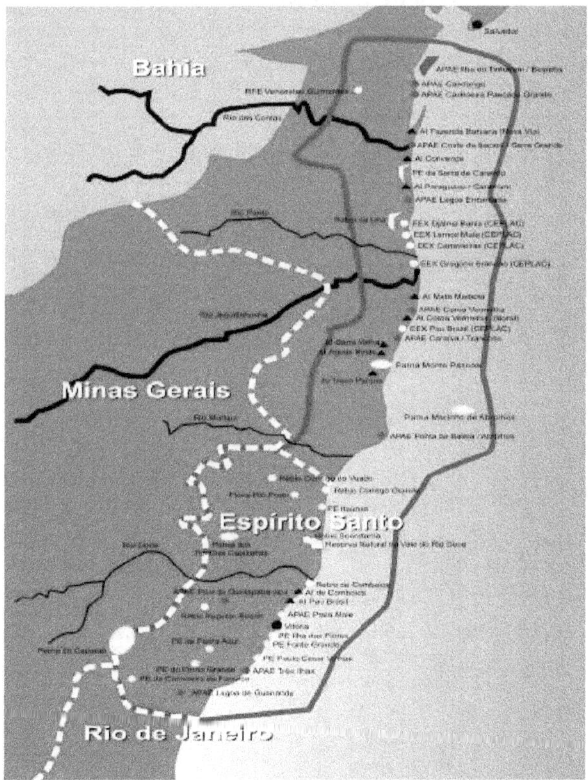

Figura 3   Área de abrangência do Corredor Central da Mata Atlântica (MMA, 2004).

Ao lado de órgãos governamentais federais, estaduais e municipais, fazem parte do projeto ONGs, associações, sindicatos, cooperativas, instituições de ensino, igrejas, comunidades tradicionais e produtores rurais. No esforço para recuperar a Mata Atlântica, é imprescindível o envolvimento de todos.

As ações do Projeto Corredores são definidas através de um conselho gestor formado pelo Comitê Estadual da Reserva da Biosfera da Mata Atlântica, composto por instituições governamentais e não governamentais, o que garante minimamente um caráter participativo em toda a sua concepção.

O Corredor Ecológico no Espírito Santo

O Projeto Corredores Ecológicos no Espírito Santo, tendo em vista seus objetivos e as demandas provenientes de seu planejamento participativo, tem aumentado o estímulo e o desenvolvimento de atividades sustentáveis, como o ecoturismo, a agricultura orgânica, a agrossilvicultura, a averbação de reservas legais e a recuperação de áreas degradadas, entre outras, no entorno de fragmentos, principalmente as UCs dos corredores prioritários.

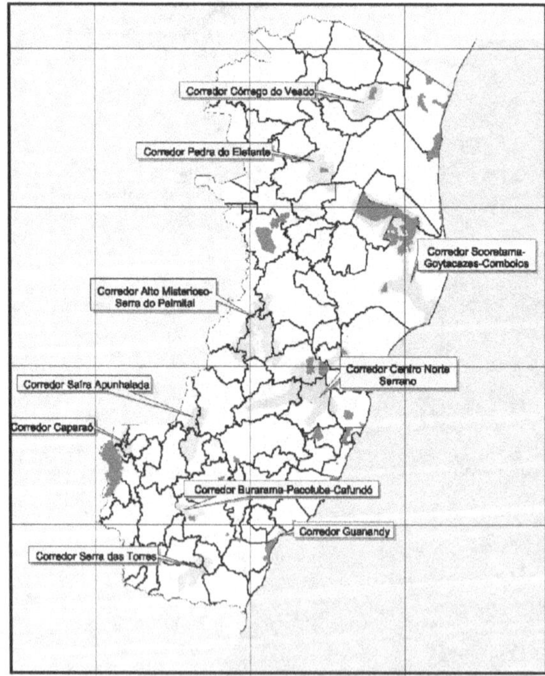

Figura 4 Corredores prioritários e UCs no Espírito Santo (IEMA, 2004).

No Espírito Santo foram definidas, de forma participativa, dez áreas (corredores prioritários) para a implantação de corredores ecológicos. Esses corredores são de caráter demonstrativos e têm também por objetivo testar metodologias e divulgar as experiências para que estas possam ser replicadas em outras regiões, contribuindo para novas bases de apoio à conservação da bio e sociodiversidade.

CORREDORES ECOLÓGICOS E UNIDADES DE CONSERVAÇÃO (UCs)

As Unidades de Conservação são geralmente os maiores fragmentos florestais e já possuem, de certo modo, a gestão do Estado ou de particulares e, por conseqüência, alguma forma de restrição, fiscalização e conservação de áreas e seus respectivos atributos e atrativos naturais.

Nos corredores, as Unidades de Conservação federais, estaduais, municipais e particulares são apoiadas em várias questões, inserindo-se nesse contexto o ecoturismo e as atividades de uso público, buscando a gestão integrada das mesmas e a geração de oportunidades para os que nessas áreas vivem.

As Unidades de Conservação, por sua importância, fazem parte de uma linha específica do Projeto Corredores Ecológicos, que apóia, financia e desenvolve atividades de fiscalização, planos de manejo, infra-estrutura e uso público e outras demandas dos órgãos gestores nas UCs prioritárias do projeto no Espírito Santo e também na Bahia.

A elaboração de planos de manejo, formação de conselhos gestores e implantação de infra-estrutura são algumas ações nas Unidades de Conservação do Projeto Corredores Ecológicos no Espírito Santo e Bahia. No Estado do Espírito Santo destacam-se:

- elaboração do plano de manejo do Parque Estadual de Pedra Azul;
- infra-estrutura de fiscalização, combate a incêndios e trilhas interpretativas do Parque Estadual de Forno Grande;
- implantação de infra-estrutura para Educação Ambiental, fiscalização, sistema de rádio-comunicação, plano de integração com o entorno e formação de conselho gestor do Parque Estadual de Itaúnas;
- levantamento fundiário para o Parque (Monumento Natural) dos Pontões Capixabas;
- cursos de capacitação na área de ecoturismo no PEI Itaúnas e no entorno do Parque Nacional do Caparaó, Reserva Biológica de Comboios e Floresta Nacional de Goitacazes.

O projeto prevê, também, a contratação e a elaboração e/ou revisões de Planos de Manejo de UCs, entre as quais se pode citar a Floresta Nacional de Pacotuba e Goitacazes, as Reservas Biológicas de Sooretama e Augusto Ruschi, além de infra-estrutura para os Parques de Pedra Azul e Itaúnas.

ECOTURISMO, UCS E CORREDORES ECOLÓGICOS NO ESPÍRITO SANTO

Planejar, desenvolver e fortalecer o ecoturismo e o turismo sustentável pode ser, e já se mostra, estratégia efetiva para a conservação do meio ambiente e de UCs e para a formação de corredores ecológicos. O ecoturismo, o agroturismo e o turismo de aventura são algumas das modalidades que, quando bem estruturadas, provocam baixo impacto ambiental e ainda contribuem para a geração de renda para as populações locais, além de fortalecer a identidade cultural de comunidades tradicionais, em especial as residentes no entorno das Unidades de Conservação.

O ecoturismo e o turismo sustentável em UCs são também importantes instrumentos de educação e interpretação ambiental, pois sensibilizam e difundem conceitos para visitantes e moradores das regiões.

A estratégia de ecoturismo desenvolvida pelo Projeto Corredores Ecológicos e parceiros já tem apresentado resultados e pode auxiliar na consolidação de corredores ecológicos como unidade de planejamento de ecoturismo e tipologias afins, em especial para a sustentabilidade de Unidades de Conservação e de comunidades de seus respectivos entornos, contribuindo para visibilidade, promoção e difusão do sentimento de apropriação dessas UCs e ajudando na integração das comunidades na gestão e com relação a outros problemas de manejo.

O caráter inovador da proposta baseia-se em premissa participativa na elaboração de todas as atividades relacionadas ao ecoturismo no Projeto Corredores e nas UCs, entre as quais estão a interpretação de trilhas, os cursos de capacitação, a elaboração de roteiros e produtos e uma Política Estadual de Ecoturismo.

É essencial ressaltar, também, a importância da interação entre o conhecimento cientifico e o etno-conhecimento e do permanente processo de planejamento participativo, em especial o Diagnóstico Rápido Participativo (DRP).

Com os diagnósticos em mãos, aprofundou-se o processo participativo. A partir da metodologia adotada, os atores locais definiram, em oficinas e reuniões, questões relacionadas às necessidades dos atores e parceiros nas UCs e seus entornos e nas áreas intersticiais (entre as UCs) dos corredores prioritários no Espírito Santo.

As atividades são desenvolvidas por especialistas, técnicos do Projeto Corredores Ecológicos e do Instituto Capixaba de Ecoturismo, e têm por objetivo suprir ou minimizar as necessidades recreativas, educativas e estruturais de instituições públicas e privadas, UCs e comunidades locais, de maneira que os ambientes possam ser conservados e possibilitem aos visitantes e moradores informação, oportunidades e segurança.

Além disso, a demanda pelo ecoturismo no Estado do Espírito Santo encontra-se em franco crescimento, o que representa demanda por novos atrativos ambientais associados às Unidades de Conservação, com conseqüente necessidade de ordenação das atividades ecoturísticas potenciais para o entorno e para os corredores ecológicos prioritários, agregando benefícios a moradores e visitantes.

O ecoturismo, o turismo científico, o turismo pedagógico, o agroturismo, o turismo rural e o turismo de aventura são modalidades de turismo sustentável com grande potencial em áreas de corredor ecológico. Dentre as contribuições do turismo sustentável para a formação de corredores ecológicos, pode-se citar:

- geração de renda para as comunidades locais;
- fortalecimento da identidade cultural e da auto-estima das populações locais e tradicionais;
- manutenção dos espaços naturais preservados e de UCs;
- incentivo ao comércio de produtos ambientalmente sustentáveis como artesanatos, comidas típicas e produtos orgânicos;
- sensibilização de visitantes e moradores acerca das questões ambientais;
- fortalecimento da relação entre homem e natureza.

METODOLOGIA UTILIZADA NA ESTRATÉGIA DE ECOTURISMO DO PROJETO CORREDORES ECOLÓGICOS NO ESPÍRITO SANTO E RESULTADOS OBTIDOS

Optou-se pela triangulação metodológica, ou seja, a utilização de várias metodologias, principalmente na fusão entre os métodos e técnicas de planejamento ecoturístico junto ao processo decisório, consultivo e inclusivo de processos participativos, em especial o DRP.

Para o desenvolvimento da estratégia de ecoturismo e incremento do uso público em UCs, atividades e ações estão sendo desenvolvidas de acordo com a metodologia participativa e os instrumentos de planejamento do Projeto Corredores Ecológicos e das Políticas Públicas de turismo do Brasil e do Espírito Santo.

Os métodos definidos e utilizados foram essencialmente:

- reuniões e oficinas participativas;
- investimentos e estruturação de UCs no corredor no Espírito Santo;
- palestras e cursos de capacitação e qualificação nas áreas de ecoturismo e turismo sustentável;
- participação em feiras e eventos (eco)turísticos;
- realização de fóruns temáticos e de discussão;
- elaboração de Política Pública de Ecoturismo;
- realização de expedições e eventos;
- confecção e publicação de materiais de divulgação do projeto e de parceiros associados.

Após os primeiros três anos, algumas atividades foram desenvolvidas de acordo com os documentos de planejamento, a participação e as demandas de parceiros do Corredor Ecológico no Espírito Santo. Alguns resultados foram alcançados, destacando-se:

a) Cursos de condutor e monitor em ecoturismo realizados:

Desde 2003, foram realizados nos corredores ecológicos, em parceria com o Instituto Capixaba de Ecoturismo, órgãos gestores e instituições das regiões como IBAMA, IEMA, Projeto TAMAR, Consórcio do Caparaó e Prefeituras das regiões, 5 cursos básicos de condutor com 80 horas de duração no entorno de UCs: Regência (Reserva Biológica de Comboios), Linhares (Floresta Nacional de Goitacazes), Dores do Rio Preto (Parque Nacional do Caparaó), Cachoeiro de Itapemirim (Floresta Nacional de Pacotuba e RPPN Cafundó) e Conceição da Barra (Parque Estadual de Itaunas). Os cursos contaram com cerca de 150 participantes capacitados.

Para a segunda fase do projeto previram-se a continuidade das capacitações e a implantação de carga horária mínima, de 200 horas, definida pelo Ministério do Meio Ambiente para a formação de monitores e condutores, dentro da norma de competências mínimas para condutores do programa de certificação do turismo de aventura do Ministério do Turismo/ABETA.

Mais do que a questão da condução ecoturística, esses cursos trabalham a formação de "agentes ambientais", aumentam a auto-estima e a cidadania e geram desdobramentos, como a formação de associações e roteiros. Bom exemplo disso é o projeto "Bicho do Mato" (grupo de condutores quilombolas de Monte Alegre).

b) Unidades de Conservação apoiadas:

Em razão do caráter estratégico das UCs, várias ações foram realizadas no Espírito Santo, como elaboração de planos de manejo, estudos e consultorias, capacitações para o entorno e implantação de infra-estrutura relacionada ao uso público, Educação Ambiental, fiscalização e manejo das UCs prioritárias do Projeto Corredores no Espírito Santo.

Para a segunda fase também foram previstas várias atividades e demandas dos parceiros e executores do projeto relacionadas ao uso público e ecoturismo nas UCs, e nesse contexto também estão previstos processos de terceirização que garantam às comunidades envolvidas apoio, inclusão e oportunidades nessas áreas, visando à gestão participativa, sustentabilidade das UCs e das comunidades e diversificação das possibilidades recreativas em contato com a natureza de acordo com o Sistema Nacional de Unidades de Conservação (SNUC) (Lei nº 9985/2000 e Decreto nº 4340/2002).

c) Trilhas interpretativas implantadas:

As trilhas têm importância fundamental dentro da estratégia de ecoturismo em Unidades de Conservação no Projeto Corredores Ecológicos no Espírito Santo, pois trabalham a comunicação, a educação e a interpretação ambiental das UCs e dos corredores e proporcionam oportunidades de geração de trabalho e renda graças ao incremento da visitação e da condução dentro desses espaços.

Foram implantadas cinco trilhas na região do delta do rio Doce, junto ao Projeto Ecocidadania e Fundação Pró-Tamar, também foi dado apoio à sinalização e interpretação ambiental de trilhas no Parque Estadual de Forno Grande (IDAF-ES), na central das montanhas capixabas, e já está garantido um plano de comunicação, sinalização e interpretação no Parque Estadual de Itaúnas.

d) Política pública de ecoturismo em desenvolvimento:

Sendo o ecoturismo e o incremento do uso público em UCs uma estratégia importante para a consolidação dos corredores, foi demonstrada a necessidade de elaboração e implantação de uma Política Pública visando estimular, normalizar e propor diretrizes para o desenvolvimento do ecoturismo no Estado e nas áreas de corredores ecológicos.

A partir de 2004, com a realização do primeiro Fórum e Workshop Capixaba de Ecoturismo e Turismo Sustentável, iniciou-se um processo de parceria entre as Secretarias Estaduais de Meio Ambiente e de Turismo. Em 2006 foi instituído um grupo de trabalho envolvendo técnicos das áreas de meio ambiente, turismo e corpo de bombeiros e foi elaborada uma minuta de Política Estadual de Ecoturismo que deverá ser aprovada e regulamentada pela Assembléia Legislativa do Espírito Santo.

e) Atores locais envolvidos nos processos de decisão:

Em razão do caráter participativo e descentralizado do Projeto Corredores Ecológicos, no âmbito estadual as ações e atividades são apresentadas e aprovadas pelo Comitê da Reserva da Biosfera, que também é o Conselho Gestor do Projeto Corredores.

Nas ações de campo nos corredores prioritários, os atores locais é que definem e executam as demandas, atividades com níveis, grau e tempo de organização e envolvimento diferenciados, além de desenvolverem e participarem das outras atividades e eventos da estratégia ecoturística do CCMA-ES.

Mesmo que de forma mais ou menos eficiente, dependendo do contexto e da região, instituições e comunidades tradicionais e locais, que vivem no entorno ou em UCs, estão protagonizando o planejamento e a execução do ecoturismo no Espírito Santo. Destacam-se o grupo de ecoturismo quilombola de Monte Alegre, a Associação de Condutores de Linhares, a Associação dos Condutores do Caparaó Capixaba, a Associação de Condutores de Itaúnas, as ONGs Consórcio do Caparaó, Amar Caparaó, Acap, Circuito Águas de Burarama, o Projeto e Fundação Pró-Tamar, Associação Indígena Tupi-Guarani de Aracruz, entre outras.

f) O grupo de ecoturismo quilombola "Bicho do Mato":

Pelo trabalho e resultados obtidos, merecem destaque a formação e a qualificação do grupo de condutores quilombolas de Monte Alegre. Esse trabalho foi iniciado através do processo de planejamento dos corredores ecológicos na área prioritária da região sul, no corredor de Burarama-Pacotuba-Cafundó.

Após a realização do curso básico de formação de condutores foi criada a ONG e o grupo de condutores e agentes ambientais "Bicho do Mato", que desde então vêm desenvolvendo contínuo trabalho de capacitação e participação em eventos, entre outras atividades, e têm recebido visitantes e instituições, em especial escolas. Na visitação são oferecidos atividades culturais ligadas à afro-descendência, condução de trilhas interpretativas, alimentação e produtos do artesanato e da gastronomia da região.

Posteriormente ao desenvolvimento do projeto, parte do grupo obteve bolsa de estudos nas áreas de turismo, história e pedagogia em uma faculdade particular, contribuindo para a estruturação, melhoria e diversificação dos serviços e atividades e aumentando gradativamente a identidade cultural e a auto-estima, e ocorreu o processo de demarcação como território quilombola, em desenvolvimento pelo INCRA, nessa região.

g) Roteiros e produtos ecoturísticos em desenvolvimento:

Nos documentos de planejamento do turismo do Espírito Santo (Plano de Turismo do ES 2025 e planejamento das rotas e regiões turísticas do Espírito Santo – SEDETUR/SEBRAE) é apresentada a necessidade de integração dos corredores ecológicos às rotas turísticas e aos Arranjos Produtivos Locais (APLs) do Estado, a importância dos corredores ecológicos como atrativos e seu potencial para formatação, promoção e comercialização de produtos (eco)turísticos.

Já se estuda a possibilidade de um roteiro (e uma rota) integrado das UCs e corredores ecológicos, entre eles a "Vertente Capixaba de Ecoturismo", que conectaria desde o Parque Estadual de Itaúnas (nordeste capixaba), na divisa com a Bahia, até o Parque Nacional do Caparaó (sudoeste capixaba), na divisa com Minas Gerais, passando por várias UCs, atributos e atrativos ecoturísticos, além de pelas curiosidades gastronômicas e sócio-culturais das regiões visitadas.

Também estão previstos, para a segunda fase do projeto, estudos e consultorias, através de inventários e diagnósticos ecoturísticos, roteirização e elaboração de produtos turísticos, além da promoção e divulgação, com a participação em eventos e feiras e a realização de *famtours* para mídia, agências e operadoras especializadas nessa tipologia turística.

h) Eventos temáticos ecoturísticos apoiados e realizados:

A permanente necessidade de capacitação e qualificação vem sendo planejada e desenvolvida pelo Projeto Corredores Ecológicos. Isto ocorre principalmente através da possibilidade de troca e difusão do conhecimento, experiências, aprendizado, capacitação, divulgação e promoção do ecoturismo, entre os atores públicos e privados relacionados e/ou interessados no Espírito Santo.

Nesse contexto, o Projeto Corredores Ecológicos e o Instituto Estadual de Meio Ambiente (IEMA/ES) têm tido caráter pioneiro e estratégico e iniciaram sua atuação e desenvolvimento (em parceria com a Secretaria Estadual de Turismo, Instituto Capixaba de Ecoturismo) através da realização de eventos e atividades e da construção de parcerias na área de ecoturismo, dos quais se destacam:

- Realização do I, II e III Fórum Capixaba de Ecoturismo e Turismo Sustentável.

- Workshop Capixaba de Ecoturismo e Turismo Sustentável.
- Salão do Ecoturismo e do Turismo de Aventura na EXPOTUR (maior evento de turismo no Espírito Santo – ABAV/SEBRAE).
- Workshop de licenciamento e empreendimentos turísticos.
- *Adventure Sports Fair* – São Paulo.
- Congresso Brasileiro de Planejamento e Manejo de Trilhas – Rio de Janeiro.
- Expedições técnica/recreativas ao Ribeirão Floresta e à Pedra da Botelha (corredores prioritários de Burarama-Pacotuba-Cafundó e do Córrego do Veado, respectivamente).
- Expedição e gravação do documentário "Triz – Pólos de Ecoturismo e Aventura do Brasil no Espírito Santo" (ESPN Brasil/Projeto Corredores MMA/IEMA-ES).
- Realização de palestras e participação em eventos regionais, estaduais e nacionais representando e promovendo o Projeto Corredores e a estratégia de ecoturismo, o que certamente tem contribuído para a divulgação do projeto das áreas e das comunidades que estão inseridas nos corredores prioritários.

i) Fortalecimento da parceria entre Secretaria Estadual de Meio Ambiente, Secretaria Estadual de Turismo, Projeto Corredores Ecológicos e Instituto Capixaba de Ecoturismo (ICE):

No que se refere à aproximação institucional decorrente das ações do Projeto Corredores Ecológicos, principalmente entre o IEMA e demais parceiros, destaca-se o importante papel desempenhado pela Secretaria Estadual de Turismo e pelo Instituto Capixaba de Ecoturismo, como representação da sociedade civil, em todas as etapas e processos.

Esse resultado no campo político-institucional deve ser considerado e pode representar a incorporação de corredores ecológicos na política pública de turismo, o que pode garantir certa continuidade da proposta independentemente de turbulências ou mudanças políticas, principalmente durante a segunda fase e pós-projeto.

CONCLUSÕES E LIÇÕES APRENDIDAS

A estratégia de ecoturismo para os corredores ecológicos e Unidades de Conservação vem se apresentando como importante alternativa para uma série de questões que envolvem gestão de UCs, participação social e uso sustentável dos recursos naturais e culturais de regiões prioritárias para conservação e de atratividade natural, cultural e social.

As áreas de corredores têm se mostrado como interessante e viável unidade de planejamento do ecoturismo e para a sustentabilidade das UCs, tanto pela fiscalização, estruturação, educação, interpretação e gestão participativa e descentralizada, que fazem parte do escopo do projeto, quanto pela apropriação e "fiscalização" por parte das comunidades, por conta do sentimento de "propriedade", passando pela contribuição na diversificação ecoturística da região e possibilidade de trabalho para as comunidades envolvidas.

Os diagnósticos participativos contribuíram para conhecimento, apropriação e análise da realidade local, de acordo com a percepção de cada ator envolvido, sem prevalecer a opinião da equipe técnica do projeto. Este tipo de diagnóstico pode ser utilizado como alternativa para propiciar mudanças, pelo seu poder de mobilização e envolvimento dos participantes com as questões apresentadas (PROJETO DOCES MATAS, 2002), pelas atividades desenvolvidas e pelos resultados apresentados. Tudo indica ser esta, portanto, uma metodologia acertada e positiva para a construção e promoção do ecoturismo e tipologias afins, principalmente em regiões semelhantes aos corredores ecológicos prioritários, Unidades de Conservação e outros tipo de áreas protegidas.

Importante destacar que os resultados alcançados e as atividades em desenvolvimento só são e foram possíveis graças ao envolvimento, co-responsabilidade e execução de alguns atores comunitários, ao lado de certo conhecimento técnico, e a pequeno investimento financeiro e estrutural, o que tem garantido minimamente espaço político-institucional para implementação e desenvolvimento do conjunto de ações inerentes a esse projeto, a estratégia, as políticas e as legislações vigentes de turismo e meio ambiente, em acordo com o anseio e as demandas dos atores e das comunidades envolvidas.

REFERÊNCIAS

BRINCANDO E APRENDENDO COM A MATA - GTZ. Salvador, 2000.

FUNDAÇÃO PRÓ-TAMAR. *Estudos preliminares para elaboração de um plano indutor do desenvolvimento do ecoturismo no entorno da Rebio de Comboios.* Linhares, 2005.

MANUAL DE INTERPRETAÇÃO AMBIENTAL PROJETO DOCES MATAS/GTZ. Belo Horizonte, 2001.

PLANO DE INTEGRAÇÃO COM A RESERVA BIOLÓGICA DE COMBOIOS-FUNDAÇÃO PRÓ-TAMAR. Linhares 2000.

PROJETO CORREDORES ECOLÓGICOS - APRAISSAL. Brasília, 2002.

PROJETO DOCES MATAS. *Diagnóstico Participativo de Unidades de Conservação.* Belo Horizonte: IEF/IBAMA, 2002.

6

Educação Ambiental Através do Ecoturismo no Pantanal da Nhecolândia, Corumbá, MS: Um Estudo Baseado na Relação Homem/Natureza[1]

Fabian Kürten & Marina Minari

Figura 1   Maria, Anders, coati e ariranha (Ari). In: Sucksdorff, 1981. Fotografia de Arne Sucksdorff.

---

1. Texto baseado no Trabalho de Conclusão de Curso apresentado à Faculdade Senac de Turismo e Hotelaria de São Paulo, como requisito parcial para obtenção do título de Especialista em Ecoturismo e Turismo Rural.

Conceitos e Valores de um Novo Paradigma

> *"A ciência pode classificar e nomear órgãos de um sabiá*
> *Mas não pode medir seus encantos.*
> *A ciência pode calcular quantos cavalos de força existem*
> *Nos cantos de um sabiá.*
> *Quem acumula muita informação perde o condão de advinhar: divinare*
> *Os sabiás divinam."*
>
> Manoel de Barros (s/d, apud Costa, 1999:207)

Sustentabilidade e um novo naturalismo

A maioria dos conceitos e definições com propósitos ambientais incorporam o desenvolvimento sustentável. Um dos conceitos mais difundidos desse paradigma refere-se a um *"desenvolvimento que satisfaz as necessidades do tempo presente sem comprometer a capacidade das gerações futuras de satisfazer suas próprias necessidades"* (World Commission on Environmental Development/WCED,[2] 1987).

Para Porto-Gonçalves (2004b), o conceito de desenvolvimento sustentável é complicado por apresentar centenas de definições. Segundo Rodrigues (2001), a contradição consiste em buscar unir dois termos que abordam aspectos distintos de temporalidade e de espacialidade, já que o **desenvolvimento** é caracterizado e compreendido por uma produção ilimitada e confundido com o progresso material, enquanto **sustentar** significa manter, uma manutenção sem metas, de modo ilimitado no tempo e espaço. Ainda segundo a autora, *"a sustentabilidade, se não levar em conta a complexidade das relações societárias, figura entre os mitos políticos contemporâneos que, segundo Girardet (1987), não se diferenciam dos grandes mitos sagrados das sociedades tradicionais, pois são fluidos, imprecisos, interpenetram-se, são proféticos"* (Rodrigues, 2001:28).

Outro aspecto a ser considerado é a questão da concepção do progresso ou desenvolvimento, como refere Porto-Gonçalves (2004a) sobre o modelo dos países desenvolvidos que é hegemônico, como sinônimo de *dominação da natureza*. O direito de igualdade, parece, só poder ser consumado com o desenvolvimento, sem que se questionem as diferentes formas de igualdade, como as diversas culturas e povos que a humanidade inventou ao longo da história. Há de se superar a visão hegemônica exploratória, na qual *uma* idéia de mundo tornou-se *a* idéia de mundo (Nazaré, 1999, apud Azevedo, 2002). Capra (2000:16) reforça ainda que *"a*

---

2. Comissão Mundial sobre Meio Ambiente e Desenvolvimento (CMAD).

comunidade sustentável é planejada de tal maneira que seus modos de vida (...) não interfiram com a habilidade inerente à natureza de sustentar a vida". Da mesma forma, Morin (1999) diz que o abandono do progresso garantido pelas leis da história não é o abandono do progresso, mas o reconhecimento de seu caráter incerto e frágil, já que a renúncia **ao melhor** dos mundos não é, de maneira alguma, a renúncia **a um** mundo melhor.

A discrepância entre o desenvolvimento tecnológico e o desenvolvimento da capacidade de governo do ser humano é também característica da contemporaneidade. Uma sociedade cuja maturidade política não acompanhou a tecnologia apresenta séria ameaça à vida no planeta (DOWBOR, 1995). Sendo assim, Capra (2000:17) condiz que "*(...) os obstáculos à sustentabilidade (...) não são mais conceituais, nem técnicos. Dizem respeito aos valores corporativos dominantes. (Pois) (...) valores e as escolhas corporativas são determinados, em grande parte, por fluxos de informação, poder e riqueza nas redes financeiras globais que dão forma às sociedades de hoje*".

Nesse contexto, recente é a proposição de que o ecoturismo é uma ferramenta que pode ser utilizada para almejar uma sustentabilidade que atenda às necessidades e à realidade das sociedades que não são desenvolvidas segundo o paradigma predominante, isto é, que não domesticaram sua natureza e têm o direito de discernir sobre o melhor caminho a seguir. E isto, no caso de algumas regiões, como o Pantanal e a Amazônia, entre outras, ainda é possível no Brasil.

É preciso ter claro que a sustentabilidade socioambiental possivelmente não será alcançada, *ibsus versus literis*, segundo seus conceitos e suas definições, mas isso não pode se tornar um fator desestimulador toda vez que se deparar com a realidade e ela se apresentar tão avessa às teorias. Pelo contrário, deve-se ter a sustentabilidade como meta a ser alcançada, deve-se buscá-la e tentar se aproximar ao máximo do que parece ser um ideal, com as devidas ressalvas.

Assim, a necessidade de manutenção e recuperação da biodiversidade é inquestionável. Porém, a forma como se deve acionar, em vias de fato, essa idéia é fonte de diferentes opiniões e pensamentos entre os estudiosos das questões ambientais. Diegues (1994) destaca duas correntes importantes de críticos norte-ocidentais: os preservacionistas e os conservacionistas. Os primeiros defendem a incompatibilidade entre presença humana e preservação ambiental e compõem o grupo mais radical. Já os segundos, essencialmente, pregam o uso criterioso e adequado dos recursos naturais, sob a visão das relações entre as áreas naturais, as sociedades e os modelos econômicos a que pertencem (DIEGUES, 1994). As duas correntes firmaram-se sobre o cartesianismo, que é o modelo dominante da ciência moderna, a qual se pauta em dividir, classificar, para estabelecer relações sistemáticas entre as partes que se separaram. Outro pilar fundamental para esse paradigma é a disjunção entre sujeito e objeto, condição de excludência que conduziu a novo conjunto de dicotomias: homem-natureza, sociedade-natureza, cultura-natureza, indivíduo-sociedade, corpo-mente (MELO, 2001).

Em contrapartida surge, nos países em desenvolvimento, um movimento que reconhece a existência e a importância das populações tradicionais para a conservação e a manutenção da biodiversidade, sendo influenciado por um *novo naturalismo* proposto por Moscovici (1974, APUD DIEGUES, 2000), que aponta para uma nova relação homem-natureza. A idéia é que o homem produz ativa e simbolicamente o meio que o cerca e reciprocamente também é sua criação. Assim, o novo naturalismo indica que é incoerente tratar a natureza meramente como recurso, isto é, ferramenta através da qual se alcança um objetivo, mesmo que embutido por um âmbito conservacionista, e muito menos decretar *ilhas* de natureza intocada, resguardando um paraíso mitológico urbano-industrial a fim de satisfazer as necessidades do homem moderno como preconizam os preservacionistas puros. Ele sugere que a mais real e palpável forma de conservar e preservar a natureza no contexto dos países em desenvolvimento é inserir e integrar concretamente as populações tradicionais (em especial, mas não somente elas) no movimento ambiental, já que estas foram responsáveis, em grande parte, pela manutenção da biodiversidade que atualmente querem proteger.

UM OLHAR ANTROPOLÓGICO E UM PARADIGMA PROPOSTO POR UMA NOVA ÉTICA

As populações tradicionais operam o pensamento simbólico/mitológico/ mágico com maior desenvoltura, por não terem desenvolvido o pensamento empírico/racional, como ocorreu na sociedade urbano-industrial através da visão cartesiana que prescreve a relação lógica da disjunção: filosofia e pesquisa reflexiva/ ciência e pesquisa objetiva; alma/corpo; espírito/matéria; sentimento/razão; existência/essência (MORIN, 1999). Morin (1986:164) aponta para a tese do desenvolvimento de uma racionalidade complexa que reconheça a subjetividade, a concretude e o singular do pensamento simbólico, e que esta contenha a objetividade e a racionalidade. Para tanto, o autor destaca que

> *"(...) é necessário não só que a razão aberta conceba o símbolo, o mito e a magia, mas também que o pensamento simbólico/mitológico possa raciocinar-se, isto é, conceber-se como pensamento simbólico/mitológico (...). O primeiro é desprovido de imunidade empírica-lógica contra o erro. O segundo é desprovido do sentido que*

percebe o singular, o individual, o comunitário. O mito alimenta, mas confunde o pensamento; a lógica controla, mas atrofia o pensamento".

O discurso de que as populações tradicionais representam séria ameaça à biodiversidade torna-se incoerente e paradoxal, já que o homem e a natureza não podem, por questões inerentes, ser segregados. O homem faz parte da natureza e, mais do que isso, ele também é natureza. Sendo essas populações representantes de grande grau de envolvimento com o meio natural tratadas como agressoras e inviabilizadoras de uma preservação "pura", como se denominaria a relação do homem urbano-industrial ocidental com o (seu) meio ambiente? O homem e a natureza não podem ser desvinculados a tal ponto, como já colocado anteriormente, constituindo refúgios de preservação desabitados e, ao mesmo tempo, conglomerados urbanos onde a espécie humana literalmente se empilha na forma de cidades.

Para Banducci Junior (1995) e Azevedo (2002), o homem e a natureza, no Pantanal, integram um mesmo universo indiviso, onde ambos inter-relacionam-se dentro de vasto *continuum*.

Figura 2   Meninos e tatus. *Fonte:* Sucksdorff, 1981:09.

As populações tradicionais, em sua maioria, mantêm relações muito mais próximas com a natureza. Inexiste a noção antropocêntrica[3] e hierarquizante, comum na sociedade moderna contemporânea, de que o homem está acima do mundo natural. Evidentemente, esta é uma observação da ótica de uma sociedade sobre outra, pois muitas vezes inexiste noção conservacionista nessas populações. Deve-se diferenciar a noção ética da sociedade que analisa uma outra da visão êmica, inerente ao ponto de vista das diferentes culturas tradicionais.

Autores como o antropólogo Philippe Descola (1996) partem do pressuposto de que todos os ambientes ditos "naturais", "intocados", tiveram interferências humanas ao longo de algum período histórico, as quais produziram as paisagens e lhes conferiram características próprias, até aumentando a biodiversidade das mesmas. Enganam-se os mais puros preservacionistas que supõem que a biodiversidade só é mantida em ambientes inóspitos, inabitados pelo ser humano, como dito anteriormente. Esses ambientes, pelo contrário, permaneceram "naturais", muito provavelmente, porque seus habitantes souberam utilizar e transformar o ambiente sem prejudicar seu funcionamento. Essa sabedoria teria sido adquirida empiricamente, utilizando-se técnicas por eles desenvolvidas e sendo permeada por cosmologia baseada em crenças religiosas e mitos reguladores que proporcionam esse equilíbrio, que seria o reflexo e o produto de adaptação bem-sucedida entre os seres humanos e a natureza por eles compartilhada (DESCOLA, 1996).

Esse pressuposto nega a visão "moderna" de natureza da civilização ocidental, pois não categoriza e separa os seres humanos dos não humanos, simplesmente os distingue em graus de diferenças e não em "naturezas" diversas. O que valeria, nessa cosmologia, seriam as relações entre eles e não a oposição.

Sob essa perspectiva, segundo Azevedo (2002:25, destaques do autor), "*é curioso observar que, embora o impulso de proteger a natureza tenha surgido (...) como uma reação à devastação decorrente da exploração motivada pela visão de domínio sobre a natureza, tanto devastação quanto conservação podem ser incluídas em um mesmo **continuum**, em que prevalece uma concepção de natureza **externa** à sociedade*".

Para melhor compreender as relações entre homem e natureza é necessária profunda reflexão e autocrítica sobre os mecanismos de funcionamento das mesmas, tanto no campo objetivo como no subjetivo. Tal tarefa se torna mais interessante a partir do momento que se contrapõem a outras lógicas e sistemas

---

3. No sentido de que o homem é o centro do cosmos e não no sentido que Descola (1996) propõe, segundo o qual qualquer visão do homem é antropocêntrica já que é intrínseca ao próprio ser humano; bem como no sentido que afirma Soffiati (2000a), para quem de uma prisão não se pode escapar: o valor é sempre atribuído pelo ser humano.

provindos das mais diversas culturas. A própria noção de paisagem, antes mesmo de se tornar repouso para os sentidos, é obra da mente. Por mais que se esteja habituado a situar a natureza e a percepção humana em dois campos distintos, estes, na verdade, são inseparáveis: *"compõem-se tanto de camadas de lembranças quanto de estratos de rochas"* (SCHAMA, 1995:17).

Uma grande diferença entre as comunidades tradicionais e o homem moderno é que, além do espaço de reprodução econômica das relações sociais, a Terra também é o *lócus* das representações mentais e do imaginário mitológico dessas sociedades. *"A íntima relação do homem com o meio e sua dependência maior com o mundo natural, comparada à do homem urbano-industrial, faz com que ciclos da natureza (a sazonalidade de cardumes, a abundância nas rochas) sejam associados às explicações míticas ou religiosas"* (DIEGUES E ARRUDA, 2001:26).

Um exemplo disso está no estudo de Campos Filho (2002:35), que, ao analisar o histórico de Poconé, afirma que *"essa transformação trouxe a prática da migração cíclica, entre o Pantanal e o firme, com uma fase de seca caracterizada como campestre, rústica e profana e uma fase de enchente vivida (...) por muitos, principalmente proprietários, como social, religiosa e política"*. As enchentes representam forte supremacia da natureza em relação aos pantaneiros, tanto que, *"nas **enchentes**, cavaleiros caminhando nos espaços inundados o dia todo, encharcados, às vezes quase imersos, podem perceber as águas ao longe como mais altas que eles, (...) diluindo-se na água (...)"* (CAMPOS FILHO, 2002:54, destaque do autor). Almeida e Lima (1959), citados pelo mesmo autor referido acima, consideram que as secas e as enchentes atuam na vida local e ordenam as pulsações seculares das atividades humanas, embarcadas por tradições próprias, que lhes dão singular caráter geográfico dentro do cenário centro-oeste do País. Dessa maneira, as cheias ultrapassam a dimensão pragmática do modo de vida pantaneiro, permeando seu imaginário, e moldando sua visão de mundo (AZEVEDO, 2002).

Para estes autores, o sistema de representações, símbolos e mitos que essas populações constroem influencia diretamente a forma como estas lidam com o meio natural. É por meio dessas representações mentais e do conhecimento empírico acumulado que as populações em questão desenvolvem seus sistemas tradicionais de manejo.

Portanto, a visão e a tecnologia do homem moderno sobre o ambiente natural confrontam-se diretamente com os costumes e formas de uso da terra dos camponeses, indígenas, calçaras, oitiantes, roceiros, quilombolas, ribeirinhos, pescadores artesanais, grupos extrativistas e pantaneiros, os quais, mesmo que demonstrem visão mais "romântica" do meio ambiente, conseguiram sobreviver, reproduzir seu modo de vida durante gerações e ainda preservar a natureza, fato que o homem urbano-industrial, mesmo com seus surpreendentes avanços tecnológicos, ainda não consegue praticar de maneira saudável e eficaz (KÜRTEN E MINARI, 2003).

Um dos desafios colocados a partir de tais reflexões é, inseridos em um contexto capitalista e hegemônico, transpor uma série de valores arraigados em uma lógica consumista e cruel, para então propor novo paradigma baseado em nova ética. Smith (1988, APUD MORETTI, 2001:43) ratifica que, "*na busca do lucro, o capital corre o mundo inteiro (...), coloca uma etiqueta de preço em qualquer coisa que ele vê, e a partir desta (...) determina o destino da natureza*".

Observa-se esse fenômeno ao atribuir-se valor estritamente econômico à biodiversidade, aos "recursos naturais" como um todo. O próprio termo "recursos naturais" exprime uma noção mercantilista e capitalista da natureza, já que a trata como um objeto que serve a uma única espécie, o *homo sapiens*. Relacionar-se de maneira mais justa com a natureza poderia ser "*(...) sair desta confortável convivência com que sempre participamos do lazer ufanista pré-colonial, que nos isenta de qualquer obrigação para com a natureza, da qual sempre usufruímos os bens, sem a devida consciência de preservação*" (NOGUEIRA, 1990:10). Sabe-se que "*a maioria dos luxos e muitos dos chamados confortos da vida, não só são dispensáveis, como constituem até obstáculos à elevação humana*" (THOREAU, 1854:27).

Capra (1982:387) afirma que

> "*(...) a mudança para um sistema social e econômico equilibrado exigirá correspondente mudança de valores – da auto-afirmação e da competição para a cooperação, da aquisição material para o crescimento interior. Aqueles que começaram a realizar essa mudança descobriram que ela não é restritiva, mas, pelo contrário, libertadora e enriquecedora*".

Soffiati (2000a:3) resume em um parágrafo o que esse novo paradigma propõe:

> "*Atualmente, com o novo espírito científico apregoado por Bachelard, a distinção antes cristalina entre natureza e cultura tornou-se fluida. A natureza, em seu processo de transformação, produz o cérebro humano, que produz a cultura, que interfere na natureza, que muda a cultura, numa relação inter-retroativa ou num processo circular complexo, como Edgar Morin mostrou de sobejo nos volumes de 'O método', sua obra máxima. Não há mais separação rígida entre natureza e cultura*".

Isto porque a idéia de natureza, uma criação humana, não é estática nem única em todas as concepções, etnias e simbologias criadas ao longo da história. O que há não é uma *natureza em si*, mas uma *natureza pensada* que se articula com uma atitude de consciência, a qual, ao reformar-se, conduz a uma modificação da visão da mesma natureza (LENOBLE, 1990, APUD MELO, 2001). Para Azevedo (2002:3), há tanta *"proximidade entre os domínios da cultura e da natureza na região do Pantanal, a ponto de tornar inviável sua compreensão senão a partir de uma referência comum"*, baseada na "co-evolução dos seus processos naturais e culturais".

Essa nova ética que propõe novo paradigma caminha na direção de profunda mudança (ou resgate) de valores que envolvem atitudes, emoções, ações e sentimentos que (re)liguem a humanidade, com suas intrínsecas relações sociais, à (sua) natureza. Há que se superar *"o afastamento entre seres humanos em sociedade e a natureza, que produz a degradação de ambos"*, faz-se necessário vivenciar a relação com o meio de forma integral, *"na complementaridade das dimensões racional e emocional do ser"* (GUIMARÃES, 2000:74). Entretanto, essa busca de postura diferente da antropocêntrica não significa negar que o indivíduo é o centro de seu próprio universo, mas sim afirmar sua responsabilidade no processo de mudança na relação com o mundo, aponta Guimarães (2000). Esse mesmo autor (1995, APUD GUIMARÃES, 2000:73) diz que um *"(...) biocentrismo que negue o ser humano em seu papel na trama da vida é também um raciocínio simplificador, excludente dos antagonismos e complementaridades inerentes aos processos naturais de que o ser humano é parte integrante"*.

No quadro anterior está o caráter demasiadamente antropocêntrico do paradigma dominante, contraposto por novo paradigma, no qual imperam a subjetividade, a integração e o holismo.

Nesse sentido, essa nova ética que propõe novo paradigma caminha em direção de profunda mudança (ou resgate) de valores que envolvem atitudes, emoções, ações e sentimentos que (re)liguem a humanidade, com suas intrínsecas relações sociais, à (sua) natureza. Tal postura está arraigada na formação de um cidadão planetário. Há que se alterar o *discurso ecológico oficial* que objetiva disciplinar a construção de uma visão de mundo ancorada nos interesses e concepções do projeto hegemônico capitalista (GUIMARÃES, 2000). Um discurso que, "*(...) ao administrar a crise ecológica, ressignifica-a*" (CARVALHO, 1988, APUD GUIMARÃES, 2000:48). A transdisciplinaridade não só se enquadra nesse novo paradigma como também ajuda a alcançá-lo.

Educação Ambiental

Um viés e o ecoturismo como meio

A EA é vista como ferramenta fundamental para a mudança de paradigmas, é capaz de despertar sentimentos conservacionistas e cooperativistas, fazendo com que os indivíduos cuidem melhor do (seu) meio ambiente e assim colaborem para melhora coletiva na qualidade de vida.

Mendonça (2006) esclarece que o substantivo *educação*, em sua origem etimológica do latim, carrega o sentido de conduzir para fora, fazer emergir, se expressar. Assim, questiona o que seria esse *fora*, senão o próprio *meio ambiente*? A intenção é transmitir pensamentos e idéias que se baseiam em uma forma diferenciada de percepção do universo, de representação de mundo. Por outro lado, segundo Marcos Sorrentino (2004), deve-se dar mais ênfase ao substantivo *educação* do que ao adjetivo *ambiental*, evidenciando o caráter *formativo* e não *informativo*. Isso pode ser observado em atividades simplistas de EA, atreladas ao binômio informação/educação, ao incentivar apenas a reciclagem do lixo, o menor consumo, etc. Esse tipo de ação também é importante, no entanto, a EA está longe de se resumir somente a isso.

Como refere Gadotti (s/d), novas formas de percepção de mundo vêm sendo apresentadas por diversos pensadores, filósofos, cientistas sociais e educadores, sendo que alguns deles tratam de *holismo* ou de *paradigmas holonômicos* da educação. Esses pensadores afirmam que a utopia, o imaginário, os sentimentos são fundadores de uma nova sociedade e uma nova educação. Esse novo olhar descrê do modelo que, segundo Dowbor (1995:12-13):

"(...) não nos traz apenas o produto, traz-nos formas de organização social que destroem a nossa capacidade de utilizá-lo adequadamente. Vemos simultaneamente o impressionante avanço do potencial disponível e somos incapazes de transformar esse potencial numa vida melhor (...). Enquanto aumenta o volume de brinquedos tecnológicos nas lojas, escasseiam o rio limpo para nadar ou pescar, o quintal com as suas árvores, o ar limpo, água limpa, a rua para brincar ou passear, a fruta comida sem medo de química, o tempo disponível, os espaços de socialização informal. O capitalismo tem necessidade de substituir felicidades gratuitas por felicidades vendidas e compradas".

Mendonça (2006), ao tratar sobre EA, envereda por um viés ainda mais profundo, indicando que a consciência é a percepção que o indivíduo tem de si e do meio que o cerca, permitindo que ele se elucide de sua própria existência. Citando Damásio (2000), a autora diz que a presença da consciência é necessária para que os sentimentos e emoções influenciem o indivíduo que os sentem, além do instante presente. A meta é construir sólida compreensão do mundo e ampliar a percepção dele através da ampliação da autoconsciência de cada um para, assim, incitar um pensamento que se confunde com a corrente do pensamento complexo, no qual cada indivíduo só coopera com o todo quando ele tem consciência da indissociabilidade das partes que compõem esse todo, esse mundo. A pretensão é estimular um olhar global (sem esquecer do local), um jeito de pensar a partir da vida cotidiana, buscando sentido em cada momento, em cada ato, que *pensa a prática* (FREIRE, 2000), em cada instante da vida, evitando a burocratização do olhar e do comportamento (GADOTTI, s/d).

A estratégia de EA oferecida neste artigo baseia-se na mescla das metodologias adotadas pelo Instituto Physis – Cultura & Ambiente[4] e pelo Instituto Romã[5]. A forma adotada pelo Instituto Physis Cultura & Ambiente prevê quatro principais ações de EA: sensibilização, informação, mobilização e ação. Já o Instituto Romã baseia-se na metodologia denominada *Aprendizado Seqüencial* desenvolvida pelo professor Joseph Cornell (1995), que prevê uma seqüência natural de aprendizado para desenvolver a percepção da natureza em quatro estágios: despertar o entusiasmo, concentrar a atenção, dirigir a experiência e compartilhar a inspiração. Segundo Mendonça e Neiman (2003:13), para cuidar conscientemente do meio ambiente é necessária participação ativa do cidadão na formulação dos valores "*e na reestruturação das relações dos indivíduos consigo mesmos e*

---

4. Instituto Physis – Cultura & Ambiente (<www.physis.org.br>).

5. Instituto Romã de Vivências na Natureza (<www.institutoroma.com.br>).

em relação ao próximo, construindo uma sociedade fundada em novos princípios éticos". Dessa maneira, adentrar o campo subjetivo é condição essencial para qualquer atividade de EA, assim como a contextualização dos ensinamentos.

Ao se falar em ecoturismo nesse contexto, a questão inicial, posta por Banducci Junior (2001:13), refere-se ao lugar do turismo em uma economia pautada pela lógica do crescimento a qualquer custo? *"Em que medida esta atividade teria condições de contribuir para desencadear um processo de mudança no padrão de desenvolvimento regional a ponto de impor uma nova lógica na relação homem e natureza?"*. Azevedo (2002:31) a complementa, ao indicar que a *"natureza segue sendo percebida, sobretudo entre as populações urbanas, como um objeto estranho, externo à realidade cotidiana, situação que se traduz em uma falta de harmonia, em um desequilíbrio intrínseco, que está (...) na base da crise ambiental contemporânea"*.

A partir disso, os conceitos de ecoturismo mais aceitos internacionalmente, como os de Ziffer (1989), Ceballos-Lascuráin (1987), Crosby (1993), Healy (1988) e da ONG The International Ecotourism Society[6] (TIES, s/d), assim como os da Empresa Brasileira de Turismo (Embratur) e do Instituto Brasileiro do Meio Ambiente e dos Recursos Naturais Renováveis (Ibama), embasam-se sempre na preocupação com os impactos socioculturais, ambientais e econômicos, a questão da EA e a integração das comunidades locais no planejamento e na gestão da atividade (PIRES, 2002).

Grande parte dos trabalhos acadêmicos sobre ecoturismo trata-o e vangloria-o como o segmento, dentro das diferentes modalidades turísticas, que apresenta os maiores índices de crescimento. Será que este não representa justamente a insustentabilidade de uma atividade tantas vezes aclamada nos discursos do famigerado desenvolvimento sustentável? Ainda, não se pode deixar de lado o valor que esse ecoturismo deve, implicitamente, oferecer ao visitante. Há que se atribuir valores de ordem conservacionista que promovam de fato experiência marcante e que resultem em sensibilização que possa surtir efeitos nesse mesmo indivíduo de maneira concreta.

Mendonça & Neiman (2003) discutem que o discurso do real ecoturismo se difere do turismo de massa justamente por seu caráter educativo. Por outro lado, pode-se dizer que a maioria das atividades ditas ecoturísticas no Brasil assemelha-se mais a um turismo convencional, muitas vezes de massa, em ambientes naturais, mesmo quando estar em contato direto com a natureza parece ser uma necessidade nos dias atuais.

---

6. Sociedade Internacional do Ecoturismo.

"Lá no espaço selvagem eu posso reencontrar meu território de gênese. Vim de lá. Redescubro-me ser humano, analisando minha condição de ser alienado das coisas da natureza. No enfrentamento das adversidades típicas, faço desvelar sensações instintivas, sensibilidades oprimidas, encantamentos e pavores próprios de uma condição primitiva agora desaparecida" (CASCINO, 1998:276).

O ecoturismo é instrumento responsável, também, por experiências multisensoriais enriquecedoras da condição humana. Segundo Neiman e Rabinovici (2002), parte-se do pressuposto de que o fascínio científico pelas características ecológicas, associado ao grande prazer na descoberta estética de determinado bioma, possa, no final, despertar a "magia" oculta nessa experiência e provocar nos indivíduos os sentimentos conservacionistas indispensáveis nos dias atuais. Traduz a relação homem/natureza como princípio da qualidade de vida e, de certa forma, condição *sine qua non* para sua própria sobrevivência na terra.

PAISAGEM PANTANEIRA

(...)

Era um lugar sem nome nem vizinhos.
Diziam que ali era a unha do dedão do pé do fim do mundo.
A gente crescia sem ter outra casa ao lado.
No lugar só constavam pássaros, árvores, o rio e os seus peixes.
Havia cavalos sem freios dentro dos matos cheios de borboletas nas costas.
O resto era só distância.
A distância era uma coisa vazia que a gente portava no olho.
E que meu pai chamava exílio.

MANOEL DE BARROS (2000:49)

CULTURA ↔ NATUREZA

"Para conhecer a cultura pantaneira há que se ir às raízes, é necessário que se vá ao chão para buscar a rusticidade e a simplicidade do homem do Pantanal. É preciso retirar as botas e atolar os pés na alma dos brejos e na relva das baías, porque ela não é coisa que se deixe aprisionar pelo frio entendimento de um estudioso de gabinete. É necessário seguir uma culatra e deixar a garganta secar de tanta poeira. Ver atar uma ligeira num chifre de bagual, olhar o vaqueiro trançar os tentos do laço ou fazer um tirador. É preciso pegar frieira nos vãos dos dedos dos pés e ter as palmas das mãos marcadas pela quentura dos telegramas.

Permanecer numa roda de mate, sentado num toco, diante do galpão, escutando os 'causos', enquanto a brisa vai se encarregando de trazer a manhã. É preciso sentir o vento sul bater no rosto, conhecer as fases da lua, saber olhar as horas pelo movimento do sol, dialogar com biguá pousado numa vara de porteira, chamar joão-de-barro de amassa-barro, cão de cachorro, objetos pessoais de traias, par de roupa de pareio, mulher grávida de enxertada, café da manhã de quebra-torto. É preciso viver ou ter vivido no Pantanal, inserir-se em sua realidade, conhecê-lo de cabo a rabo. Assistir a um baile, presenciar a dança enquanto a luz da lamparina vai acompanhando a música, esquentando o ânimo da moçada, e projetando os corpos dos dançantes nas palhas dos acuris" (PROENÇA, 1992, APUD AZEVEDO, 2002:78).

Para Soffiati (2000b:2), *"o mundo real só pode ser conhecido por representações, que se interpõem entre o sujeito e o objeto. Assim, a história do conhecimento da natureza é a história das representações formuladas sobre a natureza"*. Sob essa perspectiva, o Pantanal era a mítica *Laguna de los Xarayes*, em função da etnia Xarayes, a qual, com os Guaykuru e os Payaguá, dominava a região. Já o termo Pantanal surgiu com os portugueses, quando ao iniciaram suas rotas monçoeiras deparam-se com *"campos alagados, com várias lagoas e sangradouros"* (COSTA, 1999:19).

Um território de difícil acesso, onde a paisagem alagada, para Ponce (1995, APUD COSTA, 1999), se caracteriza pelas enchentes e vazantes, sendo as secas um fenômeno que ocorre aproximadamente a cada trinta anos e praticamente não apresenta endemismos, figurando fundamentalmente como um corredor de intercâmbio de diferentes biomas. Foi *"a fase ou ciclo da pecuária, associada à política de ocupação do solo, que propiciou o efetivo povoamento da região e a implantação dos primeiros núcleos populacionais"* (NOGUEIRA, 1989:29-30).

O ideário geral volta-se à exploração do ambiente para o lucro: antigamente, com a captura de índios para a venda de mão-de-obra escrava e, atualmente, com o desmate para a criação de gado na planície pantaneira e a devastação feita no planalto para a composição das monoculturas de grãos.

O homem pantaneiro, para autores como Corrêa Filho (1946), Nogueira (1990), Banducci Junior (1995), Diegues e Arruda (2001) e Azevedo (2002), é aquele que possui raízes étnicas nos colonizadores brancos, nas etnias indígenas que habitavam a região originalmente, em particular os Bororo, Pareci e Guató, e nos escravos negros.

São donos de fazenda, peões, vaqueiros, capatazes, barqueiros, ribeirinhos, pescadores e garimpeiros, que em suas atividades revelam os contrastes entre os períodos de estiagem das grandes enchentes, compartilham hábitos e valores da cultura local, submetem-se às regras de convívio social e, principalmente, se autodenominam pantaneiros.

Figura 3   Detalhe de uma comitiva de gado: Barão de Melgaço, MT, julho de 2004. Arquivo pessoal.

Para Descola (1997, APUD AZEVEDO, 2002:26 e 74), no Pantanal, cultura e natureza *"estariam ligados (...) por um vasto **continuum**, em que a identidade de cada um – e também dos espíritos – é completamente relacional"*, relações estas que se fundamentam *"em um íntimo convívio, fazendo com que homens, animais e plantas pertençam a um mesmo universo indiviso"* (destaque do autor).

Porém, muitos são os problemas que estão desestruturando o modo de vida no Pantanal, dentre eles a baixa produtividade da pecuária, em conjunto com a gradativa redução da área das fazendas (divisão hereditária) e o custo elevado dos insumos em função da dificuldade de acesso. Banducci Junior (2001:12) indica que a *"monocultura de soja nas terras do planalto, no entorno pantaneiro, é responsável pelo desmatamento de milhares de hectares, cujas terras erodidas provocam o assoreamento de rios do Pantanal, como acontece com o rio Taquari, e sua contaminação por agrotóxicos"*. Outra ameaça está na Hidrovia Paraguai-Paraná.

Ecoturismo no Pantanal
Realidade e a Baía Bonita

> *"Levo daqui o sentido de unidade que rege todo o universo*
> *Quando eu também me conscientizo que também sou natureza".*

J. Cristóvão Pagani, visitante da Baía Bonita

Moretti (2000) indica que a partir dos anos 1990 a atividade ecoturística acontece no Pantanal. Azevedo (2002) garante que isso se deu em função da melhoria dos acessos terrestres à região e sobretudo por conta dos pescadores dos rios Paraguai, Corumbá e São Lourenço. Hoje, o maior fluxo de turistas está ao longo das estradas-parque: a MS-184, entre Corumbá e Passo do Lontra; MS-228, entre Cáceres e Barão de Melgaço; e a Transpantaneira, entre Porto Cercado e Porto Jofre, em Mato Grosso (Azevedo, 2002). Outra experiência é a compra de grandes fazendas por ONGs internacionais para a implantação, entre outros, de centros de pesquisa e ecoturismo, como a Fazenda Rio Negro adquirida pela Conservation International; Dorochê, Penha e Acurizal, pela Ecotrópica; e outras nove arrematadas pelo Sesc-Pantanal.

Segundo Azevedo (2002:90), nessas experiências, em sua maior parte, o produto turístico oferecido, apesar de procurar tirar partido da atmosfera de fazenda, enfoca a observação de fauna, e muitas das fazendas já não contam com atividades pecuárias, e isso, *"(...) além de limitar os atrativos turísticos, inviabiliza a continuidade de diversos aspectos da cultura relacionados a ela"*. Neste caso, o ecoturismo acaba por fomentar a desestabilização da paisagem, por acirrar a *"desestruturação da relação homem-natureza que permitiu a conservação da região"*. A população ribeirinha caracterizada como isqueira é totalmente dependente da atividade turística pesqueira. Banducci Junior (2003) ressalta que até aquelas etnias indígenas envolvidas com a pesca esportiva, mesmo que de maneira rasa, têm reivindicado maior inserção e participação nesse mercado.

Em contrapartida ao desordenamento e dificuldades, algumas experiências de moradores locais se destacam como exemplo de iniciativa, competência e originalidade. Na Fazenda Baía Bonita (Pantanal da Nhecolândia), a atividade econômica base é a pecuária. Entretanto, em 1990, por influência de amigos, os proprietários iniciaram a construção de uma pousada. Como na maioria dos empreendimentos turísticos espalhados pelo país, os proprietários não possuem formação em turismo ou mão-de-obra especializada. Dialeticamente, apesar dos problemas gerados por esse fato, há integração profunda com o modo tradicional de vida pantaneiro, pois o turista é levado a compartilhar momentos da vida do pantaneiro. Acompanha-se a lida diária dos peões com o gado. *In loco*, os pesquisadores puderam observar e identificar facilmente cerca de 40 espécies diferentes de animais, o que comprova uma das facilidades para desenvolver um trabalho de EA baseado na sensibilização através do contato direto com a natureza.

Uma proposta

Inicialmente, há que se pensar no halo de uma viagem à natureza. Banducci Junior (2003:119) alerta que no

> *"momento em que as culturas se desterritorializam, que penetram e são penetradas pela modernidade com seu padrão civilizatório estandardizado, a viagem, tal como diz Ortiz (1995), manifestação emblemática do mundo globalizado, perde a sua aura aventureira, converte-se numa prática que não conduz senão ao mesmo. Desaparecem os riscos e a excitação, os contatos com os povos visitados passam a ser mediatizados por agentes e dispositivos codificados de informações (...). A viagem deixa de ser um rito de passagem para tornar-se meramente lazer".*

Nesse sentido é que a grande preocupação aqui é não deixar se contaminar pelos vícios costumeiros da vida urbana. Para tanto, indica-se que se desfaçam dos relógios, símbolos do ritmo corriqueiro de grandes centros urbanos, para sintonizar o grupo em outra "contagem" de tempo ao entrar em contato com os ritmos naturais do ambiente e, assim, buscar maior contato com os próprios ritmos internos (MENDONÇA E NEIMAN, 2003). O contato com ambientes diferentes daquele a que se está acostumado permite questionar os hábitos. Busca-se superar o caráter comum dado à viagem como *"uma prática de deslocamento cujo impulso de partida encontra sentido em sua causa final, o retorno, isto é, nas recordações e memórias que dela se constroem, e que mais tarde podem ser desfrutadas lenta e saborosamente, como se fossem (...) uma experiência vivida no futuro do pretérito"* (AUGÉ, 1999, *apud* BANDUCCI JUNIOR, 2003:120). Por isso, não obstante toda a complexidade com que são revestidas as relações entre as pessoas, há que se considerar que

> *"a identidade, moldada pela vivência cotidiana, é um mecanismo em constante construção. Se num determinado momento se afirma de forma perene, em outro pode modificar-se sem deixar vestígios. Aceitar essa dinâmica é fundamental para que se compreenda o modo como a população local vem organizando suas vidas nos dias de hoje. Respeitar as idiossincrasias culturais desses povos, oferecer-lhes oportunidade de reencontrar práticas e costumes tradicionais, permitir-lhes reafirmar sua identidade regional, são questões fundamentais na construção de uma*

experiência turística socialmente justa e ambientalmente equilibrada. É preciso que o turismo se constitua numa oportunidade para que essas pessoas contem suas histórias e, mais que isso, como afirma MacDonald (1997), uma forma de garantir que elas sejam ouvidas (BANDUCCI JUNIOR, 2003:138).

No Pantanal não há esforço para se (re)ligar e fazer despertar o instinto natural dentro de cada um. De tal forma, as metodologias empreendidas pelo Instituto Physis – Cultura & Ambiente e pelo Instituto Romã podem ser adotadas a partir de atividades, casadas ou não, como: **i. "Caçada ecológica"**: aqui, o principal ator é o guia local, que transfere todo o seu conhecimento tradicional sobre o comportamento e as característica dos animais, antes utilizado para a prática da caça predatória; **ii. Vivência fotográfica**: educação ambiental e curso de fotografia para despertar o interesse pelo cuidado com a natureza. **iii. Caminhadas livres**: para entrar em simbiose com a natureza (de cada um); **iv. Passeio de canoa/barco e pescaria**: o trajeto é definido de acordo com o objetivo do grupo, com pernoite na mata ou não, para resgatar toda historicidade do Pantanal contida em suas águas; **v. Cavalgadas**: além do resgate histórico, as montarias permitem maior aproximação da fauna; **vi. Observação de pássaros**: não é restrita aos ornitólogos, pois no Pantanal os "amplos horizontes" aos quais Aguirre (1957) se refere facilitam a observação. **vii. Vivência com os pantaneiros**: permite a descoberta e a integração com a cultura pantaneira. **viii. Vigília:** alocar-se sobre um observatório especialmente construído sobre uma árvore próxima ao barreiro, para esperar a chegada dos animais. Os diferentes campos do conhecimento podem agregar, através da transversalidade, a compreensão recíproca da relação entre as partes e o todo pantaneiro socioambiental. Para que haja "espaço" para as percepções, curiosidades e sensações do indivíduo, o mediador deverá proporcionar diversos momentos de silêncio, voltados para a assimilação do entorno e conseqüente introspecção. No final da atividade a "algum lugar" se chega. "*A abordagem de paisagem pela cultura local (...) pode subsidiar roteiros de turismo ecocultural. Esta proposição deve integrar um plano responsável e embasado de turismo, não reproduzindo modelos que falsificam o meio, para construir uma ilusão para os viajantes que, com o tempo, se distanciam, em busca de originalidade*" (CAMPOS FILHO, 2002:174).

CONCLUSÕES

Há que se atentar para os riscos aferidos pelo ideário da colonização moderna, da política de desenvolvimento e legislação (CAMPOS FILHO, 2002). Esses conceitos arraigados de vícios modernos de exploração são forte ameaça à integridade sociocultural e ambiental do Pantanal, que não deve se tornar, como referiu Mesquita (1928, APUD CAMPOS FILHO, 2002:61) sobre outro local, um *"fantasma de grandezas extintas, (...) ruínas dolorosas de um passado morto"*. O momento é agora. O rio Taquari, que foi um dos principais rios do Pantanal, nos últimos dez anos tem morrido, em função do grande desgaste e da invasão de agrotóxicos no planalto, inundando em suas águas rasas e estéreis centenas de famílias que dependiam dele para viver. Não se pode deixar que o mesmo aconteça com os rios Paraguai, Cuiabá, São Lourenço, Piquiri, que formam imensa rede mantenedora da vida no Pantanal, por causa do (des)envolvimento. Segundo Dean (1995:362), *"como sói acontecer na história das relações humanas com o meio ambiente natural, apenas se começaram a tomar medidas defensivas após a evidência de um imenso desastre"*. No caso do Pantanal, diferentemente do que ocorreu na Mata Atlântica e em outros ecossistemas, ainda há muito o que se conservar. Poucas vezes se preocuparam com a *mata*, símbolo no Brasil do atraso, do subdesenvolvimento e do selvagem (SCHWARTZ, 1995). O que se compreende, contudo, a respeito do desenvolvimento, desenvolvimento este atrelado a uma lógica capitalista, mercadológica e consumista? *"Para desenvolver a Inglaterra foi necessário o planeta inteiro. O que será necessário para desenvolver a Índia?"* (MAHATMA GHANDI, APUD PORTO-GONÇALVES, 2004a:32).

Somente a partir do momento em que o indivíduo, como sujeito histórico, determinar o seu rumo, e estiver apto a fazê-lo, é que novos paradigmas poderão se desenrolar. A natureza sempre tenta fazer a parte dela: os ciclos das águas do Pantanal formam uma defesa natural contra a espécie *homo sapiens*; seu ambiente selvagem desde a colonização impediu que o desastre sobre o ecossistema fosse maior. Entretanto, a grande ameaça vem pelas bordas, pois é com a morte do cerrado que o Pantanal se fere cada vez mais. Em função disso, a partir da idéia de Campos Filho (2002), de que a cultura pantaneira é fortemente enraizada em seu território e de que, principalmente para os que detêm pouca escolaridade, os idosos e muitos fazendeiros, a cultura é grande fonte de orgulho e existe como algo que *"todo mundo quer ter"*, pode-se dizer que a educação ambiental alcançada pelo ecoturismo no Pantanal da Nhecolândia representa uma alternativa econômica para os locais, assim como uma maneira saudável de multiplicação do respeito e de integração do homem à natureza.

É trabalhando e envolvendo justamente essas pessoas (mas não somente elas) que se devem investir esforços para multiplicar as experiências em contato com o ambiente Pantanal, alcançando resultados positivos tanto para melhora na qualidade de vida dos locais, quanto na vivência de cada visitante, que compartilhará momentos especiais com pessoas que possuem relações intrínsecas com o meio visitado, podendo tomá-los como exemplo e (re)agir em prol da (sua) natureza. Por conseguinte, num ambiente em que a natureza salta aos olhos mesmo de quem não pode ver, pela exuberância de sons, cores e imagens, conclui-se que as ações de educação ambiental aqui propostas são uma alternativa eficaz para instigar e despertar sentimentos multiplicadores de ações preservacionistas, impulsionando resgate das relações saudáveis entre "partes" que são intrinsecamente inseparáveis: homem/natureza.

REFERÊNCIAS

AGUIRRE, A. *A caça e a pesca no Pantanal de Mato Grosso*. Rio de Janeiro: Ministério da Agricultura/Departamento Nacional da Produção Animal/Divisão de Caça e Pesca, 1958.

AZEVEDO, J. R. da R. *A conservação da paisagem como alternativa à criação de áreas protegidas*: um estudo de caso no vale do rio Negro na região do Pantanal. 2002. Dissertação (Mestrado) – Programa de Ciência Ambiental, USP, São Paulo.

BANDUCCI JUNIOR, A. *Sociedade e natureza no pensamento pantaneiro*: representação de mundo e o sobrenatural entre os peões das fazendas de gado da 'Nhecolândia'. 1995. Dissertação (Mestrado) – Programa de Pós-graduação em Antropologia da FFLCH, USP, São Paulo.

BANDUCCI JUNIOR, A. Turismo cultural e patrimônio: a memória pantaneira no curso do rio Paraguai. *Horizontes Antropológicos*, Porto Alegre, v. 20, n. 9, p. 117-140, out. 2003.

CAMPOS FILHO, L. V. da S. *Tradição e ruptura*: cultura e ambiente pantaneiros. Cuiabá: Entrelinhas, 2002.

CAPRA, F. O desafio do nosso tempo. In: CARVALHO, E. de A.; RIBARIC, A. (Orgs.). *Margem, no 13*: dialéticas da natureza. Tradução de Marcelo Cid. São Paulo: Educ/Faculdade de Ciências Sociais da PUC-SP, 2001. p. 14-19.

CORNELL, J. *A alegria de aprender com a natureza*: atividades ao ar livre para todas as idades. Tradução de Maria Emília de Oliveira. São Paulo: Senac/Melhoramentos, 1997.

CORREIA FILHO, V. *Pantanais mato-grossenses*: devassamento e ocupação. Rio de Janeiro: IBGE, 1946.

COSTA, M. de F. *A história de um país inexistente*: Pantanal entre os séculos XVI e XVIII. São Paulo: Estação Liberdade/Kosmos, 1999.

DESCOLA, P. Ecologia e cosmologia. In: DIEGUES, A. C. (Org.). *Etnoconservação*: novos rumos para a proteção nos trópicos. São Paulo: Hucitec, 2000. p. 149-163.

DIEGUES, A. C. *Etnoconservação*: novos rumos para a proteção da natureza nos trópicos. São Paulo: Annablume/Hucitec/Nupaub/USP, 2000.

DIEGUES, A. C. *O mito moderno da natureza intocada*. São Paulo: Hucitec, 1996.

DOWBOR, L. Prefácio. In: FREIRE, P. *À sombra desta mangueira*. São Paulo: Olho d'Água, 1995. p. 7-14.

GADOTTI, M. *Pedagogia da Terra*: ecopedagogia e educação sustentável. Disponível em: <http://168.96.200.17/ar/libros/torres/gadotti.pdf>. Acesso em: 1 set. 2004.

GUIMARÃES, M. *Educação ambiental*: no consenso um embate? Campinas: Papirus, 2000.

MELO, M. M. A. Natureza, progresso e desenvolvimento: antinomias do projeto civilizatório da sociedade moderna. In: CARVALHO, E. de A.; RIBARIC, A. (Orgs.). *Margem, no 13*: dialéticas da natureza. Tradução de Marcelo Cid. São Paulo: Educ/Faculdade de Ciências Sociais da PUC-SP, 2001. p. 111-125.

MENDONÇA, R.; NEIMAN, Z. À *sombra das árvores*: educação ambiental em atividades extra-classe. São Paulo: Chronos, 2003.

MENDONÇA, R. *Conservar e criar*: natureza, cultura e complexidade. São Paulo: Senac. (No prelo).

MINISTERIO DO MEIO AMBIENTE; DIEGUES, A. C. ; ARRUDA, R. S. V. (Orgs.). *Saberes tradicionais e biodiversidade no Brasil.* Brasília: MMA; São Paulo: USP, 2001.

MORETTI, E. C. Ecoturismo: uma proposta (in)sustentável de produção e consumo do espaço pantaneiro. In: SIMPÓSIO SOBRE RECURSOS NATURAIS E SÓCIO-ECONÔMICOS DO PANTANAL, 2000, Corumbá. *Anais...* Corumbá, 2000.

MORIN, E. *O método – 3. O conhecimento do conhecimento.* Tradução de Maria Gabriela de Bragança. Lisboa: Publicações Europa-América, 1996.

MORIN, E. *Os sete saberes necessários à educação do futuro.* Tradução de Catarina Eleonora F. da Silva e Jeanne Sawaya. São Paulo: Cortez; Brasília: UNESCO, 2003.

NEIMAN, Z.; RABINOVICI, A. O Cerrado como instrumento para educação ambiental em atividades de ecoturismo. In: NEIMAN, Z. (Org.). *Meio ambiente, educação e ecoturismo.* Barueri: Manole, 2002. p. 135-158.

NOGUEIRA, A. X. *A linguagem do homem pantaneiro.* 1989. Tese (Doutorado) – Comissão Especial de Doutoramento em Letras, Mackenzie, São Paulo.

NOGUEIRA, A. X. *O que é Pantanal.* São Paulo: Brasiliense, 1990.

PIRES, P. dos S. *Dimensões do ecoturismo.* São Paulo: Senac, 2002.

PORTO-GONÇALVES, C. W. *Desafio ambiental.* São Paulo: Record, 2004a.

PORTO-GONÇALVES, C. W. In: SEMINÁRIO O HOMEM E O MEIO – CULTURA, CIÊNCIA E SOCIEDADE SUSTENTÁVEL, 2004b, São Paulo. *Debate...* São Paulo, 2004b.

RODRIGUES, A. M. O mito da sustentabilidade da atividade turística. In: BANDUCCI JUNIOR, Á.; MORETTI, E. C. (Orgs.). *Qual paraíso?*: turismo e ambiente em Bonito e no Pantanal. São Paulo: Chronos; Campo Grande: UFMS, 2001. p. 19-38.

SCHWARTZ, S. B. Prefácio. In: DEAN, W. *A ferro e fogo*: a história e a devastação da Mata Atlântica brasileira. Tradução de Cid Knipel Moreira.São Paulo: Companhia das Letras, 1996. p. 13-16.

SOFFIATI NETTO, A. A. *Quando o patrimônio natural se transforma em cultural.* Disponível em: <http://www.geocities.com/RainForest/9468/natural.htm>. Acesso em: 19 set. 2004a.

SOFFIATI NETTO, A. A. *Da natureza como positividade à natureza como representação.* Disponível em: <http://hps.infolink.com.br/peco/soff_01. htm>. Acesso em: 19 set. 2004b.

WEAVER, D. *Ecotourism.* Milton. Wiley, 2001.

Da Planície Pantaneira às Montanhas do Tumucumaque: A Biodiversidade como Potencial para o Ecoturismo no Brasil

Simone B. Mamede, Flávia Regina de Queiroz Batista &
Maristela Benites

Breve Histórico do Turismo Voltado à Diversidade Biológica do Brasil

Apesar de o turismo ser uma prática considerada recente em nosso país, podemos afirmar que o Brasil foi encontrado pelos portugueses através de uma atividade tipicamente turística: a expedição liderada por Pedro Álvares Cabral. Mas, ao contrário das viagens para contemplação da natureza, esta teve missão especificamente política e exploratória. Dessa forma, a partir de 1500, com a chegada das embarcações portuguesas, deu-se início à colonização brasileira, com simultânea exploração desenfreada de sua biodiversidade. É possível observar, em descrições da época, o reconhecimento de quem se surpreendeu com a riqueza e a beleza dos recursos naturais. Documentos enviados para o rei de Portugal versam sobre as maravilhas da nova terra, dos quais se destaca a carta de Pero Vaz de Caminha (Marcondes, 2005):

> *"Mataria que é tanta, e tão grande, tão densa e de tão variada folhagem, que ninguém pode imaginar... E de tal maneira tão graciosa que, querendo aproveitá-la, dar-se-á nela tudo, por bem das águas que tem".*

Com a utópica idéia de que a terra "descoberta" tinha recursos naturais inesgotáveis, seus colonizadores contribuíram significativamente para o processo de desenvolvimento insustentável, cujos reflexos se fazem sentir até os nossos dias: espécies ameaçadas de extinção, biopirataria, comércio ilegal de animais silvestres, recursos hídricos por vezes poluídos em várias regiões do país, desmatamento descontrolado em diversos biomas brasileiros, entre outros inúmeros danos causados por ações predatórias conseqüências de herança cultural tão arraigada à vida dos brasileiros.

> *"Acabamos de celebrar os 500 anos do Descobrimento do Brasil. Os descobridores, ao chegarem, não encontraram um jardim. (Para eles não era um jardim!). Encontraram uma selva. Selva não é jardim. Selvas são cruéis e insensíveis, indiferentes ao sofrimento e à morte. Uma selva é uma parte da natureza ainda não tocada pela mão do homem. Aquela selva poderia ter sido transformada num jardim. Não foi. Os políticos que sobre ela agiram não eram amantes. Lenhadores e madeireiros. Gigolôs. E foi assim que a selva, que poderia ter-se tornado jardim para a felicidade de todos, foi sendo transformada em desertos salpicados de luxuriantes jardins privados onde uns poucos encontram vida e prazer"* (RUBEM ALVES, 2000: s/p).

Diversas foram as expedições para conhecimento e reconhecimento realizadas em terras brasileiras entre os séculos XVIII e XIX, das quais se destacam a de Humboldt (1799-1804), Martius e Spix (1817-1820), Langsdorff (1821-1829), entre outras. Pesquisadores, naturalistas ou pilhadores? Certamente, essas expedições muito contribuíram para o conhecimento da biodiversidade do Brasil e para as descobertas de novas espécies, de diferentes tradições, músicas, povos, dialetos, enfim, de vasta riqueza cultural. Mas algo se pode afirmar com certeza: os viajantes dessas expedições de alguma forma estavam realizando um tipo de turismo, e como a maioria dos empreendimentos turísticos resultam em impactos, positivos e/ou negativos, eles também não ficaram isentos dessa contabilização. Do saldo negativo resultaram o sacrifício de vários espécimes, a influência nos hábitos culturais, o transporte de grande parte de exemplares da biota brasileira para museus de coleções científicas estrangeiras, entre outros sacrifícios em nome da ciência. A obtenção do conhecimento se faz somente através do sacrifício? Acreditamos que não seja impossível conhecer, reconhecer e transmitir conhecimento sobre a biodiversidade através do amor.

Possuir, dominar a biodiversidade, ou pertencer a ela?

Até mesmo o ecoturismo, que se propõe ser uma atividade econômica voltada para a proteção da natureza e das culturas locais, tem causado diversos impactos, provocando incompreensões e inquietações (MENDONÇA, 2005) nos locais onde é praticado. A proposta de um turismo sob a perspectiva da sustentabilidade, pretendida por muitos desde a década de 1990, passou a ser emergente diante dos impactos negativos do turismo de massa, este amplamente difundido a partir da década de 1960 e considerado fenômeno mundial (SEABRA, 2003).

A biodiversidade sempre foi elemento utilizado para os mais diversos fins em nosso país. De acordo com Wilson (1997), três circunstâncias conspiram para conferir urgência a planos e ações de políticas públicas para a conservação da biodiversidade. Primeiro, o crescimento explosivo das populações humanas está ruindo o meio ambiente de forma muito acelerada, especialmente nos países tropicais. Segundo, a ciência tem descoberto diversas utilizações para a biodiversidade que podem aliviar o sofrimento humano, assim como a degradação ambiental. Terceiro, a destruição de habitats é responsável pela perda automática e irreversível de grande parte da diversidade biológica através da extinção de várias espécies, muitas das quais desconhecidas pela ciência.

Segundo Ceballos-Lascuráin (2002), ao elaborar inventários sistemáticos e detalhados das atrações ecoturísticas de um país, região ou local, deve-se ter sempre em mente que esses inventários são diferentes dos de natureza científica e que eles devem refletir quão atraentes são as características listadas e não constituir mera descrição clínica e imparcial de seu significado biológico e arqueológico.

Este capítulo pretende ir além, embarcando numa expedição com olhos nus, através de uma visão não apenas clínica e científica, mas também transformadora, contemplativa, integradora e atraente. Assim, apresentamos alternativas para um ecoturismo que inclua aventura, admiração e respeito ao ambiente, em seu contexto mais amplo, e que vise ao desenvolvimento humano, econômico, social, cultural e ambiental com perspectivas de uso equivalente para as atuais e futuras gerações.

O Pantanal das Águas

Nossa expedição começa na planície pantaneira, bacia hidrográfica do Alto Paraguai. Localizado cem metros acima do nível do mar, o Pantanal se caracteriza por uma planície sedimentar que sofre inundação sazonal durante o ano, com um período muito bem definido de seca e outro de cheia. Estudos indicam que esse ciclo apresenta caráter plurianual, isto é, são ciclos duradouros que acarretam vários anos de cheia ou seca mais intensa (ADÁMOLI, 1981).

Antes de iniciar nosso roteiro pela planície pantaneira é preciso identificar os "pantanais" do Pantanal. De fato, o Pantanal, com seus 147.574 km^2 em área territorial, é dividido em sub-regiões também conhecidas como "pantanais", identificando-se como o pantanal da Nhecolândia, do Nabileque, do Miranda, do Aquidauana, de Porto Murtinho, do Abobral, do Paiaguás, do Paraguai, de Barão de Melgaço, de Poconé e de Cáceres, conforme sugerido por Adámoli (1981) (Figuras 1 e 2).

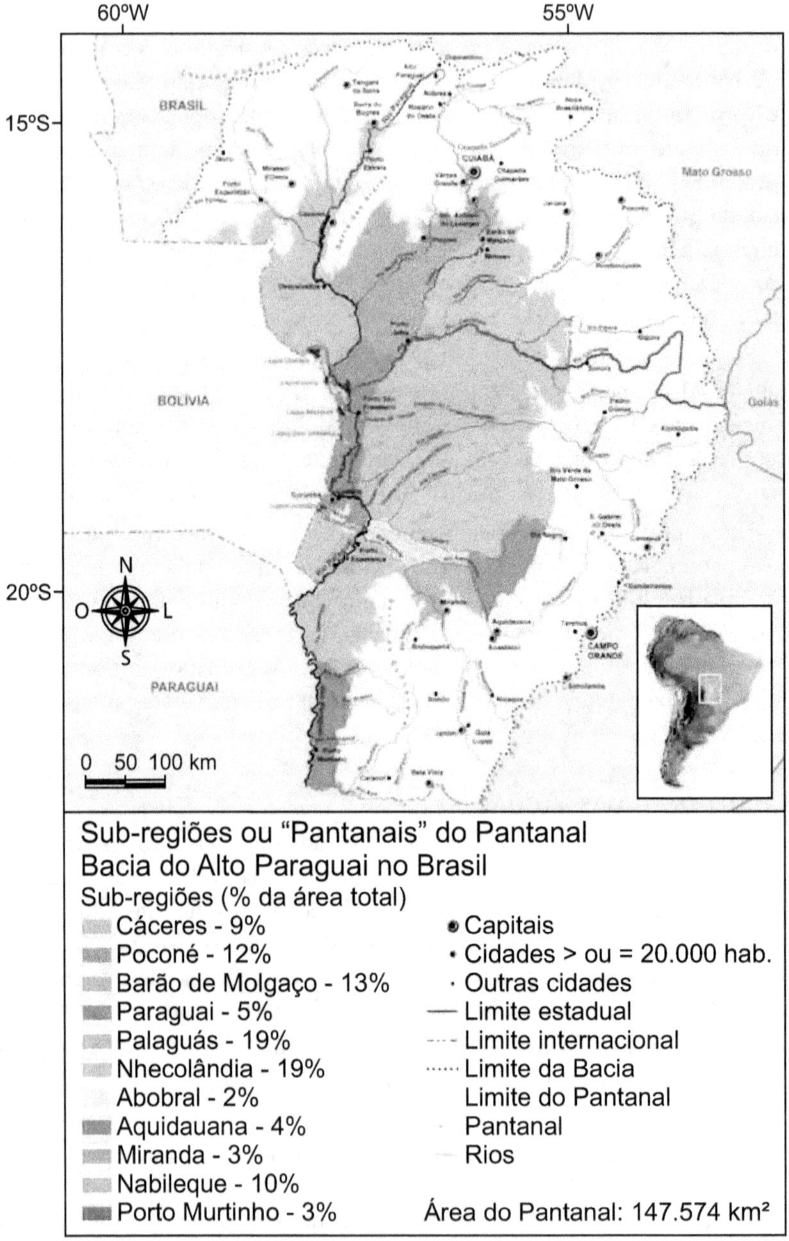

Figura 1   Mapa das sub-regiões do Pantanal, conforme Adámoli (1981).

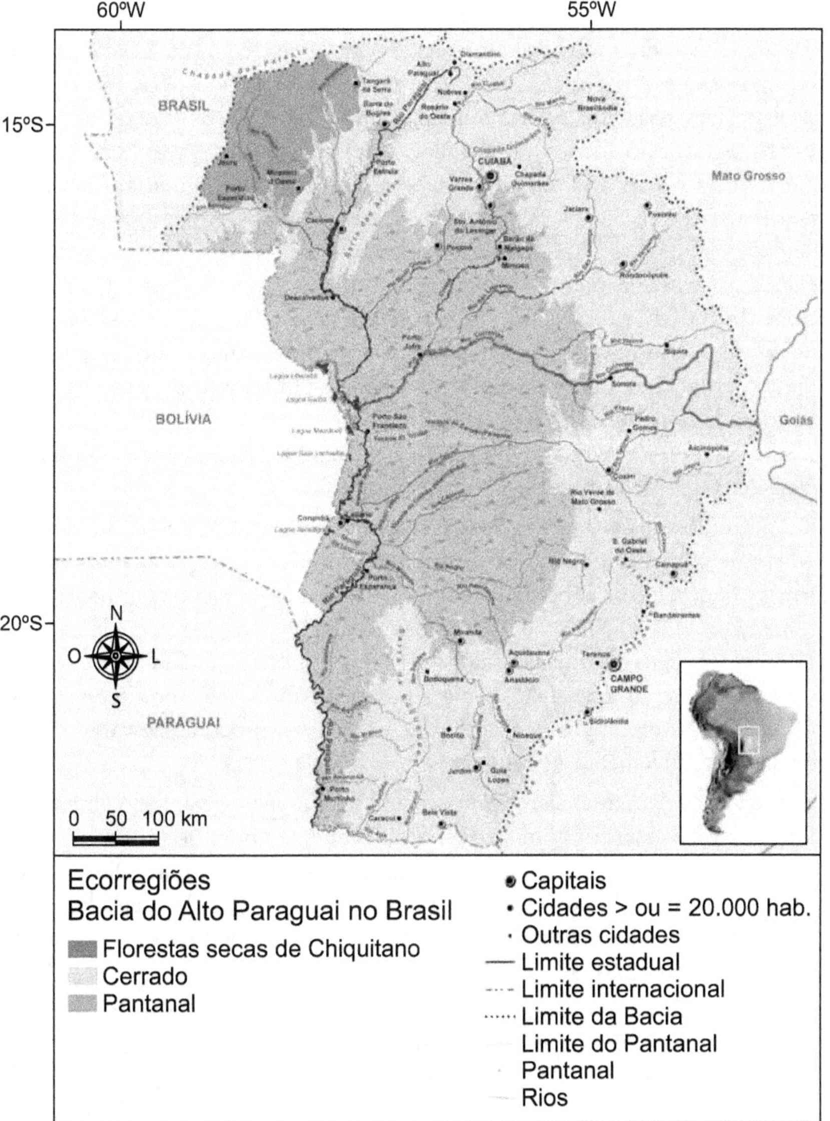

Figura 2   Limites da bacia hidrográfica do Alto Paraguai. *Fonte:* ANA, 2007.

Nosso local de decolagem será Corumbá, MS, Pantanal do Paraguai. Pela primeira vez sobrevoando o Pantanal, o momento é de reconhecer a paisagem antes observada apenas em terra. Em vista aérea as surpresas reveladas pelas imagens põem tripulantes e passageiros em verdadeiro estado de êxtase, como se estivessem em dimensão extraterrestre. De um lado, o Brasil; do outro, a Bolívia, país que compartilha o Pantanal conosco. Deixamos a cidade e imediatamente nos deparamos com o rio Paraguai. Quanta água! Braços, meandros e baías são alimentados por suas águas. Crianças ainda brincam em suas margens e de longe se enxergam barcos a motor, com destino ao sem fim diante da imensidão de águas. É verdade que esse rio já foi bem mais farto em peixes. Hoje restam apenas muitas estórias de pescador. O turismo de pesca ocorreu intensamente no Pantanal, mas a falta de planejamento e de políticas públicas contribuiu para seu acelerado declínio. É sempre bom reforçar: o turismo tanto pode contribuir para a conservação ambiental quanto pode acarretar prejuízos irreversíveis, se realizado de forma desordenada e sem a devida ponderação.

Seguimos nossa viagem em direção à Nhecolândia. Alguns minutos de vôo e já estamos lá! Vemo-nos cercados de incontáveis baías com as mais variadas formas e densidade de cobertura vegetal. Água salobra em pleno continente? É isto mesmo! Dos céus do Pantanal da Nhecolândia distinguem-se as baías de água doce e as salinas de água alcalina, as quais se destacam pela margem arenosa e recuo da vegetação que as contorna. As salinas, embora ausentes de plantas e vertebrados, são ricas em invertebrados e algas, o que explica sua procura por várias espécies animais para suplementação mineral.

Águas no Pantanal significam fartura de alimento. Assim, do alto se pode identificar várias espécies animais, que se alimentam mansa e despreocupadamente nos mais diversos ambientes aquáticos oferecidos pelo Pantanal. Observamos o cervo-do-Pantanal (*Blastocerus dichotomus*), grandes populações de queixadas (*Tayassu pecari*) e de porcos-monteiros (*Sus scrofa*) e imensa quantidade de aves que buscam seu alimento nas águas rasas e profícuas do Pantanal.

Para as formações vegetais que se concentram em determinadas regiões do Pantanal, há uma denominação segundo o nome das espécies (por exemplo, paratudal, acurizal, cambarazal, etc.). Se o mesmo servisse para as aves, daríamos os nomes de tuiuiuzal (predominância de tuiuiús), garçal ou garceiro, biguazal ou biguazeiro, e assim por diante, em decorrência da abundância de aves de algumas poucas espécies. De cima enxergamos baías, lagoas, vazantes e campos sazonalmente inundados, repletos de um número quase incontável de aves, verdadeiros tapetes brancos colocados sobre as águas.

Movimentação de pessoas, veículos? Que nada, de sossego e paciência se fazem os dias no Pantanal. Agito só mesmo dos seres não humanos. E por falar em agitação, de longe se observa um conglomerado ainda não identificado. Seria o motivo de nossa viagem? Retorno à esquerda e lá estão elas, as aves. Muita movimentação sobre algumas árvores e logo nos damos conta de que estamos diante de um dos mais fascinantes espetáculos da natureza: os grandes ninhais de aves aquáticas do Pantanal (MARQUES *ET AL.*, 1996). Ninhais, aliás, que cobrem muitos hectares de área, dando suporte à vida recém-chegada. Árvores como a pimenteira (*Licania parviflora*) e o cambará (*Vochysia divergens*) são algumas das espécies escolhidas para a construção de ninhos, a nosso ver às vezes desajeitados, mas não para os filhotes, que se mostram perfeitamente adaptados, como se fossem feitos sob medida. A euforia entre adultos, filhotes e espécies diferentes é algo que muito chama a atenção: e como cada casal consegue reconhecer ninho e filhotes? São tantos e parecem todos iguais! Não para quem incubou os ovos por vários dias, viu nascer cada um dos seus filhotes e reveza o turno de cuidado e busca por alimento. Para quem passou a noite procurando alimento nas baías, corixos e vazantes, quando o dia amanhece é momento de trocar com o parceiro que ficou cuidando dos filhotes durante a noite.

Quanto menos próximo passar a aeronave, menor a perturbação aos adultos, que diligentemente cuidam da prole, e mais chance à vida de várias espécies de aves, assegurando riqueza e espetáculo para o próximo ano. A construção de ninhos e nidificação colonial é comum para algumas espécies de aves do Pantanal, tais como: cabeça-seca (*Mycteria americana*), garça-branca-grande (*Ardea alba*), garça-branca-pequena (*Egretta thula*) e colhereiro (*Platalea ajaja*), espécies que compõem os ninhais ou viveiros brancos do Pantanal (MARQUES *ET AL.*, 1996). Já os ninhais ou viveiros pretos são constituídos por aves de plumagem mais escura, como biguás (*Phalacrocorax brasilianus*), biguatingas (*Anhinga anhinga*), savacus (*Nycticorax nycticorax*) e garças-cinzas (*Ardea cocoi*), estabelecendo-se em período distinto dos ninhais brancos (MARQUES *ET AL.*, 1996). A nidificação colonial ou em grupo garante maior vigilância ao grupo, menor exposição individual a predadores, divisão de recursos alimentares e melhor proveito da disponibilidade de alimento, já que no período dos ninhais, final da estação seca, as presas são abundantes e ficam concentradas nos corpos d'água remanescentes.

Ainda do alto, agora sobre o Pantanal do Miranda, pode-se notar os imensos camalotes (macrófita aquática flutuante: aguapés – *Eichhornia azurea* e *Eichhornia crassipes*) levados ao sabor das correntezas no rio Miranda, refugiando rica fauna associada e servindo de abrigo e alimento para muitas espécies animais. Turistas também aproveitam para passear em pequenas embarcações pelo rio.

Uma parada em uma das fazendas no Pantanal do Miranda, localizada às margens do rio Vermelho, e lá se vão algumas horas de boas conversas ao som das curicacas-amarelas que preparam o ninho sobre uma ximbuva (*Enterolobium contortisiliquum*). "Causos" antigos, lembranças de como era o Pantanal há alguns anos, o histórico dos extensos ninhais do rio Vermelho, o cafezinho preto, mais tarde o arroz-de-carreteiro feito de carne-seca e preparado em fogão à lenha, são companhias irrecusáveis e que combinam perfeitamente com o momento e local.

Resolvemos checar de perto o local onde os ninhais costumam ser freqüentes. Tomamos um barco a motor de popa e seguimos pelo rio Vermelho. Não encontramos os ninhais e o motor começava a dar sinais de problema mecânico. Aportamos junto aos aguapés e após alguns instantes o motor está pronto para seguir viagem. Nem podíamos imaginar que a falha mecânica contribuiria tanto para a nossa sorte! A aproximadamente 30 metros, um mamífero, semelhante a uma capivara, atravessava o rio. Aproximamo-nos um pouco mais e percebemos que a cabeça era um pouco avantajada para uma capivara. Quando o animal concluiu a travessia nos deparamos, para nossa surpresa e fascínio, com o maior felino das Américas, a onça-pintada (*Panthera onca*). Se estávamos tomados de perplexidade e espanto, a onça, por sua vez, parecia não se intimidar com nossa presença, demonstrando imponência e beleza ao mesmo tempo. Máquinas fotográficas a postos? Que nada, nenhuma máquina funcionou, mas as cenas foram cuidadosamente registradas e guardadas na memória de cada membro da equipe. Ao desembarcar, cuidado para não se apoiar em novateiros (*Triplaria americana*) ou tucuns (palmeira *Bactris glucescens*), pois não seria nada agradável para as mãos e restante do corpo.

Partindo para o Pantanal do Abobral, novamente em sobrevôo, será que teremos sorte de ver a onça-pintada mais uma vez? Dizem que há várias delas nessa região, acompanhadas de filhotes. Mas o que vemos são muitas agregações de aves aquáticas em caixas de empréstimo, baías e vazantes. O número de aves? A bordo do avião não é tarefa fácil enumerá-las, mas podemos estimar centenas delas entre tuiuiús, cabeças-secas, garças, colhereiros e, nas bordas das lagoas, tapicurus (*Phimosus infuscatus*), curicacas-cinzentas, gaviões-caramujeiros, gaviões-pretos (*Buteogallus urubitinga*) e o carcará (*Polyborus plancus*), que também não pode faltar ao banquete. Obviamente, até mesmo alguns urubus-de-cabeça-preta (*Coragyps atratus*) tentam aproveitar algumas sobras de peixes.

Seguimos viagem e, além das belezas cênicas, outra imagem nos acompanha insistentemente: a modificação constante do Pantanal, a despeito de sua riqueza natural, da aparência selvagem e da pouca acessibilidade. Desmatamentos e cultivo de pastagens exóticas são algumas das ações difundidas por praticamente todo o

Pantanal. No período da seca, o desmatamento é intensificado para a formação de pastagem e atinge habitats como cordilheiras, capões e áreas de borda de baías, vazantes e corixos (MAMEDE, 2004). Conforme abordam Silva e Junqueira (2007), a curta história do homem tem sido avassaladora, deixando rastros de destruição por onde passa.

No dia seguinte, nosso destino é a divisa entre o Pantanal do Paiaguás e de Barão de Melgaço. Nossa viagem aérea sobre o Pantanal está quase chegando ao fim, mas em local particularmente especial, onde os dias são contados no ritmo das águas e quase não se vê o tempo passar, tamanho isolamento local. De volta a Corumbá é hora de descarregar o receptor GPS e passar os dados em planilha. Salvou tudo? Não perdeu nenhuma coordenada? Todo cuidado é necessário para o registro de cada dado: arquivos eletrônicos em computador e muitas imagens que ficarão para sempre na memória da vida.

Os sobrevôos são também alternativa para o turismo das águas no Pantanal. No período de cheia o acesso via terrestre é restrito, e as imagens aéreas, embora diferentes, são igualmente surpreendentes e paradisíacas. O Pantanal se constitui em um complexo mosaico de habitats úmidos inundáveis que se modificam conforme os dois períodos bem marcantes de cheia e seca. Essa forte sazonalidade acarreta mudanças de ordem morfofisiológica para a flora (como plantas aquáticas e aquelas que toleram a água) e de ordem comportamental e populacional para a fauna, as quais parecem responder a essas mudanças cíclicas (MAMEDE E ALHO, 2006).

Seguimos nossa viagem, agora por rio, pelo município de Porto Murtinho, MS, cidade banhada pelo rio Paraguai, com uma população de aproximadamente 13.316 habitantes (censo IBGE, 2000). Do outro lado do rio, no país vizinho (Paraguai), encontramos as comunidades de *Isla Margarita* e Colônia *Carmelo Peralta*.

A paisagem local não seria a mesma sem as aromitas (*Acacia caven*), com suas flores amarelas, e sem os chalaneiros, que conhecem muito bem o sopro do vento sul, remando em ritmo lento e constante: como música aos olhos e ouvidos, nem as maiores correntezas abalam o esforço rítmico e concentrado. Os chalaneiros transitam de lá para cá, de uma margem à outra do majestoso rio Paraguai, entre o Paraguai e o Brasil, transportando pessoas das mais diversas origens e com as mais diversas finalidades.

A bordo do barco observamos os acenos dos *Awureu*, uma das tribos indígenas do Paraguai que guardam entre suas riquezas a herança de confeccionar lindas bolsas com fibras de folhas de caraguatás (espécie de bromélia – *Bromelia balansae*), além da habilidade incrível de pescar de forma sustentável, em harmonia com a natureza. Já às margens brasileiras, apesar da aldeia não estar muito próxima, encontram-se os *Kadiweu*, descendentes dos *Guaicuru* (índios cavaleiros), que, por sua vez, herdaram habilidade incomparável para produzir artesanato em barro com desenhos únicos e característicos, pintados com tintas naturais.

No início do século passado, o Pantanal de Porto Murtinho era conhecido como Pantanal do Quebracho, pela presença significativa da espécie arbórea *Schinopsis* sp., muito explorada pela indústria têxtil na década de 1930 para a extração do tanino: pigmento para curtição de couro e tingimento de roupas. Atualmente, ainda se pode encontrar algumas formações vegetais remanescentes dessa espécie na região, porém nada comparável ao que era antes.

Rio acima, deparamo-nos com inúmeras aves aquáticas, como tuiuiú (*Jabiru mycteria*), cabeça-seca (*Mycteria americana*), garça-cinza (*Ardea cocoi*), colhereiro (*Platalea ajaja*), cafezinho (*Jacana jacana*), biguá (*Phalacrocorax brasilianus*), biguatinga (*Anhinga anhinga*), garça-branca-grande (*Casmerodius albus*), garça-branca-pequena (*Egretta thula*), garça-real (*Pilherodius pileatus*), socó-boi (*Tigrisoma lineatum*), tachã (*Chauna torquata*), curicaca-cinzenta (*Theristicus caerulescens*), entre outras inúmeras espécies comuns ao Pantanal. Entre os mamíferos, os mais comuns no início desse trecho são capivara (*Hydrochaeris hydrochaeris*), cervo-do-pantanal (*Blastocerus dichotomus*) e anta (*Tapirus terrestris*) e, entre os répteis, alguns jacarés-do-pantanal (*Caiman crocodilus yacare*).

São singelas a beleza e a simplicidade da população pantaneira, em especial a comunidade ribeirinha: casas terrestres e em palafitas, fogão à lenha, arroz-de-carreteiro, retratos na parede e o tereré, bebida típica da região – erva-mate e água gelada – para espantar o calor e a sede. Gente hospitaleira, hábitos e arquitetura, prontos para serem capturados pela lente de fotógrafo da natureza ou pelo olhar curioso de um ecoturista. As músicas, sempre presentes, retratam bem o lugar, como a polca paraguaia, o chamamé e a cachaca. A língua utilizada pode ser o português, o espanhol ou o guarani.

O Pantanal de Porto Murtinho caracteriza-se pela influência de espécies florísticas do Chaco paraguaio, como *Cereus bonplandii*, *Prosopis*, *Cereus peruvianus* e *Opuntia sternathra*. Outra característica comum que se reflete na paisagem é a formação vegetal denominada de "carandazal", composta pela palmeira carandá (*Copernicia alba*), de ambiente úmido sob influência chaquenha. O carandazal nos acompanha durante grande parte do percurso e, nele, os vôos rasantes e altos sons de inúmeras araras, entre elas, a arara-vermelha (*Ara chloroptera*) e a arara-canindé (*Ara ararauna*).

Do porto da cidade já avistávamos ao longe exuberante alteração no relevo da planície pantaneira, o Fecho-dos-morros, também conhecido na região por Pãode-açúcar. Depois de algumas horas de barco, essa paisagem nos traria inúmeras surpresas, entre elas uma sinfonia de um grupo de búgios (*Alouatta caraya*), audível até cinco quilômetros de distância.

Uma parada na praia da Onça, local onde não é raro se deparar com o maior felino do Pantanal e do continente americano, a onça-pintada (*P. onca*). Para nossa surpresa fomos recebidos por duas sentinelas em vôos rasantes, que nos indicavam algo novo em areias tão brancas. Logo avistamos um pequeno ninho construído na areia e, olhando com mais atenção, percebemos que a praia estava tomada de ninhos das aves aquáticas trinta-réis (*Phaetusa simplex*) e corta-água (*Rynchops niger*). Retornamos à embarcação. O local apresenta grande potencial para o turismo de contemplação, no caso observação de aves. É possível testemunhar cenas raras e de singular beleza utilizando instrumentos como lunetas e binóculos, sem prejudicar ou ameaçar o período de reprodução das aves, o mais expressivo e vunerável símbolo de prenúncio de vida.

O turismo, sob as bases da sustentabilidade, apresenta maior potencial para a maximização dos benefícios, sejam eles econômicos, sociais ou ambientais. É capaz de promover a qualidade de vida das populações locais, oferecer melhor experiências turísticas ao visitante e assegurar a proteção do ambiente visitado, garantindo a manutenção do patrimônio ambiental para as comunidades locais e visitantes que dele dependem intimamente (OMT, 1997).

No percurso ainda se avistam ruínas de antigos saladeiros e charqueadas, *Puerto Guarani* (Paraguai), Destacamento Barranco Branco (Brasil). Mais à frente, às margens paraguaias, os *Chamacoco*, índios nativos, provam-se ótimos pescadores; entre as mulheres, a herança de produzir adornos em plumas e a confecção de esteiras de junco (piri), bolsas feitas de fibra de caraguatá, abanicos de palha, chapéus e as mais diversas cestarias que são comercializadas rio abaixo.

Fazemos uma parada para conhecer um pouquinho de *Fuerte Olimpo* (Paraguai), fundada pelos espanhóis em 1792. Com aproximadamente 2.000 habitantes, a cidade de *Fuerte Olimpo* está localizada à margem esquerda do rio Paraguai e, nela, a língua mais falada é o guarani, seguida do espanhol. Fomos recebidos na igreja da cidade por uma freira italiana que nos conduziu por um pequeno museu instalado no local. Da igreja, localizada na área mais alta da cidade, tem-se uma visão única: de um lado, o Chaco paraguaio e, do outro, o Pantanal com suas águas que parecem não ter fim.

Entramos no Pantanal do Nabileque, um dos menos conhecidos dos pantanais, caracterizado pelos inúmeros cursos d'água de leito definido, mas não dotados de nascentes próprias, conhecidos na região como corixos. Nos diversos corixos do Nabileque há sempre o que encontrar e ver. Entre grandes populações de jacarés-do-pantanal (*Caiman crocodilus yacare*) e a abundância de sucuris (*Eunectes notaeus*), uma espécie de ave chama a atenção por nos acompanhar durante quase todo esse trajeto: o cardeal-do-banhado (*Amblyramphus holosericeus*). Já um grupo de aproximadamente 14 ariranhas (*Pteranura brasiliensis*) surpreende nossa embarcação e nos acompanha por alguns raros instantes, vocalizando e dando mergulhos rápidos, comportamento típico de defesa de território.

Do Pantanal do Nabileque ao Pantanal do Paraguai, passamos por Baía Negra (Paraguai), Porto Esperança (Brasil) e Forte Coimbra (Brasil), cada um com suas peculiaridades, mas muitos assuntos e histórias em comum, como é o caso dos "enterros", tesouros enterrados por fazendeiros fugitivos da guerra do Brasil contra o Paraguai (1865-1870). Dizem que nessa região os enterros são comuns, mas poucos se atrevem a procurá-los.

Mais algumas horas rio acima e avistamos Corumbá, conhecida na região como cidade branca, por conta do solo calcário, e também considerada o coração do Pantanal, com seus casarios do Porto, ruas em paralelepípedos, povo hospitaleiro e simpático e cultura muito específica, com sotaque típico de cidade portuária, sem falar da influência da Bolívia, que fica a poucos minutos dali. No almoço, os conhecidos pratos regionais: filé de pintado a urucum, algumas saltenhas ou o caldo de piranha.

São inúmeros os roteiros e percursos terrestres possíveis, à escolha dos visitantes, desde que não se esqueçam, é claro, das regras e limitações da própria natureza pantaneira, que não permite que tais atividades sejam realizadas em qualquer período do ano.

O fluxo de água, elemento fundamental no ritmo sazonal de enchente e vazante, favorece a produtividade do sistema, oferecendo nichos de alimento e de reprodução para a biodiversidade local (ANA, 2007). Esse processo é benéfico à contemplação de diversos representantes da fauna, tanto no período de vazante quanto no período inicial de enchente.

Ao som de uma cumbia boliviana, partimos de Corumbá pela estrada-parque (rodovia MS-184), também conhecida como estrada velha, com destino ao Pantanal da Nhecolândia. Travessia pela balsa no Porto da Manga e, mais à frente, sinos no Pantanal. Sinos em pleno Pantanal? Não, não! São sinais de comitiva pela frente: o peão toca o berrante, o gado todo na estrada, poeira, excrementos, muito sol... Devagar o gado abre passagem. O pantaneiro acena, nós retribuímos, agradecemos, e a música agora é outra.

Mais alguns quilômetros percorridos e muitas pontes de madeira transpostas, novo berrante e mais uma comitiva. Interessante imaginar que no período de cheia a mesma estrada fica intransitável para nós e para qualquer comitiva pantaneira. As águas do Pantanal extravasam e as estradas dão lugar aos peixes: cará-bandeira (*Astronotus ocellatus*), piranhas (*Pigocentrus nattereri, Serrasalmus* spp.), lambaris (*Astyanax* spp.), cambotinhas (*Corydoras* spp.), jejus (*Hoplerythrinus unitaeniatus*), entre tantos outros. Curva-do-leque, pegamos à esquerda, bem de perto, o vôo singelo das garças, a agregação de tuiuiús e cabeças-secas em torno do alimento, extensas baías, veados-campeiros (*Ozotoceros bezoarticus*) e as araras-azuis (*Anodorhynchus hyacinthinus*), que em sons e cores interrompem o silêncio do instante. Atravessa a estrada uma família de quatis (*Nasua nasua*). É a recepção já na entrada do Pantanal da Nhecolândia.

Acolhidos em uma fazenda tipicamente pantaneira, pernoitamos com muito sossego e muitas histórias, depois de um bom arroz-de-carreteiro e muita moda de viola, é claro. Amanhecer com os sons dos arancuãs é algo singular. No acurizal, as araras-azuis (*Anodorhynchus hyacynthinus*) alimentam-se de frutos de acuri (*Attalea phalerata*). Bem cedo, um bom quebra-torto (primeira refeição do dia), bagagem arrumada, seguimos viagem de bicicleta, pedalando da Curva-do-leque, no Pantanal do Abobral, ao Buraco das Piranhas, no Pantanal do Miranda. No relevo, nada de altos e baixos, a planície pantaneira é ideal para o ciclismo. A cada pedalada uma surpresa: a sucuri de quase dez metros atravessa bem à nossa frente, baías e vazantes ricas em biodiversidade – uma variedade de macrófitas aquáticas, jacarés-do-pantanal (*Caiman crocodilus yacare*), lontra (*L. longicaudis*) e muitas aves aquáticas que sobrevoam em sincronismo.

Uma parada para o tereré na sombra de um tarumã (*Vytex cimosa*) ajuda a recarregar a energia. Atravessar o rio Abobral a nado não é nada mal, desde que se tenha um pouco de resistência. No entanto, surgem alguns olhares de assombro, burburinhos nas águas, são piranhas que saltitam em meio ao rio durante a travessia. Perigo? Nada de muito sério, apenas um curativo no dedo do pé de uma das colegas da expedição.

As pedaladas prosseguem e os olhares estão cada vez mais treinados para ver desde os mais pequenos detalhes de beleza exuberante, como as pequeninas plantas aquáticas (*Lemna minuta*), ao encanto dos grandes grupos de capivaras (*H. Hydrochaeris*), de porcos-monteiro (*Sus scrofa*) e os rastros de onça-pintada (*P. onca*) e onça-parda (*Puma concolor*).

Ecoturistas, planejadores, empreendedores e educadores devem ter ciência da imensa oportunidade que têm nas mãos, ao possibilitar o contato das pessoas com o mundo selvagem, do qual estamos nos distanciando há milênios (MENDONÇA, 2005).

Fim de tarde no Pantanal do Abobral, os mais indefinidos e definidos sons. No Corixão da estrada-velha, uma caminhada sobre as passarelas em madeira. Nos galhos do jatobá avistamos uma ave, corpo avantajado, destacadas orelhas, um pouco sonolenta: é o corujão-orelhudo (*Bubo virginianus*), que nem se perturba com nossa presença. Ainda no Corixão é possível ver o gavião-belo (*Busarelus nigricollis*), o carão (*Aramus guarauna*) e o caramujeiro (*Rostrhamus sociabilis*). Entardece e se ouve a sinfonia dos anuros vinda das lagoas, campos sazonalmente alagados e baías temporárias. São bons os repertórios nesse Pantanal!

À noite chegamos ao Buraco das Piranhas. Dali segue-se em veículo automotivo. A passagem pelo Pantanal do Miranda fica registrada pelas matas homogêneas, formações vegetais monotípicas como o cambarazal, o paratudal, o carandazal e o pirizal, mamíferos de hábitos noturnos como o mão-pelada (*Procyon crancrivorus*) e jaguatirica (*Leopardus pardalis*) e a triste presença da fauna atropelada na BR-262, como lobinho (*Cerdocyon thous*), tatu-peba (*Euphractus sexcinctus*), tamanduá-bandeira (*Myrmecophaga tridactyla*), lontra (*L. longicaudis*), entre outros não identificados.

A maioria dos roteiros nos leva ao mesmo lugar, ao rio Paraguai, no entanto, nosso percurso será inverso, deixamos a planície pantaneira em direção ao Cerrado brasileiro. Baías, corixos, cordilheiras e capões vão ficando para trás e o que se vê agora são morrarias, paredões, serras, cachoeiras, a riqueza exuberante da diversidade de ecossistemas e a beleza cênica dessa área de transição entre o Pantanal e o Cerrado.

Já em Aquidauana, um dos portais do Pantanal do Mato Grosso do Sul (para quem vem da capital sul-matogrossense), encontram-se duas aldeias indígenas, Ipegue e Limão Verde, ambas da etnia Terena, também conhecida como Teleno ou Etelena. É comum vê-los em feiras, ruas e estradas do município comercializando produtos de seu cultivo, como milho, mandioca e feijão, assim como cerâmica e adornos diversos, artesanatos nos quais têm grande habilidade.

Aquidauana está numa área de transição mais facilmente identificável, entre Pantanal e Cerrado. De um lado, a Serra de Maracaju, divisor de águas das bacias hidrográficas do rio Paraguai e rio Paraná; do outro, a extensa planície pantaneira, sendo muito visível a influência do planalto sobre a planície.

A paisagem agrada a todo amante desses dois biomas, que têm muito em comum. Da planície às serras em Piraputanga, Camisão, Cipolândia, Palmeiras (distritos de Aquidauana), rios, cachoeiras, escarpas de morros, florestas estacionais, sinais de campos rupestres, cerrado, a estrada de ferro no meio do vale, as estações em ruínas, uma junção de bucólico com nostalgia. Saudade daquele velho trem do Pantanal, mesmo sem nele ter embarcado. Não somos mais nós e a paisagem, agora somos Pantanal, somos Cerrado, somos a própria paisagem, é a revelação da alma do lugar, a essência na qual estamos intrinsecamente inseridos por intermédio do ecoturismo.

CERRADO: BERÇO DAS ÁGUAS

Da região das águas ao berço delas, nossa expedição continua, agora pelo Cerrado brasileiro. Neste bioma nascem as águas que drenam seis das oito maiores bacias hidrográficas da América do Sul: a bacia Amazônica, a bacia do Tocantins, a bacia Atlântico Norte/Nordeste, a bacia do São Francisco, a bacia Atlântico Leste e a bacia dos rios Paraná/Paraguai (LIMA E SILVA, 2005).

Em Campo Grande, capital do Mato Grosso do Sul, vale a pena embarcar no ônibus *city tour* e conhecer as áreas verdes urbanas, assim como um pouco da história da região. Na tradicional feira central um pouquinho da culinária japonesa e chinesa: "Um sobá médio dividido, por favor! Com bastante gengibre!".

Seguimos viagem passando por Jaraguari, Bandeirantes e Camapuã, pequenos municípios de Mato Grosso do Sul. Na estrada, cruzamos com inúmeros caminhões de carga que transportam os grãos dos Estados de Mato Grosso do Sul, Mato Grosso e Goiás. Apesar da paisagem quase totalmente antropizada, é possível avistar alguns remanescentes de baru (*Dipteryx alata*), pequi (*Caryocar brasiliense*) e ipê-amarelo (*Tabebuia aurea*), entre outras espécies, em pequenos fragmentos de cerrado. E os bravos e ágeis índios *Caiapó*? Nem sinal! Foram dizimados pelos bandeirantes à procura de pedras preciosas e escravos. Só resta mesmo o nome da serra no município de Mineiros, em Goiás e região, e a lembrança documentada em alguns poucos manuscritos sobre os conflitos entre os *Caiapó* e os bandeirantes no século XVI.

Em Costa Rica, MS, corredeiras e cachoeiras, abundância de nascentes, entres elas as do rio Taquari e do rio Sucuriú. À noite, fungos bioluminescentes dão um brilho a mais; é a beleza efêmera se manifestando em seres tão pequenos e cheios de vida e luz. No Parque Natural Municipal Salto do Sucuriú, uma boa pedida é a prática de tirolesa, rapel ou *rafting*, atividades que propiciam intimidade com os elementos da rica paisagem e um sentimento de pertencimento. Quando se entra em uma área natural, é difícil não sentir algo bom. Aprofundando-se essa percepção e intimidade com os elementos naturais, descobre-se uma grande escola que proporciona rara oportunidade de realmente evoluir (Mendonça e Neiman, 2002). Ainda em Costa Rica, um banho na Cachoeira das Araras renova corpo e alma para então continuarmos a viagem.

Rodovia GO-050. De um lado, placas indicam o Parque Nacional das Emas; do outro, placas imensas fazem propaganda de defensivos agrícolas. Extensas monoculturas que vão até onde os olhos não mais alcançam, a ameaça tão próxima e real à biodiversidade do Cerrado brasileiro.

Rodovia GO-206, Portão Guarda-do-Bandeira. Chegamos ao Parque Nacional das Emas, Patrimônio Natural da Humanidade e Reserva da Biosfera do Pantanal. *Checklists* na mão, nada de urgência, pois o cerrado revela-se em momentos inesperados. Olhos e ouvidos muito atentos, pois a beleza está nas pequenas coisas.

> *"Sertão – se diz –, o senhor querendo procurar, nunca encontra. De repente, por si, quando a gente não espera, o sertão vem".*
>
> Guimarães Rosa

Dia amanhecendo, a euforia das aves, mas que espécie pode vocalizar tão alto, em ritmo constante e quase ininterruptamente? Alguns instantes em silêncio e logo descobrimos que é a coruja-caburé (*Glaucidium brasilianum*). Outras aves se agitam com sua presença, afinal tão próximo de um predador não dá para ficar muito tranqüilo. Deixamos as aves e nos dirigimos a outras trilhas em meio a puro cerrado. Em várias delas nos deparamos com inúmeros funis de diversos tamanhos habitados pelas formigas-leão (inseto Neuroptera, Myrmeliontidae). Difícil saber se nós as estamos seguindo ou é o contrário. O certo é que, onde há caminhos arenosos e solos desprovidos de vegetação, lá estão as formigas-leão preparando emboscada para suas presas.

A megafauna dessa Unidade de Conservação se mostra exuberante, confirmada por rastros, fezes e outros vestígios, ótimos recursos para a interpretação ambiental. Campos limpos, campos sujos, cerrados, veredas de buritis, cajuzinho-do-cerrado, o capim-flecha, gramínea em alta densidade, além do maior fenômeno de bioluminescência do mundo, são alguns dos atrativos espetaculares que oferecidos por esse reduto de Cerrado no sudoeste goiano.

Estudos indicam que, no Parque Nacional das Emas, pode haver mais de 300 cupinzeiros por hectare e os organismos responsáveis pela bioluminescência são as larvas de uma espécie de vaga-lume, *Pyrearinus termitilluminans*, cujo nome científico está diretamente associado à luz (*Pirearinus*: fogo, luz), ao local onde as larvas se abrigam e ao efeito que produzem (*termitilluminans*: termiteiro iluminado). Elas utilizam os cupinzeiros como estratégia de proteção e na captura de suas presas, principalmente insetos alados. Apenas a região anterior do corpo fica exposta durante a noite. Capturadas as presas, as larvas levam-nas para dentro dos túneis para então se alimentar.

Essas larvas ocupam os túneis e orifícios presentes na superfície dos cupinzeiros e é impressionante o resultado. Visitantes do Parque arriscam comparações, algumas bastante criativas e curiosas: grandes cidades e seus edifícios com luzes acesas durante a noite, metrópoles e suas torres modernas vistas do alto, a Via Láctea, céu estrelado visto de cabeça para baixo, lagartas de fogo, habitantes de termiteiros, entre outras. Quanto às estórias, estas ganham as mais variadas versões, dependendo da criatividade de cada observador.

A beleza e encanto só podem ser realmente percebidos e descritos se o fenômeno for visto de perto. E isso só será possível às futuras gerações se o Cerrado for conservado e a proteção do Parque das Emas se mantiver efetiva.

Deixamos o Parque das Emas e, em Mineiros, GO, além das belezas naturais, chama a atenção a comunidade quilombola ("Comunidade do Cedro"), com sua medicina popular e medicamentos preparados a partir das plantas do Cerrado. Quanta sabedoria, em meio à Serra do Caiapó!

Em Serranópolis, ainda no Estado de Goiás, num pequeno percurso de barco fomos surpreendidos por vestígios de ararinha (*P. brasiliensis*), onça-pintada (*P. onca*), onça-parda (*Chironectes minimus*), cangussu (mesmo que jaguatirica, *Leopardus pardalis*), cervo-do-pantanal (*B. dichotomus*), anhuma (*Anhima cornuta*), colhereiro (*Platalea ajaja*), raposinha-do-campo (*Lycalopex vetulus*) e preciosas inscrições rupestres. Na refeição, arroz com pequi, prato típico da região, galinhada goiana ou frango com guerova. Daqui para frente os pratos ganham uma pitada a mais de pimenta.

Antes de seguir em direção a Goiânia, capital do Estado, rápida parada em Quirinópolis para experimentar a chica-doida, mais um prato típico, desta vez à base de milho verde. Em Goiânia encontramos alguns remanescentes da fisionomia conhecida por mato-grosso goiano, vegetação florestal que outrora cobriu grande parte da região, mas que atualmente é ocupada por cultivos agrícolas. De Goiás Velho (Cidade de Goiás), a lembrança do feijão tropeiro picante e das bandinhas que saúdam qualquer aniversariante do dia logo nas primeiras horas da manhã.

Em sobrevôo no Cerrado duas imagens contrastantes. Em uma, as belíssimas veredas de buritis e as matas de galeria entremeiam os biomas vizinhos ao Cerrado.

Raro momento em que Cerrado, Mata Atlântica e Amazônia parecem formar um só bioma.

> *"Pergunto coisas ao buriti; e o que ele responde é: a coragem minha. Buriti quer todo azul, e não se aparta de sua água – carece de espelho".*
>
> GUIMARÃES ROSA

Em outra, a paisagem é tomada pelas infindáveis áreas de monocultura agrícola, e nenhum poeta se inspirou nelas.

Do *Hotspot* de Cerrado à Grande Região Natural da Amazônia

É notável o contraste de proteção: de um lado, o Cerrado, considerado *hotspot*, que perdeu 70%, aproximadamente, de sua área original, com ameaça séria à biodiversidade nele contida; de outro, a grande região da Amazônia, onde 70% de sua área ainda está preservada, mas também sob ameaça. As regiões naturais abrigam extensas amostras de ambientes intocados, com fauna e flora preservadas, e a área precisa ter mais de 10.000 km² e 70% ou mais de sua vegetação natural intacta (CI-Brasil, 2005).

A Amazônia apresenta grande heterogeneidade de ambientes e, ligada a isso, grande diversidade biológica. São encontrados diferentes tipos de mangues, florestas não inundáveis, florestas alagadas e alagáveis, além de formações não florestais como savanas, campinas e campos em áreas preservadas tão extensas como já não se vê em outros biomas brasileiros.

O destino de nossa expedição é o Estado do Amapá. Comida deliciosa: o tacacá, o jambo anestesiando levemente a língua, o tucupi usado no preparo do famoso e apetitoso pato ou outro prato qualquer, o camarão-pitu e outros, o caranguejo "toc-toc" (que é a patola de caranguejo quebrada na hora), tudo acompanhado de farinha, é claro! Para refrescar, suco de taperebá. Nas ruas e lojas, artesanato indígena, cerâmica, bombom de cupuaçu ou de castanha, redes coloridas, lojas de raízes, bancas de camarão. Tudo sob um calor escaldante e ao som do brega! Voltam à mente lembranças das palafitas, dos modos de vida de pescadores, ribeirinhos, povos indígenas, migrantes, pequenos agricultores, garimpeiros: tantos grupos e distintas visões de mundo.

Amapá deriva-se do tupi e significa "lugar da chuva". De fato, chove no Amapá entre 2.250 e 3.250 mm por ano (SILVA ET AL., 2007). O Estado se destaca dentro da região Amazônica pelo fato de cerca de 96% dos seus 14 milhões de hectares estarem preservados. Unidades de Conservação (UCs) e terras indígenas protegem 54,8% da extensão total desse Estado: dois parques nacionais, uma reserva de desenvolvimento sustentável, três estações ecológicas, três reservas biológicas, uma reserva extrativista, uma área de proteção ambiental, uma floresta nacional e as terras indígenas Juminá, Galibi, Uaçá e Wajãpi. Tantas áreas protegidas podem significar importante fonte atrativa de investimentos (Figura 3).

O ecoturismo é uma das estratégias traçadas no esforço conservacionista para manter a conectividade entre essas áreas dentro de um corredor de biodiversidade de cerca de dez milhões de hectares, onde ainda é possível encontrar muitas populações de espécies que têm desaparecido em outras regiões. É o caso de grandes carnívoros, como a onça-pintada (*P. onca*), a suçuarana (*P. concolor*) e o gato-mourisco (*Herpailurus yaguarondi*); de inúmeros primatas, como o cuxiú (*Chiropotes satanas*) e o coatá (*Ateles paniscus*); e de grande diversidade de aves, como araras (*Ara chloroptera* e *Ara macao*), papagaios (*Pionites melanocephala*), jacus (*Penelope marail*), flamingos (*Phoenicopterus ruber*), ibis (*Theristictus caudatus* e *Eudocimus ruber*) e beija-flores (por exemplo, o beija-flor-brilho-de-fogo, *Topaza pella*).

O Parque Nacional Montanhas do Tumucumaque protege nascentes de importantes rios do Amapá, dentre eles Oiapoque, Araguari e Jari, além de magníficas corredeiras. Essa UC está inserida em centros de endemismo das Guianas para aves, borboletas e plantas, destacando-se também pela diversidade de primatas. Em termos de beleza cênica um dos grandes atrativos são os afloramentos rochosos, que se projetam tanto no interior da floresta como acima da copa das árvores, atingindo até cerca de 650 metros de altitude.

Para a arqueologia, a região representa rica fonte de dados, abundante em vestígios da densa ocupação indígena e de povos não indígenas. Mas para desvendar os encantos e a riqueza dessa região, o caminho mais convidativo são as expedições exploratórias e científicas. Preparar mapas, escolher áreas, desenhar roteiros, providenciar equipamento de campo, carros, aviões, helicópteros, barcos regionais, batelões, voadeiras, montarias, pilotos, mateiros, socorristas, soldados e pesquisadores e calcular o combustível e a alimentação que serão necessários é experiência única.

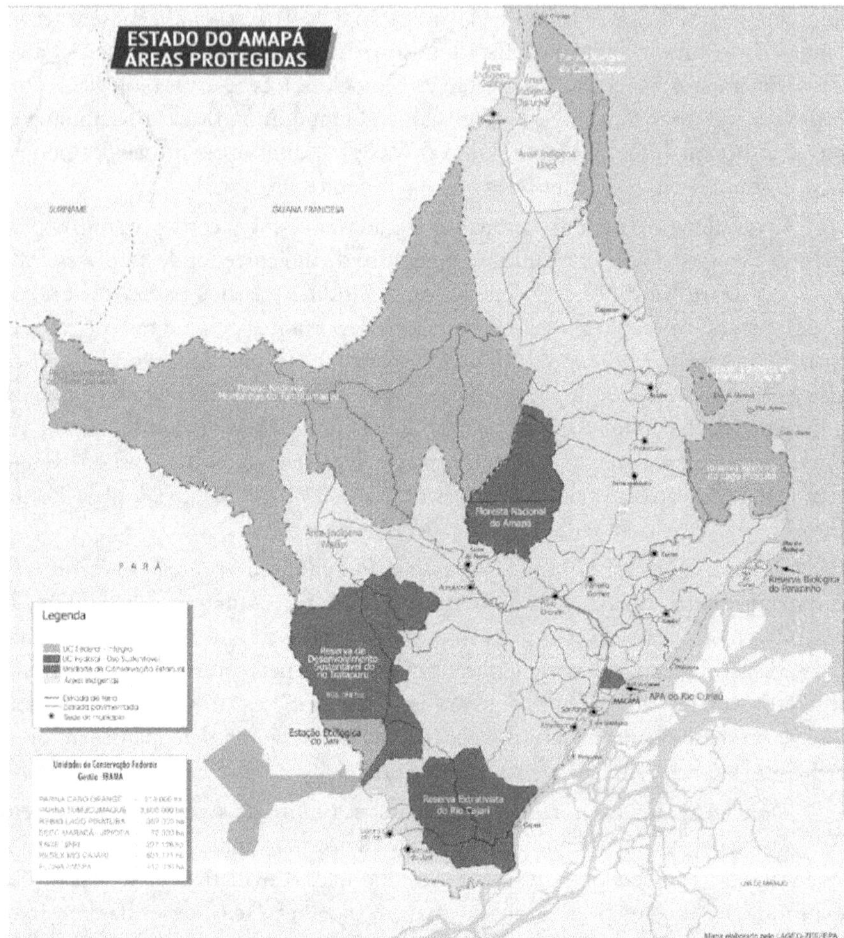

Figura 3   Mapa das áreas protegidas do Estado do Amapá, Brasil. *Fonte*: IEPA, 2006.

O saldo final das expedições ao Parque Nacional Montanhas do Tumucumaque foram imagens, histórias, informações preciosas em todas as áreas do conhecimento, transformação das pessoas envolvidas, riquíssima experiência para ser contada e o registro de 371 espécies de aves, 70 espécies de anfíbios e 88 de répteis (representando a maior riqueza de espécies de répteis e anfíbios registrada no Estado do Amapá e uma das maiores da Amazônia brasileira). Além de uma ictiofauna bastante diversificada – foram registradas 207 espécies de peixes – e uma carcinofauna (crustáceos) tipicamente amazônica, composta também por espécies do Escudo das Guianas. Quanto aos morcegos e mamíferos não voadores, a riqueza e diversidade também são impressionantes na região. Foram registradas 48 espécies de morcegos e 60 espécies de mamíferos não voadores, algumas ameaçadas de extinção, outras endêmicas do Escudo das Guianas, raras em toda sua distribuição e raras para o Estado do Amapá (IEPA, 2006). Isso tudo em apenas cinco inventários rápidos (Figura 4)!

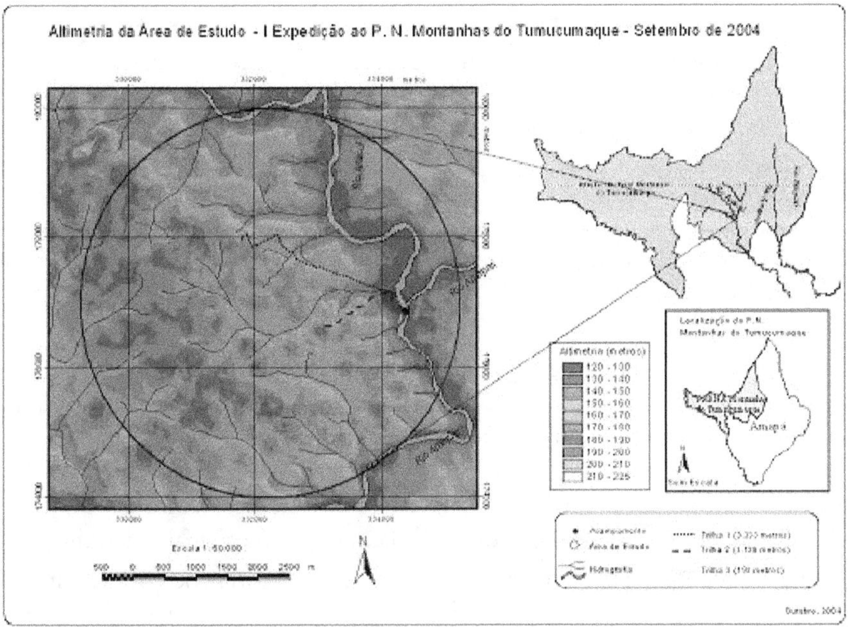

Figura 4   Área de abrangência da expedição ao Parque Nacional das Montanhas do Tumucumaque. *Fonte:* IEPA, 2006.

Um rápido sobrevôo sobre o Estado do Amapá nos dá uma idéia do que é 96% de área preservada em um Estado tão grande. Rápido? Corrigindo: alguns dias de sobrevôo carregando combustível a bordo e executando trabalhosa logística para reabastecer a aeronave, cuja autonomia quase não é suficiente para chegar à próxima clareira ou pista de pouso. Entre duas aterrissagens apenas horas e horas de imensa floresta contínua e muita água.

Um pouso na aldeia Apalaí, pois a terra indígena Parque do Tumucumaque gostaria de uma palestra para conhecer os projetos dos novos vizinhos do recém criado Parque Nacional Montanhas do Tumucumaque e conversar sobre a participação indígena no ecoturismo. Um índio da aldeia se prepara para a tradução, um gostoso sentimento de confraternização e dever cumprido, mas logo uma desilusão: enormes dificuldades na comunicação, não entenderam muito, pois a palestra foi ministrada num português muito rápido! Para alimentação prepararam beiju e o caxiri. De recordação, a pintura negra no corpo, extraída do jenipapo, breves explicações sobre o simbolismo... Se não esfregar muito durante o banho pode durar por semanas. Seria bom chegar em casa assim e compartilhar a experiência com os que ficaram!

E as Montanhas do Tumucumaque, onde estão, afinal? Longe de tudo, na fronteira internacional, afinal tanta beleza pode muito bem ser compartilhada entre Brasil, Suriname e Guiana Francesa. A essa altura realmente corremos o risco de não encontrar local de pouso a tempo do reabastecimento. Antes do retorno, mais uma volta em torno dos pontões rochosos, cobertos de árvores floridas. Que cena! Os pontões salpicados de flores amarelas... Que espécie era aquela? Que paisagem agora impressa na memória! Um mar de floresta densa de terra firme pontuado por "inselbergs" formando ilhas cobertas por vegetação esparsa, muitas mirtáceas, cactáceas e bromélias.

Uma equipe desembarca de rapel do helicóptero e encontra um local adequado para pouso e instalação do acampamento. Encontrar madeira caída, montar mesas, bancos, banheiro, barracas e redes e trazer botijões de gás, equipamento e o restante da tripulação. Tudo em adaptação e harmonia com o meio. Agora serão 15 dias em terra: muita umidade, meias molhadas, mochila mofando, descobertas de espécies novas, arroz com calabresa, e não pode faltar farinha!

Durante a noite um estranho medo, de um tipo experimentado pela primeira vez, depois de muitas expedições. Medo de quê? Não há nenhuma imagem ou som diferente. Instinto... Uma onça-pintada aparece na trilha, curiosa. A que distância ela está? Dez metros? Está com fome, tentou capturar um macaco. Vai embora, mas os que repousam ainda escutam seus esturros no acampamento.

Por rio a aventura é mais longa, e a floresta revela novos encantos para fotógrafos, biólogos, arqueólogos, antropólogos, atletas, curiosos apaixonados e desbravadores de todo naipe. Alguns trechos poderiam sediar um *rally* aquático! Corredeiras, naufrágios, equipamento perdido, cordas, amarras, batelão puxado sobre as pedras, ninhos, aves, camaleões, tracajás, rastro de sucuriju, mateiros erguendo o acampamento, toca de onça recém-abandonada com a nossa chegada, fogareiro, e vamos de farinha, carne em conserva e arroz de carreteiro! "Tem um jacaré-coroa mais abaixo, pegue a montaria e a filmadora!"

Pela manhã, um belíssimo nevoeiro torna mais cinematográfica a continuação da viagem: fotógrafos a postos! No caminho, chalés de madeira estão em construção na mata para hospedar os turistas que preferem uma viagem curta; mais adiante, um hotel abandonado fornece abrigo e lenha para os viajantes locais em jornada mais longa. Mais um dia rio acima, dois, eventualmente trinta dias, mais três corredeiras a serem transpostas, quatro, talvez quinze. Motores de popa e força humana se revezam no transporte de pessoas e equipamentos. "Vocês viram o gavião-real (*Harpia harpyja*), uma das maiores aves de rapina?"

Adiante uma aldeia indígena, será um incêndio? Um funeral: atearam fogo à casa do morto e as mulheres choram dia e noite pela morte do líder da aldeia. O barqueiro traduz o que é dito e interpreta o ritual daquele povo. E um mistério: quem passou pela floresta e não deixou rastro? Quem matou aquele índio? Só sabemos que foi o bicho-homem, ninguém tem explicação.

As populações indígenas contribuem decisivamente para a proteção da natureza. Todas as terras indígenas do Estado do Amapá já foram homologadas pelo governo federal. Vivem no Amapá os seguintes povos: Galibi Marworno, Palikur, Karipuna, Galibi do Oiapoque e Wajãpi. Cada qual com sua própria cultura e língua (SILVA ET AL., 2007).

Uma parada rápida e seguimos viagem flutuando sobre o rio ou caminhando dentro dele. Roupas molhadas e muito cuidado ao pisar sobre as pedras encobertas pela água. "E estas plantas sobre as pedras? Nunca vimos coisa igual!"

Três dias de subida e o rio premia os que não desistem facilmente: uma corredeira de tirar o fôlego! O previsto era montar a base mais para o interior, mas passa de quatro horas da tarde e é preciso luz para armar o acampamento. A paisagem seduz a todos, mudança de planos, desembarque imediato. Mais um acampamento: este não é só para passar a noite, vai fornecer abrigo por mais de dez dias. Toca construir a cozinha, armar redes de selva e mesa de trabalho para os pesquisadores.

Hora do banho, muita atenção, pode haver piranhas onde o rio faz um poço fundo. Nas águas rasas olho vivo com o poraquê! Final de tarde, mangas compridas, mosquiteiro armado, todo cuidado é pouco. A malária não é brincadeira nem é rara. Onde está o socorrista? Pegar a maca, correr com o antialérgico, uma picada de inseto e a pesquisadora mal pode respirar. Mais alguns minutos e o pior teria acontecido. Os maiores perigos da floresta estão nos menores seres... Agora está tudo sob controle. Que inseto seria aquele? São tantos nunca antes vistos; de cores, formas e tamanhos surpreendentes!

Por terra, o sabor é outro. Longas e tumultuadas distâncias e nada de oficinas ou borracheiros, nada de postos de gasolina, nada de telefones, nada de cardápio variado, nada de celular! Não há muito o que comprar ou serviços a contratar, e a solidariedade é um bem precioso na estrada; quem não a conhece encontra uma ótima oportunidade para ser apresentado.

Encher carotes de combustível, amarrar a bagagem, pegar cordas para guinchar e ser guinchado, a mangueira para abastecer o carro, prender a lona sobre a bagagem e rumar para o Oiapoque! A fisionomia ao longo da estrada é campestre, a BR-156 corta grande parte do cerrado. Ao aproximar-se do litoral, nos campos de planície, a paisagem é marcada por gramíneas, ciperáceas e melastomatáceas; nas áreas alagadas, aninga, tiriricão, buritis e mururés; e em terrenos mais altos, capim-arroz, canaranas e capim-rabo-de-rato.

Mais um *rally*, carro enguiçado, motor fervendo, poeirão e buraqueira, outro solavanco e... ops, está faltando uma mochila lá atrás! Meia-volta, alguns quilômetros e lá está ela, resgatada na carroceria de outra caminhonete que passava! Alguns minutos antes da chuva ela retorna, sequinha e coberta de terra, para debaixo da lona! Na estação chuvosa é preciso enfrentar lama, atoleiros, estrada interditada por caminhões quebrados ou atolados, quebrar, atolar... Seiscentos quilômetros em pouco mais de vinte horas, nada mal! Aventura e emoções que não podem faltar ao ecoturista!

Da lama à diversidade cultural, bem-vindo ao Oiapoque. Para que lado olhar? Quanta atividade, quanta imagem, quanto som! O comércio não pára. Gente passando, barcos saindo, voadeiras chegando, caixas de som nos postes transmitindo recados, informações, propagandas, e em cada esquina o brega! A música mais dançada e tocada do Estado está em toda parte, uma paixão regional. Na hora do almoço desce farinha e peixe, e coentro não pode faltar no tempero.

"Conseguiram o barqueiro?" Rio Oiapoque acima e vamos encontrar a surpreendente Vila Brasil. Na margem oposta à francesa Camopi, duas vilas fortemente ligadas pelo comércio. Do lado brasileiro, os comerciantes que trazem mercadorias do Oiapoque para o coração da floresta; do lado francês, os compradores, a maioria indígenas que recebem mensalmente boa quantia em euros do governo francês, por conta dos filhos de mães solteiras indígenas. Na França, a igualdade é para todos mesmo.

Uma cena interessante: indígenas usando a típica tanga vermelha de seu povo e ao mesmo tempo a típica camisa da seleção brasileira de futebol do povo de cá. Torcendo para o Brasil na Copa do Mundo de futebol, em território francês, na América do Sul? São franceses ou brasileiros? Depende, ou tanto faz.

Organizar embarcações e equipamentos, barqueiros a postos e retornar por muitas horas rio Oiapoque abaixo, para finalmente matar as saudades do mar, da praia... Praia? Ledo engano, nada de areia branquinha. Uma segunda rápida passagem pela agitada cidade, mais algumas horas navegando e de volta à lama, desta vez bendita lama: isto sim é manguezal, que exuberância, quanta diversidade! Os bravos que conseguem enfrentar a dura maresia conhecem a região de maior área contínua de manguezal do país, o litoral amazônico! Quanto guará, flamingo, quanta ave de tantas espécies! O ninhal não está muito longe, é magnífico. "E o peixe-boi-marinho (*Trichechus manatus*), será que veremos?"

O mar logo fica para trás na subida de mais um rio, agora desde a foz. Rio Caciporé, direção Vila Taperebá, destino sede do Parque Nacional do Cabo Orange. Tanta água, porém, salgada ou salobra. Na época de chuvas, a água disponível para consumo é apenas aquela que cai do céu, mas é na seca que começam os problemas, e os pescadores da Vila Taperebá precisam caminhar horas em busca de água na Terra Indígena Uaçá, no único lago das proximidades. Os indígenas reclamam do impacto causado pelos vizinhos pescadores no preciosíssimo lago Maroni. Um difícil conflito e uma grande ironia, a escassez no meio de tanta água!

Temos a rara oportunidade de comprar um excelente cacau-em-pó e o famoso óleo de andiroba produzidos na pequena Vila Velha, logo acima, no mesmo rio. Entre as duas vilas são algumas horas de voadeira, mas sem capa de chuva não é nada fácil. A chuva não desiste e o vento refrigera o corpo molhado. Uma parada na primeira casa avistada e uma senhora logo traz o cacau embrulhado em folha de caderno escolar, e toca procurar o óleo de andiroba, santo remédio para todos os males! "Será que vamos ver o peixe-boi-amazônico (*Trichechus inunguis*)?"

O Parque Nacional do Cabo Orange protege grande extensão de mangue e ecossistemas terrestres e marinhos. Nas águas rasas do mar, crescem as florestas de mangue. A riqueza de espécies vegetais não é tão grande se comparada a outras florestas, mas a enorme abundância de vida sustenta ainda mais vida. Continua o espetáculo, protagonizado por um dos mais produtivos ambientes naturais do Brasil: o manguezal.

As florestas de mangue são formadas por apenas três espécies de árvores – mangue-vermelho (*Rhizophora mangle*), mangue-preto (*Avicennia germinans*) e mangue-verdadeiro (*Languncularia rancemosa*) – e pequeno número de outras plantas, como a samambaia-do-mangue, o hibisco e a gramínea Spartina. Sobre as raízes aéreas das árvores, na faixa banhada pela maré, algas, algas e mais algas. Grande diversidade de moluscos fixa-se sobre troncos submersos, filtrando partículas suspensas na água.

Peixes e mamíferos aquáticos penetram no mangue para se alimentarem e se reproduzirem durante a maré alta. Aves nidificam nos galhos das árvores, confortavelmente próximas ao farto cardápio de peixes e invertebrados. Uma infinidade de caranguejos vivendo no fundo são garantia da belíssima coloração vermelha da plumagem de flamingos e guarás que deles se alimentam.

Embriagados de surpresas e encantamento, todos a postos para o retorno e final da jornada. Meia-volta, desce rio, corta o mar, sobe rio, e de volta ao porto do Oiapoque. Guardar a lancha e reencontrar os amigos do porto, lar e restaurante do Rona. Conhecer figuras ilustres como o ex-combatente da Segunda Guerra Mundial, o habilidoso piloto biólogo François Susky, e quem sabe marcar para outro dia um sobrevôo turístico em seu Cessna 185: decolar de São Jorge, logo ali, sobrevoar as montanhas da fronteira, ser apresentado ao Monte Flávia (Figura 5), pousar em Camopi e saudar Vila Brasil. Mas por enquanto apenas enfrentar o cansaço da viagem e prosseguir a pé para o alojamento, registrando na memória cada detalhe das ruas do Oiapoque...

Na despedida, a cena final: ponto de encontro entre o rio Oiapoque e a avenida da igreja matriz. Em destaque o monumento com a inscrição: "Aqui começa o Brasil"!

Conclusões e Recomendações

O Brasil de fato é todo ecoturismo. Mas este deve ser praticado à luz da sustentabilidade. É preciso respeitar as culturas locais, as comunidades receptoras, os limites, as restrições, as fragilidades, a capacidade de suporte de cada ecossistema.

Para embarcar numa viagem em busca das maravilhas naturais que o Brasil ou qualquer outro local oferece é necessário reconhecer suas características e respeitá-las e não tentar se impor a elas simplesmente. Fazer reconhecimento prévio em literatura e coletar relatos de experiência são algumas das recomendações quando se deseja conhecer algum local, enfim, é importante fortalecer o turismo do cuidado e respeito às mais diversas formas de vida.

No Pantanal levar em conta os períodos de seca e de cheia, associando-os às oportunidades de turismo. No Cerrado, as estações seca e chuvosa oferecem diferentes atrativos. A Amazônia, com sua pluralidade cultural, constante umidade e previsibilidade ambiental, pode ajudar na escolha dos atrativos, equipamentos e vestimenta adequados. Malas prontas, olhos de assombro e preparados para o encantamento: a natureza o aguarda!

"(...) Penso que essa viagem me socorreu a pássaros.
Não era mais a denúncia das palavras que me importava
Mas a parte selvagem delas, os seus ferrolhos, as suas entraduras.
Foi então que comecei a lecionar andorinhas."

MANOEL DE BARROS

Figura 5 Monte Flávia.

Referências Bibliográficas

ADÁMOLI, J. O Pantanal e suas relações fitogeográficas com os Cerrados. Discussão sobre o conceito "Complexo do Pantanal". In: CONGRESSO NACIONAL DE BOTÂNICA, 1981, Teresina. *Anais...* Teresina: Sociedade Brasileira de Botânica, 1981. v. 32, p. 109-119.

ALVES, R. Sobre política e jardinagem. *Folha de S. Paulo*, São Paulo, 19 maio 2000. Tendências e Debates.

ANA – Agência Nacional de Água. *Diagnóstico analítico do Pantanal e bacia do Alto Paraguai – DAB.* Subprojeto 9.4. Brasília: ANA/GEF/OEA/PNUMA. Disponível em: <http://www.ana.gov.br>. Acesso em: abr. 2007.

CEBALLOS-LASCURÁIN, H. O ecoturismo como um fenômeno mundial. In: LINDBERG, K.; HAWKINS, D. E. (Orgs.). *Ecoturismo:* um guia para planejamento e gestão. 4. ed. São Paulo: Ed. SENAC, 2002. p. 23-30.

IEPA – Instituto de Pesquisas Científicas e Tecnológicas do Estado do Amapá. *Inventários biológicos rápidos no Parque Nacional Montanhas do Tumucumaque, Amapá, Brasil.* Relatório apresentado ao IBAMA pelo IEPA e Conservação Internacional do Brasil, 2006.

LIMA, J. E. F. W.; SILVA, E. M. Estimativa da produção hídrica superficial do Cerrado brasileiro. In: SCARIOT, A.; SOUSA-SILVA, J. C.; FELFILI, J. (Orgs.). *Cerrado:* ecologia, biodiversidade e conservação. Brasília: Ministério do Meio Ambiente, 2005. p. 61-72.

MAMEDE, S. B. *Diversidade, abundância, sazonalidade e conservação da mastofauna terrestre do Pantanal do Negro.* 2004. Dissertação (Mestrado) – Universidade para o Desenvolvimento do Estado e Região do Pantanal (UNIDERP), Campo Grande.

MAMEDE, S. B.; ALHO, J. R. *Impressões do Cerrado e Pantanal:* subsídios para a observação de mamíferos silvestres não voadores. Campo Grande: UNIDERP, 2006.

MARCONDES, S. A. *Brasil:* amor à primeira vista. São Paulo: Pirópolis, 2005.

MARQUES, E. J.; NASCIMENTO, I. L. S.; UETANABARO, M. Pantanal: aspectos relacionados às aves aquáticas e áreas de reprodução colonial. In: SIMPÓSIO SOBRE RECURSOS NATURAIS E SÓCIO-ECONÔMICOS DO PANTANAL, 2., 1996, Brasília. *Anais...* Brasília: EMBRAPA-SPI, 1996. p. 133-134.

MEDONÇA, R. Educação ambiental e ecoturismo. In: NEIMAN, Z.; MENDONÇA, R. (Orgs.). *Ecoturismo no Brasil.* Barueri: Manole, 2005. p. 154-169.

MEDONÇA, R.; NEIMAN, Z. Ecoturismo, discurso, desejo e realidade. In: NEIMAN, Z. (ORG.). *Meio ambiente, educação e ecoturismo.* Barueri: Manole, 2002. p. 159-175.

ORGANIZAÇÃO MUNDIAL DO TURISMO. *Desenvolvimento de turismo sustentável:* manual para organizações locais. Brasília: Organização Mundial do Turismo, 1997.

SEABRA, L. Turismo sustentável: planejamento e gestão. CUNHA, S. B.; GUERRA, A. J. T. (Orgs.). In: *A questão ambiental:* diferentes abordagens. Rio de Janeiro: Bertrand Brasil, 2003. p. 153-159.

SILVA, J. M. C.; JUNQUEIRA, V. S. Educação e conservação da biodiversidade: uma escolha. In: JUNQUEIRA, V.; NEIMAN, Z. (Orgs.). *Educação ambiental e conservação da biodiversidade.* Barueri: Manole, 2007. p. 27-31.

SILVA, J. M. C.; VALLE, M. R.; SANTOS, I. *Corredor de biodiversidade do Amapá/Amapá biodiversity corridor*. Belém: CI-Brasil, 2007.

WILSON, E. O. A situação atual da diversidade biológica. In: *Biodiversidade*. Rio de Janeiro: Nova Fronteira, 1997. p. 3-44.